"十四五"职业教育国家规划教材

国家职业教育物联网应用技术专业
教学资源库配套教材

ｉＣＶＥ 高等职业教育电类课程
智慧职教 新形态一体化教材

电工电子技术

▶主 编 董昌春 袁冬琴
▶副主编 夏 峻 马光军

中国教育出版传媒集团

高等教育出版社·北京

内容简介

本书是"十四五"职业教育国家规划教材,也是国家职业教育物联网应用技术专业教学资源库配套教材之一。

国家职业教育专业教学资源库是教育部、财政部为深化高等职业教育教学改革,加强专业与课程建设,推动优质教学资源共建共享,提高人才培养质量而启动的国家级高职教育建设项目。物联网应用技术专业于2014年6月被教育部确定为国家职业教育专业教学资源库年度立项及建设专业。本书是在物联网应用技术专业教学资源库"物联网硬件基础1和2"课程建设基础上形成的配套教材,是按照高职高专物联网应用技术专业人才培养方案的要求,总结近几年国家示范高职院校专业教学改革经验编写而成的。

本次配套教材编写实现了互联网与传统教育的完美融合,采用"纸质教材+数字课程"的出版形式,以新颖的留白编排方式,突出资源的导航,扫描二维码,即可观看微课、动画等视频类数字资源,随扫随学,突破传统课堂教学的时空限制,激发学生的自主学习,打造高效课堂。资源具体下载和获取方式请见"智慧职教"服务指南。

本教材分为三篇,分别为基本电路分析与实践、模拟电路分析与实践和数字电路分析与实践。具体内容包括直流电路的安装、测试与分析,正弦交流电路的安装、测试与分析,安全用电知识,常用低压电器,基本电子器件的辨识,晶体管放大电路分析,集成运算放大器,数字电路概述,逻辑门电路的分析与实践,时序逻辑电路的分析与实践,附录等。

本书可作为物联网应用技术、物联网工程技术及与之相近专业的高职高专教材,也可供相关专业的工程技术人员参考。

图书在版编目(CIP)数据

电工电子技术/董昌春,袁冬琴主编. --北京:高等教育出版社,2017.9(2024.8重印)
ISBN 978-7-04-047843-3

Ⅰ.①电… Ⅱ.①董… ②袁… Ⅲ.①电工技术-高等职业教育-教材②电子技术-高等职业教育-教材 Ⅳ.①TM②TN

中国版本图书馆CIP数据核字(2017)第121930号

DIANGONG DIANZI JISHU

策划编辑	孙 薇	责任编辑	孙 薇	封面设计	赵 阳	版式设计	童 丹
插图绘制	杜晓丹	责任校对	陈旭颖	责任印制	刘思涵		

出版发行	高等教育出版社	网　址	http://www.hep.edu.cn
社　址	北京市西城区德外大街4号		http://www.hep.com.cn
邮政编码	100120	网上订购	http://www.hepmall.com.cn
印　刷	三河市骏杰印刷有限公司		http://www.hepmall.com
开　本	850mm×1168mm 1/16		http://www.hepmall.cn
印　张	14.75		
字　数	340千字	版　次	2017年9月第1版
购书热线	010-58581118	印　次	2024年8月第12次印刷
咨询电话	400-810-0598	定　价	36.00元

本书如有缺页、倒页、脱页等质量问题,请到所购图书销售部门联系调换

版权所有 侵权必究

物 料 号 47843-B0

"智慧职教" 服务指南

"智慧职教"（www.icve.com.cn）是由高等教育出版社建设和运营的职业教育数字教学资源共建共享平台和在线课程教学服务平台，与教材配套课程相关的部分包括资源库平台、职教云平台和 App 等。用户通过平台注册，登录即可使用该平台。

● 资源库平台：为学习者提供本教材配套课程及资源的浏览服务。

登录"智慧职教"平台，在首页搜索框中搜索"物联网硬件基础"，找到对应作者主持的课程，加入课程参加学习，即可浏览课程资源。

● 职教云平台：帮助任课教师对本教材配套课程进行引用、修改，再发布为个性化课程（SPOC）。

1. 登录职教云平台，在首页单击"新增课程"按钮，根据提示设置要构建的个性化课程的基本信息。

2. 进入课程编辑页面设置教学班级后，在"教学管理"的"教学设计"中"导入"教材配套课程，可根据教学需要进行修改，再发布为个性化课程。

● App：帮助任课教师和学生基于新构建的个性化课程开展线上线下混合式、智能化教与学。

1. 在应用市场搜索"智慧职教 icve"App，下载安装。

2. 登录 App，任课教师指导学生加入个性化课程，并利用 App 提供的各类功能，开展课前、课中、课后的教学互动，构建智慧课堂。

"智慧职教"使用帮助及常见问题解答请访问 help.icve.com.cn。

序

　　国家职业教育专业教学资源库建设项目是教育部、财政部为深化高职院校教育教学改革,加强专业与课程建设,推动优质教学资源共建共享,提高人才培养质量而启动的国家级建设项目。2014 年 6 月,物联网应用技术专业被教育部、财政部确定为高等职业教育专业教学资源库立项建设专业,由无锡职业技术学院主持建设物联网应用技术专业教学资源库。

　　2014 年 6 月,物联网应用技术专业教学资源库建设项目正式启动建设。按照教育部提出的建设要求,建设项目组聘请了天津大学姚建铨院士担任首席技术顾问,确定了无锡职业技术学院、重庆电子工程职业学院、北京电子科技职业学院、天津电子信息职业技术学院、常州信息职业技术学院、山东科技职业学院、福建信息职业技术学院、上海电子信息职业技术学院、南京信息职业技术学院、淄博职业学院、威海职业学院、江苏农牧科技职业学院、重庆城市管理职业学院、四川信息职业技术学院、南京工业职业技术学院、辽宁轻工职业技术学院、湖北工业职业技术学院 17 所院校,北京新大陆时代教育科技有限公司、重庆电信研究院、思科系统(中国)网络技术有限公司、山东欧龙电子科技有限公司等 29 家企业,以及工业和信息化部通信行业职业技能鉴定指导中心、全国高等院校计算机基础教育研究会高职高专专业委员会作为联合建设单位,形成了一支学校、企业、行业紧密结合的建设团队。

　　物联网应用技术专业教学资源库整个建设过程遵循系统设计、结构化课程、颗粒化资源的原则,以能学辅教为基本定位,通过整合合作院校、行业协会、企业、政府资源,构建了满足教师、学生、企业员工和社会学习者需要的资源空间和服务空间。资源空间建设了专业建设库、课程资源库、虚拟仿真库、工程案例库、培训认证库、行业企业库、作品展示库、职教立交桥库八个资源子库,服务空间提供微信推送学习相关信息、在线组课、组卷和测试、互动、浏览、智能查询、网上学习、多终端应用八种服务,并于 2016 年年底圆满完成了资源库建设任务。

　　本套教材是"职业教育物联网应用技术专业教学资源库"建设项目的重要成果之一,也是资源库课程开发成果和资源整合应用实践的重要载体。教材体例新颖,具有以下鲜明特色。

　　第一,以物联网系统集成作为专业人才的定位,系统化确定课程体系和教材体系。项目组对企业职业岗位进行调研,分析归纳出物联网应用技术专业职业岗位的典型工作任务,项目组按照逻辑关系、认知规律,进行了物联网应用技术专业课程体系顶层设计。系统化设计课程体系实现了顶层设计下职业能力培养的递进衔接。

　　第二,项目组按照结构化课程的原则,对课程内容进行明确划分,做到逻辑一致,内容相谐,既使各课程之间知识、技能按照专业工作过程关联化、顺序化,又避免了不同课程之间内容的重复,开发了"物联网系统规划与实施"、"物联网设备编程与实施"等课程的教学资源及配套教材。

　　第三,有效整合教材内容与教学资源,打造立体化、线上线下、平台支撑的新型教材。学生不仅可以依托教材完成传统的课堂学习任务,还可以通过"智慧职教"(包含职业教育数字化学习中心、职教云、云课堂 APP)学习与教材配套的微课、动画、技能操作视频、教学课件、文本、图片等资源(在书中相应知识点处都有资源标记)。其中,微课及技能操作视频等资源还可以通过移动终端扫描对应的二维码来学习。

第四，传统的教材固化了教学内容，不断更新的物联网应用技术专业教学资源库提供了丰富鲜活的教学内容，极大丰富了课堂教学内容和教学模式，使得课堂的教学活动更加生动有趣，大大提高了教学效果和教学质量。

第五，本套教材装帧精美，采用双色印刷，并以新颖的版式设计，突出、直观的视觉效果搭建知识、技能与素质结构，给人耳目一新的感觉。

本套教材的编写历时近三年，几经修改，既具积累之深厚，又具改革之创新，是全国17所院校和29家企业的250余名教师、企业工程师的心血与智慧的结晶，也是物联网应用技术专业教学资源库三年建设成果的集中体现。我们相信，随着物联网应用技术专业教学资源库的应用与推广，本套教材将会成为物联网应用技术专业学生、教师、企业员工、社会学习者立体化学习的重要支撑。

国家职业教育物联网应用技术专业教学资源库项目组

2017 年 7 月

前　言

当今时代，各种电器设备在各个领域中发挥着越来越重要的作用，掌握电工电子技术的初步知识成为非电类工科各专业学生的基本技能要求。同时，电工电子技术课程是一理论性、专业性、应用性均较强的课程，所涉及教学知识点、技能点多，内容本身也较难掌握。

全书在编写过程中遵循高等职业教育的教学规律和新特点，合理精简理论性内容，以"淡化理论、够用为度、培养技能、重在应用"为原则，将理论、Multisim仿真与实践操作紧密结合，全方位培养学生所需要的电工电子技术的基本知识和基本技能。

全书分3篇，共10章，每章节内容安排如下：

第1章，直流电路的安装、测试与分析。首先讲解电路的基本概念和基本定律，然后介绍几种常用的电路分析方法。

第2章，正弦交流电路的安装、测试与分析。主要讲解单相正弦交流电路分析方法，对三相交流电源作了简单的介绍。

第3章，安全用电知识。介绍触电的方式、种类及供配电知识。

第4章，常用低压电器。介绍几种常用电器设备的结构、原理，及其使用与维护等方面的知识和技能。

第5章，基本电子器件的辨识。主要介绍二极管、三极管的特性，及利用工具来判别的方法。

第6章，晶体管放大电路分析。主要介绍交流电压放大电路的组成、工作原理及其分析方法。

第7章，集成运算放大器。主要介绍集成运算放大器的基本应用。

第8章，数字电路概述。主要介绍数制转换与逻辑运算。

第9章，逻辑门电路的分析与实践。主要介绍门电路及组合逻辑电路的分析与设计方法。

第10章，时序逻辑电路的分析与实践。主要介绍触发器及时序逻辑电路的分析与设计方法。

为加快推进党的二十大精神和习近平新时代中国特色社会主义思想进课堂、进教材、进头脑，进一步挖掘"电工电子技术"课程内容蕴含的思想价值和精神内涵，本书不断优化、完善教材内容，将社会主义核心价值观的基本内涵、主要内容及企业文化、工匠精神等有机融入课程各个单元。

本书第1~5章由袁冬琴整理编写，第6~10章及全书Multisim仿真由董昌春整理编写，全书习题由夏峻和马光军整理编写。全书由董昌春、袁冬琴担任主编，夏峻、马光军担任副主编。在编写过程中参考了大量文献和资料，从中受到了很大教益和启发，在此对原作者深表感谢。

限于作者水平，书中难免存在不妥之处，恳请广大读者批评指正。

编者

2022年11月

目 录

第二篇　模拟电路分析与实践

第三篇　数字电路分析与实践

第一篇
基本电路分析与实践

课程特点

　　基本电路分析与实践篇主要是学习电工基础，本篇是学习电工电子技术的基本规律和分析方法。 通过本篇的学习，要掌握交流和直流电路的基本概念、基本定律和基本分析方法，为进一步学习其他篇打下基础。

电工基础内容

- 直流电路的安装、测试与分析
- 正弦交流电路的安装、测试与分析
- 安全用电知识
- 常用低压电器

学习重点

- 电路的基本概念、基本定律和定理
- 电路中基本物理量的计算
- 电路中一般问题的分析

第 **1** 章

直流电路的安装、测试与分析

熟悉电路的基本概念及其分析方法是学习电工技术和电子技术的基础。 本章首先讨论电路的基本概念和基本定律，如电路模型、电压和电流的参考方向、基尔霍夫定律、电源的工作状态以及电路中电位的计算等；然后介绍几种常用的电路分析方法，有支路电流法、叠加定理、电压源模型与电流源模型的等效变换和戴维南定理等。

教学目标

能力目标
- 能仿真并搭建简单的直流电路
- 能识别、检测基本的电路元件
- 能分析直流电路

知识目标
- 理解电路的组成及基本概念
- 理解电路的串、并联
- 理解电源的等效变换
- 掌握基尔霍夫定律
- 掌握戴维南定理
- 掌握叠加定理

1.1   建立电路模型

1.1.1   电路的组成和作用

1. 实际电路及其作用

电路是电流的通路,是为了某种需要由电工设备或电路元件按一定方式连接而成的。电路的种类很多,在日常生活以及生产、科研中有着广泛的应用,如各种家用电器的电路、高压输电线路、自动控制线路、邮电通信设备的电路等。电路的功能可概括为两个方面:其一,是实现电能的传输、分配与转换,如电力系统中的输电电路;其二,是实现信号的传递与处理,如收音机、电视机电路。图 1-1 所示为日常生活中使用的白炽灯实际电路,它由干电池、开关、灯泡和连接导线四部分组成。当开关闭合时,电路中有电流通过,灯泡发光。干电池向电路提供电能;灯泡是耗能器件,它把电能转换成热能和光能;开关和连接导线的作用是把干电池和灯泡连接起来,构成电流通路。

由图 1-1 可见,组成一个完整的电路需要具有电源、负载、中间环节(导线或电缆、开关、熔断器)三部分。电源是将其他形式的能量转换为电能的装置,如发电机、干电池、蓄电池等。负载是取用电能的装置,通常也称为用电器,如白炽灯、电炉、电视机、电动机等。中间环节是起到传输、控制、分配、保护等作用的装置,如连接导线、变压器、开关、保护电器等。

2. 电路模型

如图 1-1 所示的电路在分析器件的接法和原理时是很有用的,但要用它对电路进行定量分析和计算时,就会非常困难,所以通常用一些简单的但却能够表征电路主要电磁性能的理想元件来代替实际部件。这样,一个实际电路就可以由多个理想元件的组合来模拟,称为电路模型。

建立电路模型有着十分重要的意义。实际电气设备和器件的种类繁多,但理想电路元件只有有限的几种,因此建立电路模型可以使电路简化,并且方便分析。同时值得注意的是,电路模型体现的是电路的主要性能,而忽略了它的次要性能,因而电路模型只是实际电路的近似,二者不能等同。

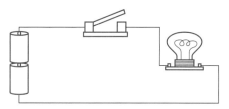
当然,如何建立一个实际电路的模型是一个比较复杂的问题,本书主要分析已经建立的电路模型,简称电路。为了便于分析与计算实际电路,在一定条件下常忽略实际部件的次要因素而突出其主要电磁性质,把它看成理想电路元件。在电路图中,各种电路元件都用规定的图形符号表示,这样画出的图称为实际电路的电路模型图,也称电路原理图。图 1-2 所示即为图 1-1 所示实际电路的电路原理图。

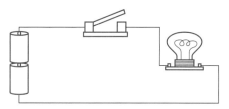

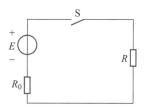

图 1-1   白炽灯实际电路   图 1-2   白炽灯电路原理图

1.1.2 电路的基本物理量

电路中最基本的物理量有电流、电压、电位、电能、电功率等,分述如下。

1. 电流

在电源电场力的作用下,带电粒子的定向运动形成电流,电流不但有大小,而且有方向。习惯上规定正电荷运动的方向为电流的实际方向。

电流的强弱用电流来表示,其大小等于单位时间内通过导体横截面的电荷量,设时间 $\mathrm{d}t$ 内通过导体横截面的电荷为 $\mathrm{d}q$,则有

$$i = \frac{\mathrm{d}q}{\mathrm{d}t} \tag{1-1}$$

式中:i 为电流。在一般情况下,随时间改变的电流,称为交流电流,用小写字母 i 表示;不随时间改变的电流,即 $\frac{\mathrm{d}q}{\mathrm{d}t}$=常量,称为直流电流,用大写字母 I 表示。在直流电路中,式(1-1)可写成

$$I = \frac{Q}{t} \tag{1-2}$$

式中:Q 为在时间 t 内通过导体截面的电荷量。

在国际单位制中,电流的单位是安培,简称安,符号为 A。根据实际需要,除安培(A)外,常用的电流单位还有千安(kA)、毫安(mA)和微安(μA)。它们之间的换算关系为

$$1\ \mathrm{kA} = 10^3\ \mathrm{A} \qquad 1\ \mathrm{A} = 10^3\ \mathrm{mA} \qquad 1\ \mathrm{A} = 10^6\ \mathrm{\mu A}$$

对于简单电路来说,电流的实际方向根据电源极性就可以判断出来,并直接标出,但在电路分析中,实际电路往往比较复杂,某一段电路中电流的实际流动方向在分析计算前很难判断出来,因此很难在电路中标明电流的实际方向。为此,引入电流"参考方向"的概念。

电流的参考方向可以任意指定,然后根据参考方向进行电路的相关计算,如果计算求得的电流为正值($I>0$),则表明电流的参考方向与它的实际方向一致;如果计算求得的电流为负值($I<0$),则表明电流的参考方向与它的实际方向相反,如图1-3所示。

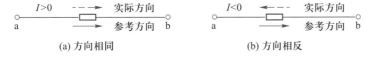

图 1-3　电流的参考方向

因此,在指定的电流参考方向下,通过电流值的正和负,可以看出电流的实际方向。

习惯上规定,电流的实际方向为正电荷运动的方向或负电荷运动的反方向;而电流的参考方向是任意指定的,在电路中一般用箭头表示,也有用双下标表示的,如 I_{ab},其参考方向由 a 指向 b。

2. 电压

在电路中,如果电场力把单位正电荷 $\mathrm{d}q$ 由 a 点移到 b 点所做的功是 $\mathrm{d}W$,则 a 点至 b 点间的电压 u_{ab} 为

教学课件
电流

微课
电流

动画
指针式万用表测量
直流电流

动画
数字式万用表测量
直流电流

动画
负电荷移动方向

动画
正电荷移动方向

教学课件
电压

微课
电压

文本
元器件伏安特性实
训研究

$$u_{ab} = \frac{\mathrm{d}W}{\mathrm{d}q} \tag{1-3}$$

视频
指针式万用表测电
压电流

视频
数字式万用表使用

动画
指针式万用表测量
直流电压

动画
数字式万用表测量
直流电压

教学课件
电位的基本知识

微课
电位的基本知识

即电路中 a、b 两点间的电压等于电场力把单位正电荷由 a 点移到 b 点所做的功。在国际单位制中,电压的单位是伏特,简称伏,符号为 V。在工程中还可用千伏(kV)、毫伏(mV)和微伏(μV)为计量单位。它们之间的换算关系为

$$1 \text{ kV} = 10^3 \text{ V} \qquad 1 \text{ V} = 10^3 \text{ mV} \qquad 1 \text{ V} = 10^6 \text{ }\mu\text{V}$$

大小和方向都不随时间变化的直流电压用大写字母 U 表示。大小和方向都随时间周期变化的交流电压用小写字母 u 表示。

习惯上规定,电压的实际方向为正电荷在电场中受电场力作用(电场力做正功时)移动的方向,即由高电位端指向低电位端。与电流一样,电压的参考方向也是任意指定的,其参考方向可以用正(+)极性、负(−)极性或双下标表示,如图 1-4 所示。如 U_{AB} 表示 A、B 之间电压的参考方向由 A 指向 B。同样,在指定的电压参考方向下计算出的电压值的正和负,可以反映出电压的实际方向。

参考方向在电路分析中起着十分重要的作用。对一段电路或一个元件来讲,其电压的参考方向和电流的参考方向可以独立地加以任意指定。当然,如果指定电流从电压正极性的一端流入,并从负极性的另一端流出,即电流的参考方向与电压的参考方向一致,则可把电流和电压的这种参考方向称为关联参考方向。

3. 电位

在电路中任选一点为参考点,则某点到参考点的电压就称为这一点(相对于参考点)的电位。电路分析时通常设参考点电位为零,称为零电位点,在电路图中用符号"⊥"表示,如图 1-5 所示。电位用符号 V 表示,A 点电位记做 V_A。

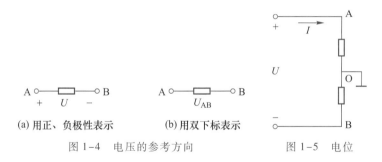

(a) 用正、负极性表示   (b) 用双下标表示

图 1-4   电压的参考方向   图 1-5   电位

电位与电压之间的关系:电路中 A、B 两点间的电压等于这两点间的电位差,即

$$U_{AB} = V_A - V_B \tag{1-4}$$

如图 1-5 所示,当选择 O 点为参考点时,则 $V_A = U_{AO}$。如果 A 点、B 点的电位分别为 V_A 与 V_B,则

$$U_{AB} = U_{AO} + U_{OB} = U_{AO} - U_{BO} = V_A - V_B$$

注　意

电路中各点的电位值与参考点的选择有关,当所选的参考点变动时,各点的电位值将随之变动,因此,参考点一经选定,在电路分析和计算过程中,不能随意更改;在电路中不指定参考点而谈论各点的电位值是没有任何意义的。

4. 电能和电功率

正电荷从电路元件的电压正极,经元件移到电压负极,是电场力对电荷做功的结果,这时元件吸取能量。相反地,正电荷从电路元件的电压负极,经元件移到电压正极,元件向外释放能量。

对于直流电能量,有

$$W = UIt \tag{1-5}$$

式中:W 为电路所消耗的电能,单位为焦耳(J);U 为电路两端的电压,单位为伏特(V);I 为通过电路的电流,单位为安培(A);t 为所用的时间,单位为秒(s)。

在实际应用中,电能的另一个常用单位是千瓦·时(kW·h),1千瓦时就是常说的1度电,有

$$1 \text{ 度} = 1 \text{ kW} \cdot \text{h} = 3.6 \times 10^{6} \text{ J} \tag{1-6}$$

电功率(用 P 表示)表征电路元件或一段电路中能量变换的速度,其值等于单位时间内元件所发出或接受的电能,即

$$P = \frac{W}{t} = \frac{UIt}{t} = UI \tag{1-7}$$

式中:P 为电路吸收的功率,单位为瓦特(W)。

式(1-7)中,P、U、I、t 的单位分别为瓦特(W)、伏特(V)、安培(A)、秒(s)。常用的电功率单位还有千瓦(kW)、毫瓦(mW),它们之间的换算关系为

$$1 \text{ kW} = 10^{3} \text{ W} = 10^{6} \text{ mW}$$

在电压和电流为关联参考方向的情况下,电功率可由式(1-7)求得;在电压和电流为非关联参考方向的情况下,电功率 P 可由下式求得:

$$P = -UI \tag{1-8}$$

若计算得出 $P>0$,表示该部分电路吸收或消耗功率;若计算得出 $P<0$,表示该部分电路发出或提供功率。

以上有关功率的讨论适用于任何一段电路,而不局限于一个元件。

【例 1-1】 一空调器正常工作时的功率为 1 214 W,设其每天工作 4 小时,若每月按 30 天计算,试问一个月该空调器耗电多少度? 若每度电的电费为 0.80 元,那么使用该空调器一个月应缴电费多少元?

解:空调器正常工作时的功率为

$$1 \text{ 214 W} = 1.214 \text{ kW}$$

该空调器一个月耗电

$$W = Pt = 1.214 \text{ kW} \times 4 \text{ h} \times 30 = 145.68 \text{ kW} \cdot \text{h}$$

使用该空调器一个月应缴电费

$$145.68 \times 0.80 \text{ 元} \approx 116.54 \text{ 元}$$

【例 1-2】 试求图 1-6 中元件的功率,并说明该元件是吸收功率还是发出功率。

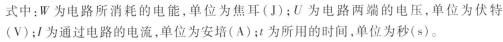

(a)   (b)   (c)

图 1-6　例 1-2 图

解：在图1-6(a)中，电压与电流为关联参考方向，$P = UI = 5 \times 2$ W $= 10$ W，$P > 0$，该元件吸收功率。在图1-6(b)中，电压与电流为关联参考方向，$P = UI = 5 \times (-2)$ W $= -10$ W，$P < 0$，该元件发出功率。在图1-6(c)中，电压与电流为非关联参考方向，$P = -UI = -5 \times (-2)$ W $= 10$ W，$P > 0$，该元件吸收功率。

1.1.3　电路的三种状态和电气设备的额定值

1. 电路的工作状态

电路的工作状态一般有三种：有载状态、短路状态和开路状态，分别如图1-7所示。

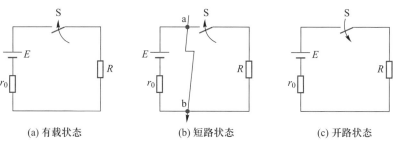

(a) 有载状态　　　　　(b) 短路状态　　　　　(c) 开路状态

图1-7　电路的工作状态

过载状态

（1）有载状态

在如图1-7(a)所示电路中，开关S闭合后，电源与负载接成闭合回路，电源处于有载工作状态，电路中有电流流过。

（2）短路状态

短路

在如图1-7(b)所示电路中，a、b两点接通后，电源被短路，此时电源的两个极性端直接相连。电源被短路往往会造成严重后果，如导致电源因发热过甚而损坏，或因电流过大而引起电气设备的机械损伤，因而要绝对避免电源被短路。在实际工作中，应经常检查电气设备和线路的绝缘情况，以防止发生电压源短路事故。此外，还应在电路中接入熔断器等保护装置，以便在发生短路事故时能及时切断电路，达到保护电源及电路元器件的目的。

断路

（3）开路（断路）状态

在如图1-7(c)所示电路中，开关S断开或电路中某处断开时，被切断的电路中没有电流流过，开路又叫断路。

2. 电气设备的额定值

（1）额定工作状态

任何电气设备在使用时，电流过大、温升过高都会导致绝缘的损坏，甚至烧坏设备或元器件。为了保证正常工作，制造厂对产品的电压、电流和功率都规定了其使用限额，称为额定值，通常标在产品的铭牌或说明书上，以此作为使用依据。

① 电源设备的额定值。电源设备的额定值一般包括额定电压U_N、额定电流I_N和额定容量S_N。其中，U_N指电源设备安全运行所规定的电压，单位是伏特（V）；I_N指电源设备安全运行所规定的电流限额，单位是安培（A）；$S_N = U_N I_N$，表征了电源最大允许

的输出功率，单位为伏·安(V·A)。但电源设备工作时不一定总是输出规定的最大允许电流和功率，究竟输出多少还取决于所连接的负载。

② 负载的额定值。负载的额定值一般包括额定电压 U_N、额定电流 I_N 和额定功率 P_N。对于电阻性负载，由于这三者与电阻 R 之间具有一定的关系式，所以它的额定值不一定全部标出。

(2) 超载、满载、轻载

电气设备在额定值情况下工作的状态称为额定工作状态(又称满载)。这时电气设备的使用是最经济合理、最安全可靠的，不仅能充分发挥设备的作用，而且能够保证电气设备的实际寿命。电气设备超过额定值工作，称为超载，又称过载。由于温度升高需要一定时间，因此电气设备短时过载不会立即损坏。但如果过载时间较长，就会大大缩短电气设备的使用寿命，甚至会使电气设备损坏。电气设备低于额定值工作，称为轻载，又称欠载。在严重的欠载下，电气设备就不能正常合理地工作或者不能充分发挥其工作能力。过载和严重欠载都是在实际工作中应避免的。

1.2　识别、检测电路元件

1.2.1　电路元件的识别

教学课件
电阻

电路元件是电路的基本构成单元。研究电路元件的性质及规律，是研究电工电子技术的基础。本节主要介绍 3 种基本的电路元件：电阻元件、电容元件和电感元件。

1. 电阻元件

微课
电阻

按照流经电阻元件的电流和电压关系，可将电阻元件分为线性电阻元件和非线性电阻元件两种。如果流经一个电阻元件的电流与电阻元件两端的电压成正比，则称其为线性电阻元件，其电阻值为常数，且电阻、电流和电压之间符合欧姆定律，图形符号如图 1-8 所示。如果电阻元件两端的电压与通过它的电流不是线性关系，则称其为非线性电阻元件，其电阻值不是常数。

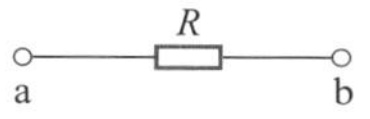

图 1-8　电阻元件的图形符号

视频
电阻过流的后果

一般常温下金属导体的电阻是线性电阻，在其额定功率内，其伏安特性曲线为直线。特殊的，像热敏电阻、光敏电阻等，在不同的电压和电流下，其电阻值不同，因此其伏安特性曲线为非线性。

(1) 电阻元件的作用和表述

电阻元件是消耗电能的理想电路元件，它有阻碍电流流动的功能，沿电流流动的方向必然会产生电压降。电阻元件在电路中多用来进行限流、分压、分流以及阻抗匹配等，也有在数字电路中作为提拉(上拉)电阻使用的，它是电路中应用最多的元件之一。

文本
电阻器的基本知识

电阻元件的代表符号为 R，单位是欧姆，简称欧，符号为 Ω。电阻的单位换算关系为

$$1\ \text{M}\Omega(\text{兆欧}) = 1\ 000\ \text{k}\Omega(\text{千欧}) = 1\ 000\ 000\ \Omega$$

由欧姆定律可知，电阻元件上的电压与流过它的电流成正比，在电压与电流为关联参考方向时，有

$$U = IR \tag{1-9}$$

如果电压与电流的参考方向为非关联的,则有

$$U = -IR \tag{1-10}$$

（2）电阻元件的伏安特性

如果把电阻元件的电压取为纵坐标（或横坐标）,电流取为横坐标（或纵坐标）,可以画出电压和电流的关系曲线,这条曲线称为该电阻元件的伏安特性曲线。线性电阻元件的伏安特性曲线是通过坐标原点的直线,元件上的电压与元件中的电流成正比,如图1-9所示。

在电压和电流为关联参考方向时,任何时刻线性电阻元件吸取的电功率均为

$$P = UI = RI^2 = \frac{U^2}{R} \tag{1-11}$$

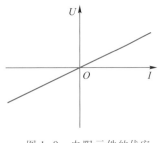

图1-9　电阻元件的伏安特性曲线

📄 **文本**
电阻的特性演示

电阻 R 是一个与电压 U 和电流 I 无关的正实常数,故功率 P 恒为非负值。这说明任何时刻电阻元件绝不可能发出电能,也就是说它吸取的电能全部转换成其他非电能而被消耗掉或作为其他用途。所以,线性电阻元件不仅是无源元件,并且还是耗能元件,它总是消耗功率的。

与线性电阻元件不同,非线性电阻元件的伏安特性曲线不是一条通过原点的直线,所以元件上的电压和元件中的电流之间不服从欧姆定律,且元件的电阻将随电压或电流的改变而改变。今后,为了叙述方便,把线性电阻元件简称为电阻。这样,"电阻"这个术语以及它相应的符号 R,一方面表示一个电阻元件,另一方面也表示这个元件的参数。

（3）其他种类的电阻

电阻的种类较多,按制作的材料不同,可分为绕线电阻和非绕线电阻两大类。非绕线电阻因制造材料的不同,又有碳膜电阻、金属膜电阻、实心碳质电阻等。另外还有一类特殊用途的电阻,如热敏电阻、压敏电阻等。常用电阻元件的外形、特点与应用如表1-1所示。

表1-1　常用电阻元件的外形、特点与应用

名称	外形	特点与应用
碳膜电阻		碳膜电阻的特点是稳定性较好,噪声较低。一般在无线电通信设备和仪表中起限流、阻尼、分流、分压、降压、负载和匹配等作用
金属膜电阻		金属膜电阻的作用和碳膜电阻一样,具有噪声低、耐高温、体积小、稳定性和精密度高等特点
实心碳质电阻		实心碳质电阻的作用和碳膜电阻一样,具有成本低、阻值范围广、容易制作等特点,但阻值稳定性差、噪声和温度系数大
绕线电阻		绕线电阻有固定和可调式两种。特点是稳定性好、耐热性能好、噪声小、误差范围小。一般在功率和电流较大的低频交流（或直流）电路中起降压、分压、负载等作用。额定功率大都在1 W以上

续表

文本
电位器的基本知识

文本
电阻器的识读

名称	外形	特点与应用
电位器		左图是绕线电位器,其阻值变化范围小,功率较大右图是碳膜电位器,其稳定性较高,噪声较小
压敏电阻		压敏电阻对电压敏感,一般用于电源的过压保护,并联在电源输入端,当电压高于标称范围时,即刻短路,烧毁上一级保险,从而保护后级电路。该电阻的阻值正常情况下很大,几乎开路;发生保护时很小,接近短路。压敏电阻有一次性型和自恢复型两种
热敏电阻		热敏电阻对温度敏感,根据温度的变化改变阻值,可用于不精确温度测量,也用作电源电路的过流保护。根据不同的用途,其体积也不同,但温度范围都很宽,可以在很高或者很低的温度下工作,有些可直接浸入在液体内工作

(4) 电阻规格的表示方法

电阻规格的表示方法有直标表示法和色环表示法两种。

① 电阻规格的直标表示法。直标表示法是直接将电阻的类别和主要技术参数的数值标注在电阻表面。如图 1-10(a) 所示为碳膜电阻(T 为碳膜,H 为合成碳膜,J 为金属膜,X 为线绕),阻值为 1.2 kΩ,精度(误差)为 10% 。

② 电阻规格的色环表示法。色环表示法分四道和五道色环表示法两种形式。

四道色环表示法:第 1、2 道色环表示阻值的第 1、2 位数字,第 3 道色环表示前 2 位数字再乘以 10 的次方,第 4 道色环表示阻值的允许误差,如图 1-10(b) 所示。

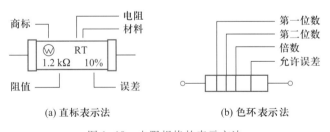

(a) 直标表示法　　　　(b) 色环表示法

图 1-10　电阻规格的表示方法

五道色环表示法:第 1、2、3 道色环表示阻值的前 3 位数字,第 4 道色环表示前 3 位数字再乘以 10 的次方,第 5 道色环表示阻值的允许误差。

五道色环表示法中,第 1~4 道(四道色环表示法为第 1~3 道)色环是均匀分布的,另外一道是间隔较远分布的,读取色标时应该从均匀分布的那一端开始。也可以根据色环的颜色来判断应从电阻的哪一端开始读,因为最后一环只有三种颜色。色环表示法中,每种不同的颜色所对应的数值及误差如表 1-2 所示。

教学课件
电容的基本概念

微课
电容的基本概念

文本
常用电容器

教学课件
电容的主要参数

教学课件
电容的基本特性

微课
电容的基本特性

视频
电容充放电特性

视频
电容过压的后果

视频
电源指示灯与电容

表 1-2　电阻的色环颜色及对应数值及误差

色环颜色	黑	棕	红	橙	黄	绿	蓝	紫	灰	白	金	银	本色
对应数值	0	1	2	3	4	5	6	7	8	9	/	/	/
误差	/	/	/	/	/	/	/	/	/	/	±5%	±10%	±20%

2. 电容元件

（1）电容元件的作用和表述

电容器在电路中多用来滤波、隔直、耦合交流、旁路交流及与电感元件构成振荡电路等，也是电路中应用最多的元件之一。电容器可分为无极性电容和有极性电容（电解电容）两种。

电解电容是目前用得较多的电容器，它体积小、耐压高，是有极性电容；正极是金属片表面上形成的一层氧化膜，负极是液体、半液体或胶状的电解液。因其有正负极之分，一般工作在直流状态下，如果极性用反，将使漏电流剧增，在此情况下，电解电容将会急剧变热并使电容损坏，甚至引起爆炸。常见的电解电容有铝电解电容和钽电解电容两种，铝电解电容有铝制外壳；钽电解电容没有外壳，体积小且价格昂贵。铝电解电容采用负极标注，就是在负极端进行明显的标注，一般是从上到下的黑条或者白条，条上印有"–"标记，如图 1-11（a）所示。新购买的铝电解电容正极的引脚要长于负极引脚。钽电解电容采用正极标记，在正极上有一条黑线注明"+"，如图 1-11（b）所示。电解电容大多用于电源电路中，对电源进行滤波。

电容器虽然品种和规格很多，但就其构成原理来说，都是由两块金属极板间隔以不同的介质（如云母、绝缘纸、电解质等）所组成。加上电源后，极板上分别聚集起等量异号的电荷，在介质中建立起电场，并储存有电场能量。电源移去后，电荷可以继续聚集在极板上，电场继续存在。所以电容器是一种能够储存电场能量的实际电路元件，这样就可以用一个只储存电场能量的理想元件——电容元件作为它的模型。

线性电容元件是一个理想的无源二端元件，它在电路中的图形符号如图 1-12 所示，C 称为电容元件的电容，u 为两端变化的电压，i 为两端变化的电流，即交流电压、电流的瞬时值。

（a）铝电解电容

（b）钽电解电容

图 1-11　电解电容的实物

图 1-12　线性电容元件的图形符号

电容极板上的电荷量 q 与其两端的电压 u 有以下关系：

$$q = Cu \tag{1-12}$$

当 $q = 1$ C、$u = 1$ V 时，$C = 1$ F。电容的单位是法拉，简称法，用 F 表示。实际电容器的电

容往往比 1 F 小得多,因此通常采用微法(μF)和皮法(pF)作为电容的单位,它们之间的关系是
$$1\ \text{F} = 10^6\ \mu\text{F} = 10^{12}\ \text{pF}$$

（2）电容元件的 $u\text{-}i$ 关系

当电容极板间的电压 u 变化时,极板上的电荷 q 也随着改变,于是电容器电路中出现电流 i。如指定电流参考方向为流进正极板,即与电压 u 的参考方向一致,如图 1-12 所示,则电流为

$$i = \frac{\mathrm{d}q}{\mathrm{d}t} = C\frac{\mathrm{d}u}{\mathrm{d}t} \tag{1-13}$$

式(1-13)指出,任何时刻,线性电容元件中的电流与该时刻电压的变化率成正比。当元件上电压发生剧变时,电流很大;当电压不随时间变化时,则电流为零,这时电容元件相当于开路。因此,在直流电路中,电容上即使有电压,但 $i = 0$,相当于开路,故电容元件有隔断直流(简称隔直)的作用。

（3）电容元件的储能

在电压和电流的关联参考方向下,线性电容元件吸收的功率为

$$p = ui = Cu\frac{\mathrm{d}u}{\mathrm{d}t} \tag{1-14}$$

从 t_0 到 t 时间内,电容元件吸收的电能为

$$W_C = \int_{t_0}^{t} p\,\mathrm{d}t = \int_{t_0}^{t} ui\,\mathrm{d}t = \int_{t_0}^{t} C\frac{\mathrm{d}u}{\mathrm{d}t}u\,\mathrm{d}t = \int_{u(t_0)}^{u(t)} Cu\,\mathrm{d}u = \frac{1}{2}Cu^2(t) - \frac{1}{2}Cu^2(t_0) \tag{1-15}$$

如果我们选取 t_0 为电压等于零的时刻,即有 $u(t_0) = 0$,此时电容处于未充电状态,电场能量为零,则从 t_0 到 t 时间内,电容元件储存的电场能量为

$$W_C = \frac{1}{2}Cu^2(t) \tag{1-16}$$

元件在任意时刻 t_2 和起始时刻 t_1 的电场能量之差为

$$W_C = \frac{1}{2}Cu^2(t_2) - \frac{1}{2}Cu^2(t_1) = W_C(t_2) - W_C(t_1)$$

电容元件充电时, $|u(t_2)| > |u(t_1)|$, $W_C(t_2) > W_C(t_1)$, $W_C > 0$,元件吸收能量,并全部转换成电场能量;电容元件放电时, $|u(t_2)| < |u(t_1)|$, $W_C(t_2) < W_C(t_1)$, $W_C < 0$,电容元件释放电场能量。

由上可知,若电容元件原先没有充电,那么它在充电时吸收并储存起来的能量一定又在放电完毕时全部释放,它并不消耗能量。所以,电容元件是一种储能元件。同时,电容元件也不会释放出多于它所吸收或储存的能量,因此它又是一种无源元件。

今后,为了叙述方便,把线性电容元件简称为电容。所以,"电容"这个术语以及它相应的符号 C,一方面表示一个电容元件,另一方面也表示这个元件的参数。

电容器是为了获得一定大小的电容特意制成的元件。但是,电容效应在许多别的场合也存在。如一对架空输电线之间就有电容,因为一对输电线可视做电容的两个极板,输电线之间的空气则为电容极板间的介质,这就相当于电容器的作用。又如晶体管的发射极、基极和集电极之间也都存在着电容。就是一只电感线圈,各线匝之间也都有电容,不过这种所谓的匝间电容是很小的,若线圈中的电流和电压随时间变化不快时,其电容效应可略去不计。

教学课件
电容充放电时间常数

微课
电容充放电时间常数

教学课件
电容元件的识别与选用

微课
电容元件的识别与选用

教学课件
电容的连接

微课
电容的连接

视频
电容

文本
电容器的基本知识

文本
电容器的识读

文本
电容的特性演示

教学课件
电感的基本概念

微课
电感的基本概念

教学课件
电感的主要参数

微课
电感的主要参数

教学课件
电感的基本特性

微课
电感的基本特性

视频
电感线圈的续流特性

视频
电感元件的基本特性

视频
电火花与电感

视频
电感通电

3. 电感元件

电感元件概括起来可分两大类：一是自感式线圈，如天线线圈、调谐线圈、阻流线圈、提升线圈、稳频线圈和偏转线圈等；二是互感式变压器，如电源变压器、音频变压器、振荡变压器和中频变压器等。

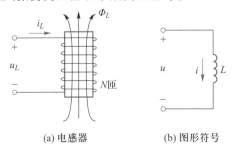

(a) 电感器　　　(b) 图形符号

图 1-13　线性电感元件及其图形符号

（1）电感元件的作用和表述

由导线绕制成线圈或把导线绕在铁芯或磁心上就构成了一个常用的电感器。线圈中通以电流 i_L 后，就会在线圈内部产生磁场，形成磁通 Φ_L，如图 1-13（a）所示。若磁通 Φ_L 与线圈 N 匝都交链，则其自感磁通链 $\Psi_L = N\Phi_L$。图 1-13（b）所示为线性电感元件在电路中的图形符号。

Φ_L 和 Ψ_L 都是由线圈本身的电流产生的，称为自感磁通和自感磁通链。我们规定磁通 Φ_L 和磁通链 Ψ_L 的参考方向与电流 i_L 的参考方向之间满足右手螺旋法则。在这种关联的参考方向下，在任何时刻，线性电感元件的自感磁通链 Ψ_L 与元件中的电流 i_L 有如下关系：

$$\Psi_L = Li_L \tag{1-17}$$

式中：L 为电感元件的自感或电感。

磁通和磁通链的单位是韦伯（Wb）；自感的单位是亨利（H），简称亨。有时还采用毫亨（mH）和微亨（μH）作为自感的单位。其换算关系为

$$1\ \text{H} = 10^3\ \text{mH} = 10^6\ \text{μH}$$

（2）电感元件的 $u-i$ 关系

在电感元件中电流 i_L 随时间变化时，磁通链 Ψ_L 也随之改变，元件两端有感应电压，此感应电压等于磁通链的变化率。在电压和电流的关联参考方向下，电压的参考方向与磁通链的参考方向符合右手螺旋关系，如图 1-13（a）所示。根据楞次定律可得，感应电压为

$$u_L = \frac{\mathrm{d}\Psi_L}{\mathrm{d}t} = L\frac{\mathrm{d}i_L}{\mathrm{d}t} \tag{1-18}$$

由式（1-18）可知，任何时刻，线性电感元件上的电压与该时刻电流的变化率成正比。电流变化快，感应电压高；电流变化慢，感应电压低。当电流不随时间变化时，则感应电压为零，这时电感元件相当于短接线，所以对于直流电路来讲，电感相当于导线。

（3）电感元件的储能

在电压和电流的关联参考方向下，线性电感元件吸收的功率为

$$p = u_L i_L = Li_L\frac{\mathrm{d}i_L}{\mathrm{d}t} \tag{1-19}$$

从 t_1 到 t_2 时间内，电感元件吸收的磁场能量为

$$W_L = \int_{t_1}^{t_2} p\mathrm{d}t = \int_{t_1}^{t_2} u_L i_L \mathrm{d}t = L\int_{i_L(t_1)}^{i_L(t_2)} i_L \mathrm{d}(i_L) = \frac{1}{2}Li_L^2(t_2) - \frac{1}{2}Li_L^2(t_1) \tag{1-20}$$

它等于元件在任意时刻 t_2 和起始时刻 t_1 的磁场能量之差。如果选取 t_0 为电流等于零

的时刻,即有 $i_L(t_0)=0$,此时电感元件没有磁通链,其磁场能量为零,因此在上述条件下,电感元件在任何时刻 t 所储存的磁场能量 $W_L(t)$ 将等于它所吸收的能量,即

$$W_L(t)=\frac{1}{2}Li_L^2(t) \tag{1-21}$$

当电流 $|i_L|$ 增加时,$W_L(t_2)>W_L(t_1)$,$W_L>0$,电感元件吸收能量,并全部转换成磁场能量;当电流 $|i_L|$ 减少时,$W_L(t_2)<W_L(t_1)$,$W_L<0$,电感元件释放磁场能量。

可见,电感元件并不会把吸收的能量消耗掉,而是以磁场能量的形式储存在磁场中。所以,电感元件也是一种储能元件。同时,电感元件也不会释放出多于它所吸收或储存的能量,因此它又是一种无源元件。

1.2.2　电路元件的检测

电路元件,如电阻、电容和电感是组成电路最基本的元件,它们的质量和性能的好坏直接影响电路的性能。因此,无论是在设计、生产、使用、调试还是维护等工作中都必须掌握这些元件的检测方法。

1. 电阻元件的检测

电阻元件的主要故障有过流烧毁、变值、断裂、引脚脱焊等。电位元件还经常发生滑动触头与电阻片接触不良等情况。

(1)外观检查:对于电阻元件,通过目测可以看出其引线是否松动、折断或电阻体是否烧坏等外观故障。对于电位元件,应检查引出端子是否松动,接触是否良好,转动转轴时应感觉平滑,不应有过松、过紧等情况。

(2)阻值测量:通常可用万用表电阻挡对电阻元件进行测量,需要精确测量阻值可以通过电桥进行。值得注意的是,测量时不能用双手同时捏住电阻或测试笔,否则,人体电阻与被测电阻元件并联,会影响测量精度。

电位器也可先用万用表电阻挡测量总阻值,然后将表笔接于活动端子和引出端子,反复慢慢旋转电位器转轴,看万用表指针是否连续均匀变化,如指针平稳移动而无跳跃、抖动现象,则说明电位器正常。

2. 电容元件的检测

电容元件的主要故障有击穿、短路、漏电、容量减小、变质及破损等。

(1)外观检查:观察外表应完好无损,表面无裂口、污垢和腐蚀,标志应清晰,引出电极无折伤;可调电容器应转动灵活,动定片间无碰、擦现象等。

(2)测试漏电电阻:用万用表电阻挡($R\times100$ 或 $R\times1$ k 挡),将表笔接触电容的两引线。刚搭上时,表头指针将发生摆动,然后再逐渐返回趋向 $R=\infty$ 处,这就是电容的充放电现象(对 0.1 μF 以下的电容元件观察不到此现象)。指针的摆动越大,则容量越大,指针稳定后所指示的值就是漏电电阻值。其值一般为几百到几千兆欧,阻值越大,电容器的绝缘性能越好。检测时,若表头指针指到或靠近欧姆零点;说明电容元件内部短路;若指针不动,始终指向 $R=\infty$ 处,则说明电容元件内部开路或失效。5000 pF以上的电容元件可用万用表电阻最高挡判别,5000 pF 以下的小容量电容元件应另采用专门测量仪器判别。

(3)电解电容器的极性检测:电解电容器的正负极性是不允许接错的,当极性标

文本
常用电感器

教学课件
电感时间常数

微课
电感时间常数

教学课件
电感元件的识别与选用

微课
电感元件的识别与选用

文本
电感器的基本知识

文本
电感器的识读

文本
电感特性演示

文本
电阻器的检测

动画
指针式万用表测量电阻

动画
数字式万用表测量电阻

视频
指针式万用表介绍及测量电阻

文本
电容的检测

动画
数字式万用表测量电容

记无法辨认时,可根据正向连接时漏电电阻大、反向连接时漏电电阻小的特点来检测判断。交换表笔前后两次测量漏电电阻值,测出电阻值大的一次时,黑表笔接触的是正极(因为黑表笔与表内电池的正极相接)。

(4)可变电容器碰片或漏电的检测:万用表拨到 $R \times 10$ 挡,两表笔分别搭在可变电容器的动片和定片上,缓慢旋动动片,若表头指针始终静止不动,则无碰片现象,也不漏电;若旋转至某一角度,表头指针指到欧姆零点,则说明此处碰片,若表头指针有一定指示或细微摆动,说明有漏电现象。

文本
电感器的检测

3. 电感元件的检测

电感线圈的常见故障主要有断线、短路和线匝松动。

(1)线圈断线可用万用表电阻挡进行检查,在修理时可部分或全部重绕;线圈断线也时常发生在接线端子(如脱焊或受力而断线)处,仔细观察就能发现。

(2)线圈短路大多是由于受潮后线的绝缘能力下降而被击穿,由于一般线圈电阻小而用万用表不易发现线圈短路(特别是局部短路),最好的办法是用 Q 表或电桥等仪器进行测量,看其电感值和 Q 值是否和正常值一致,在修理时可重绕或将短路处填以适当的绝缘材料。

(3)线圈线匝松动较轻时可用绝缘胶水加固,较重时(有部分乱线或全部乱线)可部分或全部重绕。

教学课件
电阻的串联

1.2.3　电路元件的串、并联

1. 电阻的串联

微课
电阻的串联

在电路中,把几个电阻元件顺序相连,中间没有分支,在电源的作用下流过各电阻的是同一电流,这种连接方式称为电阻的串联。如图 1-14(a)所示的等效电路如图 1-14(b)所示。

由图 1-14 可知电阻的串联有如下特点:

(1)各电阻一个接一个地顺序相连。

(2)各电阻中通过同一电流 I。

(3)等效电阻等于各电阻之和,图 1-14 中串联电阻的等效电阻 R 为

$$R = R_1 + R_2 \qquad (1-22)$$

(4)串联电阻上电压的分配与电阻成正比,由图 1-14 可知,两电阻串联时的分压公式为

$$U_1 = \frac{R_1}{R_1 + R_2} U, \quad U_2 = \frac{R_2}{R_1 + R_2} U \quad (1-23)$$

教学课件
电阻的串联补充例题

动画
串联电路

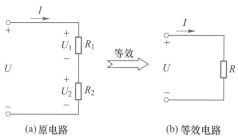

(a)原电路　　　　(b)等效电路

图 1-14　电阻的串联

(5)同理,如有 n 个电阻串联,则有

$$R = R_1 + R_2 + \cdots + R_n \qquad (1-24)$$

R 称为这些串联电阻的总电阻或等效电阻。显然,等效电阻必大于任一个串联的电阻。

用等效电阻替代这些串联电阻,两端间的电压 U 和端钮处的电流 I 均不变,吸收

的功率也相同。所以,等效电阻与这些串联电阻所起的作用相同。这种替代称为等效替代或等效变换。

【例1-3】　如图1-15所示,用一个满刻度偏转电流为50 μA、电阻 R_g 为2 kΩ 的表头构成100 V量程的直流电压表,应串联多大的附加电阻 R_f?

解:由于表头能通过的电流是一定的,满刻度时表头电压由欧姆定律有

$$U_g = R_g I = 2 \times 10^3 \times 50 \times 10^{-6} \text{ V} = 0.1 \text{ V}$$

要制成100 V量程的直流电压表,则附加电阻上的电压为

$$U_f = (100 - 0.1) \text{ V} = 99.9 \text{ V}$$

$$R_f = \frac{U_f}{I} = \frac{99.9}{50 \times 10^{-6}} \text{ Ω} = 1998 \text{ kΩ}$$

2. 电阻的并联

在电路中,把几个电阻元件两端分别连接在两个公共节点之间,各电阻两端的电压相等的这种连接方式叫做电阻的并联。如图1-16(a)所示电路的等效电路如图1-16(b)所示。

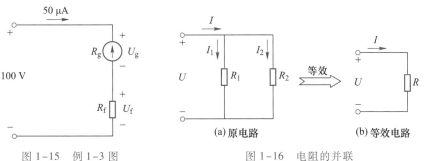

图1-15　例1-3图　　　　　图1-16　电阻的并联

由图1-16可知电阻的并联有如下特点:

(1) 各电阻连接在两个公共的节点之间。

(2) 各电阻两端的电压相同。

(3) 等效电阻 R 的倒数等于各电阻倒数之和,则图1-16中有

$$\frac{1}{R} = \frac{1}{R_1} + \frac{1}{R_2} \tag{1-25}$$

(4) 并联电阻上电流的分配与电阻成反比,由图1-16可知,两电阻并联时的分流公式为

$$I_1 = \frac{R_2}{R_1 + R_2} I, \quad I_2 = \frac{R_1}{R_1 + R_2} I \tag{1-26}$$

(5) 同理,如有 n 个电阻并联,则有

$$\frac{1}{R} = \frac{1}{R_1} + \frac{1}{R_2} + \cdots + \frac{1}{R_n} \tag{1-27}$$

R 称为这些并联电阻的总电阻或等效电阻。

式(1-27)表明,并联电阻的等效电阻的倒数等于各个并联电阻的倒数之和。显然,等效电阻必小于任一个并联的电阻。

【例1-4】　有三盏电灯并联接在110 V电源上,其额定值分别为110 V、100 W,

110 V、60 W, 110 V、40 W, 求 $P_总$ 和 $I_总$, 以及通过各灯泡的电流、电路的等效电阻、各灯泡电阻。

解:(1) 电路中消耗的总功率等于每个电阻消耗的功率之和, 即
$$P_总 = P_1 + P_2 + P_3 = (100+60+40) \text{ W} = 200 \text{ W}$$
则
$$I_总 = \frac{P_总}{U} = \frac{200}{110} \text{ A} \approx 1.82 \text{ A}$$

(2) 三盏电灯都在额定电压下工作, 根据欧姆定律有
$$I_1 = \frac{100}{110} \text{ A} \approx 0.91 \text{ A}, \quad I_2 = \frac{60}{110} \text{ A} \approx 0.55 \text{ A}, \quad I_3 = \frac{40}{110} \text{ A} \approx 0.36 \text{ A}$$

等效电阻
$$R = \frac{U^2}{P_总} = \frac{110^2}{200} \text{ Ω} = 60.5 \text{ Ω}$$

(3) 根据功率公式, 各灯泡电阻为
$$R_1 = \frac{U^2}{P_1} = \frac{110^2}{100} \text{ Ω} = 121 \text{ Ω}, \quad R_2 = \frac{U^2}{P_2} = \frac{110^2}{60} \text{ Ω} \approx 201.67 \text{ Ω}, \quad R_3 = \frac{U^2}{P_3} = \frac{110^2}{40} \text{ Ω} = 302.5 \text{ Ω}$$

3. 电阻的混联

电阻的串联和并联相结合的连接方式称为电阻的混联。在图 1-17(a) 所示电路中, 电阻 R_3 和 R_4 串联后与 R_2 并联, 再与 R_1 串联, 等效电路如图 1-17(b) 所示, 等效电阻 R 为

教学课件
电阻的混联

微课
电阻的混联

$$R = R_1 + \frac{R_2(R_3 + R_4)}{R_2 + R_3 + R_4}$$

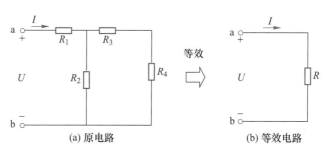

等效

动画
混联电路

(a) 原电路   (b) 等效电路

图 1-17   电阻的混联

在电阻混联的电路中, 若已知总电压 U 或总电流 I, 欲求各电阻上的电压和电流, 其求解步骤一般是:

(1) 利用串、并联的特点将多个电阻化简为一个等效电阻, 且求出等效电阻值。

(2) 应用欧姆定律求出总电流或总电压。

(3) 应用电流分配公式和电压分配公式求出各电阻上的电流和电压。

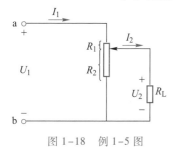

图 1-18   例 1-5 图

【例 1-5】 进行电工实训时, 常用滑线变阻器接成分压器电路来调节负载电阻上电压的高低。图 1-18 所示电路中, R_1 和 R_2 是滑线变阻器, R_L 是负载电阻。已知滑线变阻器的额定值是 100 Ω、3 A, 端钮 ab 上的输入电压 $U_1 = 220$ V, $R_L = 50$ Ω。试问:

(1) 当 $R_2 = 50$ Ω 时, 输出电压 U_2 是多少?

(2) 当 $R_2 = 75$ Ω 时, 输出电压 U_2 是多少? 滑线变阻器能否安全工作?

解：(1) 当 $R_2 = 50\ \Omega$ 时

$$R_1 = (100-50)\ \Omega = 50\ \Omega$$

R_{ab} 为 R_2 和 R_L 并联后与 R_1 串联而成，故端钮 ab 的等效电阻为

$$R_{ab} = R_1 + \frac{R_2 R_L}{R_2 + R_L} = \left(50 + \frac{50 \times 50}{50 + 50}\right)\ \Omega = 75\ \Omega$$

滑线变阻器 R_1 段流过的电流为

$$I_1 = \frac{U_1}{R_{ab}} = \frac{220}{75}\ \text{A} \approx 2.93\ \text{A}$$

负载电阻上流过的电流为

$$I_2 = \frac{U_2}{R_L} = \frac{U_1 - I_1 R_1}{R_L} = \frac{220 - 2.93 \times 50}{50}\ \text{A} = 1.47\ \text{A}$$

$$U_2 = R_L I_2 = 50 \times 1.47\ \text{V} = 73.5\ \text{V}$$

（2）当 $R_2 = 75\ \Omega$ 时，计算方法同上，可得

$$R_{ab} = \left(25 + \frac{75 \times 50}{75 + 50}\right)\ \Omega = 55\ \Omega$$

$$I_1 = \frac{220}{55}\ \text{A} = 4\ \text{A}$$

$$I_2 = \frac{75}{75 + 50} \times 4\ \text{A} = 2.4\ \text{A}$$

$$U_2 = 50 \times 2.4\ \text{V} = 120\ \text{V}$$

因 $I_1 = 4\ \text{A}$，大于滑线变阻器额定电流 3 A，所以 R_1 段电阻有被烧坏的危险。

1.3 直流电路分析

1.3.1 电源等效变换方法

电源是一种将其他形式的能量转换成电能的装置或设备。常见的直流电源有干电池、蓄电池、直流发电机、直流稳压电源和直流稳流电源等。常见的交流电源有交流发电机、交流稳压电源和各种信号发生器等。实际电源工作时，在一定条件下，有的端电压基本不随外电路而变化，有的电流基本不随外电路而变化，因而得到两种电源模型：电压源和电流源。

1. 电压源

（1）理想电压源

教学课件
电压源

理想电压源是从实际电源抽象出来的理想化的二端电路元件，简称电压源。图 1-19（a）所示为理想电压源的一般表示符号，用"+"和"-"表示其参考极性。如电压源的电压为常数，就称为直流电压源，其电压一般用 U_S 来表示，如图 1-19（b）所示。有时涉及的直流电压源是电池，在这种情况下还可以用图 1-19（c）所示的符号表示，其中长线段表示电压源的高电位端，短线段表示电压源的低电位端。理想直流电压源的伏安特性曲线如图 1-19（d）所示，它是一条平行于横轴的直线，表明其端电压与电流的大小及方向无关。

理想电压源具有如下几个性质：

微课
电压源

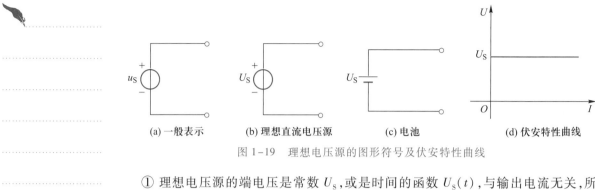

图 1-19   理想电压源的图形符号及伏安特性曲线

① 理想电压源的端电压是常数 U_S,或是时间的函数 $U_S(t)$,与输出电流无关,所以电压源与任何二端元件并联,都可以等效为电压源。

② 理想电压源的输出电流和输出功率取决于与它连接的外电路。

（2）实际电压源模型

理想电压源是从实际电源中抽象出来的理想化元件,在实际中是不存在的。像发电机、干电池等实际电源,由于电源内部存在损耗,其端电压都随着电流的变化而变化。例如,当电池接上负载后,其电压就会降低,这是由于电池内部有电阻。所以,可以采用如图 1-20 所示的方法来表示这种实际的电源,即可以用一个理想电压源和一个电阻串联来模拟,此模型称为实际电压源模型,如图 1-20(a)所示。图 1-20(b)所示为实际直流电压源模型,其伏安特性曲线如图 1-20(c)所示。电阻 r_0(或 R_0)称为电源的内阻,有时也称为输出电阻。实际电压源的端电压为

$$u = u_S - ir_0, \quad U = U_S - IR_0 \tag{1-28}$$

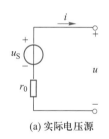 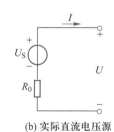 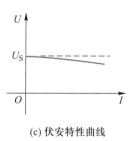

(a) 实际电压源   (b) 实际直流电压源   (c) 伏安特性曲线

图 1-20   实际电压源的图形符号及伏安特性曲线

2. 电流源

（1）理想电流源

理想电流源也是一个二端理想元件。与电压源相反,通过理想电流源的电流与电压无关,不受外电路影响,只依照自己固有的随时间变化的规律而变化。图 1-21(a)所示为理想电流源的一般表示符号,其中 i_S 表示电流源的电流,箭头表示理想电流源的参考方向。图 1-21(b)所示为理想直流电流源,其伏安特性曲线如图 1-21(c)所示,它是一条平行于纵轴的直线,表明其输出电流与端电压的大小无关。

理想电流源具有如下几个性质:

① 理想电流源的输出电流是常数 I_S 或是时间的函数 $i_S(t)$,不会因为所连接的外电路的不同而改变,与理想电流源的端电压无关,所以电流源与任何二端元件串联,都可等效为电流源。

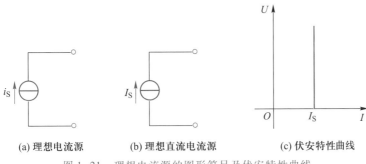

(a) 理想电流源　　　　(b) 理想直流电流源　　　　(c) 伏安特性曲线

图 1-21　理想电流源的图形符号及伏安特性曲线

② 理想电流源的端电压和输出功率取决于它所连接的外电路。

（2）实际电流源模型

理想电流源是从实际电源中抽象出来的理想化元件,在实际中也是不存在的。实际的电流源,可以用一个理想电流源和一个电阻并联来模拟,此模型称为实际电流源模型,如图 1-22（a）所示。图 1-22（b）所示为实际直流电流源模型,其伏安特性曲线如图 1-22（c）所示。电阻 r_S（或 R_S）称为电源的内阻,有时也称为输出电阻。实际直流电流源的输出电流为

$$I = I_S - \frac{U}{R_S} \qquad\qquad (1-29)$$

(a) 实际电流源　　　　(b) 实际直流电流源　　　　(c) 伏安特性曲线

图 1-22　实际电流源的图形符号及伏安特性曲线

电流源中,电流是给定的,但电压的实际极性和大小与外电路有关。如果电压的实际方向与电流的实际方向相反,正电荷从电流源的低电位处流至高电位处,则此时电流源发出功率,起电源的作用。如果电压的实际方向与电流的实际方向一致,则电流源吸收功率,此时电流源便将作为负载。

3. 电压源与电流源的等效变换

电路计算中,有时要求用电流源和电阻的并联组合来等效替代电压源和电阻的串联组合,或者用电压源和电阻的串联组合来等效替代电流源和电阻的并联组合。

如图 1-23 所示为这两种组合。如果它们等效,就要求当与外部相连的端钮 1、2 之间具有相同的电压 U 时,端钮上的电流必须相等,即 $I = I'$。

在电压源和电阻串联的组合中,$I = \dfrac{U_S - U}{R} = \dfrac{U_S}{R} - \dfrac{U}{R}$；而在电流源和电阻并联的组合中,$I' = I_S - \dfrac{U}{R'}$。根据等效变换的要求,即 $I = I'$,则上面两个式子中对应项该相等,于是得

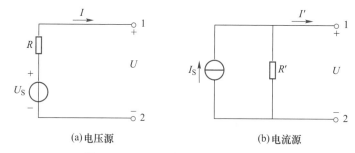

图 1-23　电压源与电流源的等效变换

$$I_S = \frac{U_S}{R}, \quad R = R' \qquad (1-30)$$

这就是两种电源进行等效变换时所必须满足的条件。

利用等效变换的知识,可以很方便地求解由电压源、电流源和电阻所组成的串并联电路。

在进行电源等效变换时应注意以下几个问题:

① 应用式(1-30)时,U_S 和 I_S 的参考方向应当如图 1-23 所示,即 I_S 的参考方向由 U_S 的负极指向正极。

② 这两种等效的组合,其内部功率情况并不相同,只是对外部来说,它们吸收或放出的功率总是一样的。所以,等效变换只适用于外电路,对内电路不等效。

③ 恒压源和恒流源不能等效互换。

【例 1-6】　求图 1-24(a)所示电路中流过电阻 R 的电流 I。已知 $U_{S1} = 10$ V,$U_{S2} = 6$ V,$R_1 = 1$ Ω,$R_2 = 3$ Ω,$R = 6$ Ω。

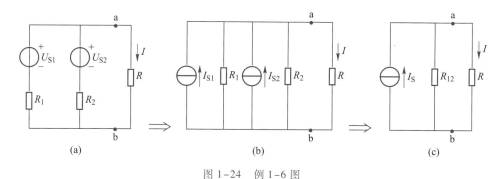

图 1-24　例 1-6 图

解:将如图 1-24(a)所示电路变换为如图 1-24(b)所示,其中

$$I_{S1} = \frac{U_{S1}}{R_1} = \frac{10}{1} \text{ A} = 10 \text{ A}, \quad I_{S2} = \frac{U_{S2}}{R_2} = \frac{6}{3} \text{ A} = 2 \text{ A}$$

图 1-24(b)中的两个并联电流源可以用一个电流源代替,其中

$$I_S = I_{S1} + I_{S2} = (10+2) \text{ A} = 12 \text{ A}$$

并联 R_1、R_2 的等效电阻 R_{12} 为

$$R_{12} = \frac{R_1 R_2}{R_1 + R_2} = \frac{1 \times 3}{1 + 3} \text{ Ω} = \frac{3}{4} \text{ Ω}$$

电路简化如图 1-24(c)所示。对如图 1-24(c)所示电路,根据分流关系求得流过电阻

R 的电流 I 为

$$I = \frac{R_{12}}{R_{12}+R} \times I_s = \frac{\dfrac{3}{4}}{\dfrac{3}{4}+6} \times 12 \ \text{A} = \frac{4}{3} \ \text{A} \approx 1.33 \ \text{A}$$

注 意

用电源变换法分析电路时,待求支路保持不变。

【例1-7】 试用电压源与电流源等效变换的方法计算图1-25(a)所示电路中流过 2 Ω 电阻的电流。

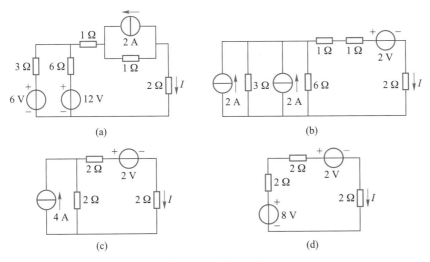

图 1-25 例 1-7 图

解:根据电压源与电流源的等效变换,可将图 1-25(a)所示电路依次等效变换为如图 1-25(b) ~ (d)所示的电路。

由图 1-25(d)可得

$$I = \frac{8-2}{2+2+2} \ \text{A} = 1 \ \text{A}$$

1.3.2 基尔霍夫定律

对于电路中的某一个元件来说,元件上的端电压和电流关系服从欧姆定律,而对于整个电路来说,电路中的各个电流和电压要服从基尔霍夫定律。基尔霍夫定律包括电流定律（KCL）和电压定律（KVL）,是电路理论中最基本的定律之一,不仅适用于求解复杂电路,也适用于求解简单电路。

为了叙述方便,先就如图 1-26 所示的电路介绍几个名词:支路、节点、回路和网孔。

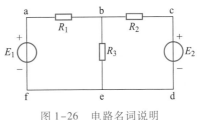

图 1-26 电路名词说明

教学课件
基尔霍夫电流定律

微课
基尔霍夫电流定律

文本
基尔霍夫电流定律
实训研究

支路:电路中流过同一电流的一个分支称为一条支路。在如图 1-26 所示电路中,fab、be 和 bcd 都是支路,其中支路 fab、bcd 各有两个电路元件。支路 fab、bcd 中有电源,称为含源支路;支路 be 中没有电源,称为无源支路。

节点:一般地说,支路的连接点称为节点。但是,如果以电路的每个分支作为支路,则三条和三条以上支路的连接点才称为节点。这样,图 1-26 所示电路中只有两个节点,即节点 b 和节点 e。

回路:回路是由若干支路组成的闭合路径,其中每个节点只经过一次。如图 1-26 所示电路中,abef、bcde 和 abcdef 都是回路,这个电路共有三个回路。

网孔:网孔是回路的一种。将电路画在平面上,在回路内部不另含有支路的回路称为网孔。如图 1-26 所示电路中,abef、bcde 是网孔,abcdef 回路内部含有支路 eb 不是网孔,所以这个电路共有两个网孔。

1. 基尔霍夫电流定律(KCL)

在电路中任一瞬间,流入任一节点的所有支路电流的代数和恒等于零,这就是基尔霍夫电流定律,简称 KCL。其数学表达式为

$$\sum I = 0 \qquad\qquad (1-31)$$

式(1-31)中,流出节点的电流前面取"+"号,流入节点的电流前面取"-"号。

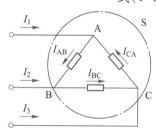

图 1-27   基尔霍夫电流
定律的推广

KCL 通常用于节点,但对包围几个节点的闭合面也是适用的。在如图 1-27 所示的电路中,闭合面 S 内有三个节点 A、B、C。在这些节点处,分别有(电流的方向都是参考方向)

$$I_1 = I_{AB} - I_{CA}, \quad I_2 = I_{BC} - I_{AB}, \quad I_3 = I_{CA} - I_{BC}$$

将上面三个式子相加,便得

$$I_1 + I_2 + I_3 = 0$$

即

$$\sum I = 0$$

可见,在任一瞬间,通过任一闭合面的电流的代数和总是等于零,或者说,流出一个闭合面的电流等于流入该闭合面的电流,这称为电流连续性。所以,基尔霍夫电流定律是电流连续性的体现。

教学课件
基尔霍夫电压定律

微课
基尔霍夫电压定律

文本
基尔霍电压定律实
训研究

2. 基尔霍夫电压定律(KVL)

基尔霍夫电流定律是对电路中任意节点而言的,而基尔霍夫电压定律是对电路中任意回路而言的。在电路中任意瞬间,沿任意回路内所有支路或元件电压的代数和恒等于零,这就是基霍夫电压定律,简称 KVL,即

$$\sum U = 0 \qquad\qquad (1-32)$$

基尔霍夫电压定律可用来确定回路中各部分电压之间的关系。在写上式时,首先需要指定一个绕行回路的方向。凡电压的参考方向与回路绕行方向一致者,在式中该电压前面取"+"号;电压参考方向与回路绕行方向相反者,则取"-"号。

同理,KVL 中电压的方向本应指它的实际方向,但由于采用了参考方向,所以式(1-32)中的代数和是按电压的参考方向来判断的。

KCL 规定了电路中任一节点处的电流必须服从的约束关系,而 KVL 则规定了电路中任一回路内的电压必须服从的约束关系。这两个定律仅与元件的连接有关,而与

元件本身无关。不论元件是线性的还是非线性的,时变的还是非时变的,KCL 和 KVL 总是成立的。

【例1-8】　如图1-28所示电路,已知 $U_1 = 5\ V$,$U_3 = 3\ V$,$I = 2\ A$,求 U_2、I_2、R_1、R_2 和 U_S。

解:(1) 已知2 Ω电阻两端电压 $U_3 = 3\ V$,故

$$I_2 = \frac{U_3}{2\ \Omega} = \frac{3}{2}\ A = 1.5\ A$$

(2) 在由 R_1,R_2 和 2 Ω电阻组成的闭合回路中,根据 KVL 得

$$U_3 + U_2 - U_1 = 0$$

即

$$U_2 = U_1 - U_3 = (5 - 3)\ V = 2\ V$$

(3) 由欧姆定律得　　$R_2 = \dfrac{U_2}{I_2} = \dfrac{2}{1.5}\ \Omega \approx 1.33\ \Omega$

由 KCL 得　　　　$I_1 = I - I_2 = (2 - 1.5)\ A = 0.5\ A$

$$R_1 = \frac{U_1}{I_1} = \frac{5}{0.5}\ \Omega = 10\ \Omega$$

(4) 在由 U_S、R_1 和 3 Ω电阻组成的闭合回路中,根据 KVL 得

$$U_S = U + U_1 = (2 \times 3 + 5)\ V = 11\ V$$

【例1-9】　在如图1-29所示电路中,已知 $U_{S1} = 12\ V$,$U_{S2} = 3\ V$,$R_1 = 3\ \Omega$,$R_2 = 9\ \Omega$,$R_3 = 10\ \Omega$,求 U_{ab}。

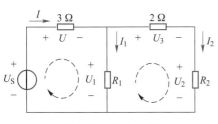
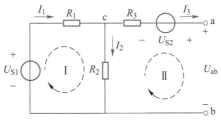

图1-28　例1-8图　　　　　　　图1-29　例1-9图

解:(1) 由 KCL 得　　　　$I_3 = 0$,　$I_1 = I_2 + I_3 = I_2 + 0 = I_2$

由 KVL,在回路 I 中有　　　　$I_1 R_1 + I_2 R_2 = U_{S1}$

解得　　　　　　　$I_1 = I_2 = \dfrac{U_{S1}}{R_1 + R_2} = \dfrac{12}{3 + 9}\ A = 1\ A$

(2) 在回路 II 中,根据 KVL 得　　$U_{ab} - I_2 R_2 + I_3 R_3 - U_{S2} = 0$

解得　　　　$U_{ab} = I_2 R_2 - I_3 R_3 + U_{S2} = (1 \times 9 - 0 \times 10 + 3)\ V = 12\ V$

3. 基尔霍夫定律的应用——支路电流分析法

对于简单电路的分析,可以利用等效变换,逐步化简电路,最后找出待求的电流和电压。但对于较复杂的电路分析,却有一定的难度。因此,对较复杂的电路进行分析,还需寻求一些系统化的普遍方法——支路电流法。

支路电流法是以支路电流作为电路的变量,直接应用基尔霍夫电压、电流定律,列出与支路电流数目相等的独立节点电流方程和回路电压方程,然后联立解出各支路电流的一种方法。其分析计算电路的一般步骤如下:

教学课件
支路电流法分析电路

微课
支路电流法分析电路

（1）在电路图中选定各支路（m 个）电流的参考方向，设出各支路电流。

（2）对独立节点（n 个）列出 $n-1$ 个 KCL 方程。

（3）取网孔列写 KVL 方程，设定各网孔绕行方向，列出 $m-(n-1)$ 个 KVL 方程。

（4）联立求解上述 m 个独立方程，便得出待求的各支路电流。

【例 1-10】　求如图 1-30 所示电路中各支路电流。

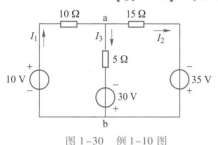

图 1-30　例 1-10 图

解：以支路电流 I_1、I_2、I_3 为变量，应用 KCL、KVL 列出等式。

（1）对于两节点 a、b，应用 KCL 可列出一个独立的节点电流方程。

节点 a：　$-I_1+I_2+I_3=0$

（2）列写网孔独立回路电压方程：

$$10I_1+5I_3=30+10$$
$$15I_2-5I_3=35-30$$

（3）联立求解各支路电流得

$$I_1=3\ \text{A}，\quad I_2=1\ \text{A}，\quad I_3=2\ \text{A}$$

I_1、I_2、I_3 均为正值，表明它的实际方向与所选参考方向相同。

教学课件
戴维南定理

微课
戴维南定理

文本
戴维南定理实训研究

1.3.3　戴维南定理

任何一个线性有源二端网络，对外电路来说，均可以用一条含源支路（电压源 U_{oc} 和电阻 R_i 串联组合）来等效替代，该有源支路的电压源电压 U_{oc} 等于有源二端网络的开路电压，其电阻等于有源二端网络化成无源网络后的入端等效电阻 R_i，这就是戴维南定理。

应用戴维南定理的关键在于正确理解和求出有源二端网络的开路电压和入端电阻。

所谓有源二端网络的开路电压，就是把外电路从 a、b 断开后在有源二端网络引出端 a、b 间的电压。所谓入端电阻，就是将有源二端网络化成无源网络后从 a、b 看进去的总电阻，也就是将有源二端网络内部所有独立源置零（即电流源处代以开路，电压源处代以短路）时的等效电阻。

等效电阻的计算方法有三种：

第一种，设网络内所有电源为零，用电阻串并联化简，计算端口 a、b 的等效电阻。

第二种，设网络内所有电源为零，在端口 a、b 处施加一电压 U，计算或测量输入端口的电流 I，则等效电阻 $R_i=\dfrac{U}{I}$。

第三种，用实训方法测量，或用计算方法求得该有源二端网络的开路电压 U_{oc} 和短路电流 I_{sc}，则等效电阻 $R_i=\dfrac{U_{oc}}{I_{sc}}$。

利用戴维南定理解题的步骤如下：

（1）将电路分为两部分：一是待求支路，将其看成外电路；二是有源二端网络，将其看成内电路。

（2）将待求支路从电路中拿开而形成一个开口即有源二端网络，在开口处求端口电压即有源二端网络的开路电压 U_{oc}。

（3）对有源二端网络除源，即理想电压源短路处理，理想电流源开路处理，所有电阻不变，求除源后无源电阻网络的入端等效电阻 R_i。

（4）用 U_{oc}、R_i 代替原有的有源二端网络电路，再把待求支路从开口处连上，求未知量。

【例1-11】　在如图1-31所示电路中，已知 $E_1 = 40$ V，$E_2 = 20$ V，$R_1 = R_2 = 4$ Ω，$R_3 = 13$ Ω，试用戴维南定理求电流 I_3。

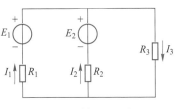

图1-31　例1-11图

解：（1）断开待求支路求等效电源的 U_{oc}，如图1-32（a）所示，可得

$$I = \frac{E_1 - E_2}{R_1 + R_2} = \frac{40 - 20}{4 + 4} \text{ A} = 2.5 \text{ A}$$

$$U_{oc} = E_2 + IR_2 = 20 \text{ V} + 2.5 \times 4 \text{ V} = 30 \text{ V}$$

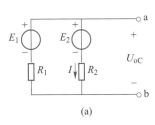
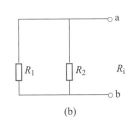
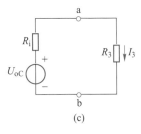

(a)　　　　　　　(b)　　　　　　　(c)

图1-32　化简图

（2）除去独立电源求入端电阻 R_i，如图1-32（b）所示，可得

$$R_i = \frac{R_1 \times R_2}{R_1 + R_2} = 2 \text{ Ω}$$

（3）画出戴维南等效电路，并接入待求支路，如图1-32（c）所示，可得

$$I_3 = \frac{U_{oc}}{R_i + R_3} = \frac{30}{2 + 13} \text{ A} = 2 \text{ A}$$

1.3.4　叠加定理

叠加定理是反映线性电路基本性质的一个重要定理。叠加定理可表述如下：当线性电路中有几个电源共同作用时，各支路的电流（或电压）等于各个电源分别单独作用时在该支路产生的电流（或电压）的代数和。叠加定理处理复杂直流电路的实质是将复杂电路转换为简单电路进行分析。

教学课件
叠加定理

在使用叠加定理分析计算电路时应注意以下几点：

（1）叠加定理只能用于计算线性电路（即电路中的元件均为线性元件）的支路电流或电压（不能直接进行功率的叠加计算）；

（2）电压源不作用时应视为短路（其内阻若有应保留），电流源不作用时应视为开路；

微课
叠加定理

（3）叠加时要注意电流或电压的参考方向，正确选取各分量的正负号。

【例1-12】　如图1-33（a）所示电路，已知 $E_1 = 17$ V，$E_2 = 17$ V，$R_1 = 2$ Ω，$R_2 = 1$ Ω，$R_3 = 5$ Ω，试应用叠加定理求各支路电流 I_1、I_2、I_3。

解：（1）当电源 E_1 单独作用时，将 E_2 视为短路（若有内阻要保留），如图1-33（b）所示。

文本
叠加定理实训研究

设 $R_{23}=R_2 /\!/ R_3 \approx 0.83\ \Omega$，则

$$I'_1 = \frac{E_1}{R_1+R_{23}} = \frac{17}{2.83}\ \text{A} \approx 6\ \text{A}$$

$$I'_2 = \frac{R_3}{R_2+R_3} I'_1 = 5\ \text{A}$$

$$I'_3 = \frac{R_2}{R_2+R_3} I'_1 = 1\ \text{A}$$

（2）当电源 E_2 单独作用时，将 E_1 视为短路（若有内阻要保留），如图 1-33（c）所示。

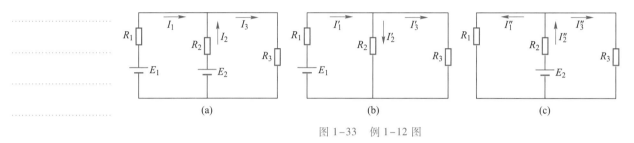

图 1-33　例 1-12 图

设 $R_{13}=R_1 /\!/ R_3 \approx 1.43\ \Omega$，则

$$I''_2 = \frac{E_2}{R_2+R_{13}} = \frac{17}{2.43}\ \text{A} \approx 7\ \text{A}$$

$$I''_1 = \frac{R_3}{R_1+R_3} I''_2 = 5\ \text{A}$$

$$I''_3 = \frac{R_1}{R_1+R_3} I''_2 = 2\ \text{A}$$

（3）当电源 E_1、E_2 共同作用时（叠加），若各电流分量与原电路电流参考方向相同，在电流分量前面选取"+"号，反之，则选取"-"号，有

$$I_1 = I'_1 - I''_1 = 1\ \text{A}$$

$$I_2 = -I'_2 + I''_2 = 2\ \text{A}$$

$$I_3 = I'_3 + I''_3 = 3\ \text{A}$$

注　意

对于支路多、电源多的电路不宜用叠加定理去求解。叠加定理适用于线性电路电压及电流的叠加，非线性电路、功率不能叠加。

1.4　实训

1.4.1　基尔霍夫定律的验证

1. 实训目的

（1）验证基尔霍夫定律的正确性，加深对基尔霍夫定律的理解。

（2）学会用电流插头、插座测量各支路电流。

2. 实训原理

基尔霍夫定律是电路的基本定律。测量某电路的各支路电流及每个元件两端的电压,应能分别满足基尔霍夫电流定律（KCL）和电压定律（KVL）。即对电路中的任一个节点而言,应有 $\sum I = 0$;对任何一个闭合回路而言,应有 $\sum U = 0$。

运用上述定律时必须注意各支路或闭合回路中电流的正方向,此方向可预先任意设定。

3. 实训设备

实训设备如表 1-3 所示。

表 1-3 实 训 设 备

序号	名称	型号与规格	数量
1	直流可调稳压电源	0 ~ 30 V	二路
2	万用表		1
3	直流数字电压表	0 ~ 200 V	1
4	电位、电压测定实训电路板		1

4. 实训内容

（1）实训前先任意设定三条支路和三个闭合回路的电流正方向。图 1-34 所示电路中,I_1、I_2、I_3 的方向已设定。三个闭合回路的电流正方向可设为 ADEFA、BADCB 和 FBCEF。

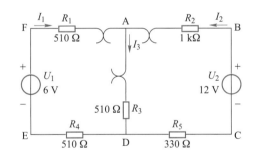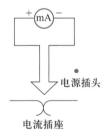

图 1-34 基尔霍夫定律验证电路

（2）分别将两路直流稳压源接入电路,令 $U_1 = 6$ V,$U_2 = 12$ V。

（3）熟悉电流插头的结构,将电流插头的两端接至数字毫安表的"+、-"两端。

（4）将电流插头分别插入三条支路的三个电流插座中,读出并记录电流值。

（5）用直流数字电压表分别测量两路电源及电阻元件上的电压值,记录在表 1-4 中。

表 1-4 测试内容和结果

被测量	I_1/mA	I_2/mA	I_3/mA	U_1/V	U_2/V	U_{FA}/V	U_{AB}/V	U_{AD}/V	U_{CD}/V	U_{DE}/V
计算值										
测量值										
相对误差										

5．实训注意事项

（1）所有需要测量的电压值，均以电压表测量的读数为准。U_1、U_2 也需测量，不应取电源本身的显示值。

（2）防止稳压电源两个输出端碰线短路。

（3）用指针式电压表或电流表测量电压或电流时，如果仪表指针反偏，则必须调换仪表极性，重新测量。此时指针正偏，可读得电压或电流值。若用数字式电压表或电流表测量，则可直接读出电压或电流值。但应注意：所读得的电压或电流值的正确正、负号应根据设定的电流参考方向来判断。

1.4.2   电压源与电流源的等效变换

1．实训目的

（1）掌握电源外特性的测试方法。

（2）验证电压源与电流源等效变换的条件。

2．实训原理

（1）一个直流稳压电源在一定的电流范围内，具有很小的内阻。故在实用中，常将它视为一个理想的电压源，即其输出电压不随负载电流而变。其外特性曲线，即其伏安特性曲线 $U=f(I)$ 是一条平行于 I 轴的直线。一个实用中的恒流源在一定的电压范围内，可视为一个理想的电流源。

（2）一个实际的电压源（或电流源），其端电压（或输出电流）不可能不随负载而变，因它具有一定的内阻值。故在实训中，用一个小阻值的电阻（或大电阻）与稳压源（或恒流源）相串联（或并联）来模拟一个实际的电压源（或电流源）。

（3）一个实际的电源，就其外部特性而言，既可以看成是一个电压源，又可以看成是一个电流源。若视为电压源，则可用一个理想电压源 U_S 与一个电阻 R_0 相串联的组合来表示；若视为电流源，则可用一个理想电流源 I_S 与一电导 G_0 相并联的组合来表示。如果这两种电源能向同样大小的负载供出同样大小的电流和端电压，则称这两个电源是等效的，即具有相同的外特性。

一个电压源与一个电流源等效变换的条件为 $I_S = U_S/R_0$，$G_0 = 1/R_0$ 或 $U_S = I_S R_0$，$R_0 = 1/G_0$。电路如图 1-35 所示。

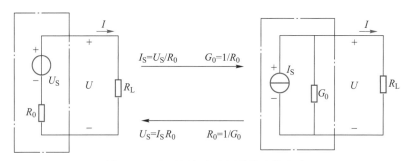

图 1-35   电压源与电流源等效变换电路

3．实训设备

实训设备见表 1-5。

表 1-5　实 训 设 备

序号	名称	型号与规格	数量
1	可调直流稳压电源	0 ~ 30 V	1
2	可调直流恒流源	0 ~ 200 mA	1
3	直流数字电压表	0 ~ 200 V	1
4	直流数字毫安表	0 ~ 200 mA	1
5	万用表		1
6	电阻器	51 Ω,200 Ω 300 Ω,1 kΩ	
7	可调电阻箱	0 ~ 99 999.9 Ω	1

4. 实训内容

（1）测定直流稳压电源与实际电压源的外特性

① 按图 1-36 接线。U_S 为 +6 V 直流稳压电源。调节 R_2，令其阻值由大至小变化，在表 1-6 中记录两表的读数。

② 按图 1-37 接线,点画线框可模拟为一个实际的电压源。调节 R_2，令其阻值由大至小变化,在表 1-7 中记录两表的读数。

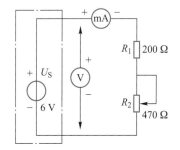

图 1-36　直流稳压电源外特性测定电路

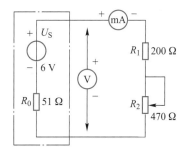

图 1-37　实际电压源外特性测定电路

表 1-6　直流稳压电源外特性测量结果

U/V						
I/mA						

表 1-7　实际电压源外特性测量结果

U/V						
I/mA						

（2）测定电流源的外特性

按图 1-38 接线,I_S 为直流恒流源,调节其输出为 10 mA,令 R_0 分别为 1 kΩ 和 ∞（即接入和断开）,调节电位器 R_L（从 0 至 470 Ω）,测出这两种情况下的电压表和电流表的读数。自拟数据表格,记录实训数据。

（3）测定电源等效变换的条件

先按图1-39（a）所示线路接线，记录线路中两表的读数。然后利用图1-39（a）中右侧的元件和仪表，按图1-39（b）接线。调节恒流源的输出电流I_S，使两表的读数与图1-39（a）时的数值相等，记录I_S的值，验证等效变换条件的正确性。

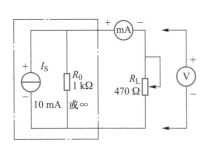

图1-38   电流源外特性测定电路

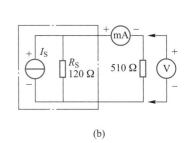

(a)   (b)

图1-39   电源等效变换条件测定电路

5. 实训注意事项

（1）在测电压源外特性时，不要忘记测空载时的电压值，测电流源外特性时，不要忘记测短路时的电流值。注意：恒流源负载电压不要超过20 V，负载不要开路。

（2）换接线路时，必须关闭电源开关。

（3）直流仪表的接入应注意极性与量程。

1.4.3   戴维南定理的验证

1. 实训目的

（1）验证戴维南定理的正确性，加深对该定理的理解。

（2）掌握测量有源二端网络等效参数的一般方法。

2. 实训原理

任何一个线性含源网络，如果仅研究其中一条支路的电压和电流，则可将电路的其余部分看作是一个有源二端网络（或称为含源一端口网络）。

戴维南定理指出：任何一个线性有源网络，总可以用一个电压源与一个电阻的串联来等效代替，此电压源的电动势U_S等于这个有源二端网络的开路电压U_{oc}，其等效内阻R_0等于该网络中所有独立源均置零（理想电压源视为短接，理想电流源视为开路）时的等效电阻。$U_{oc}(U_S)$和R_0或者$I_{sc}(I_S)$和R_0称为有源二端网络的等效参数。

有源二端网络等效参数的测量方法如下。

（1）开路电压、短路电流法测R_0

在有源二端网络输出端开路时，用电压表直接测其输出端的开路电压U_{oc}，然后再将其输出端短路，用电流表测其短路电流I_{sc}，则等效内阻为

$$R_0 = \frac{U_{oc}}{I_{sc}}$$

如果二端网络的内阻很小，若将其输出端口短路则易损坏其内部元件，因此不宜用此法。

（2）伏安法测R_0

用电压表、电流表测出有源二端网络的外特性曲线，如图1-40所示。根据外特性

曲线求出斜率 $\tan\varphi$,则内阻

$$R_0 = \tan\varphi = \frac{\Delta U}{\Delta I} = \frac{U_{oc}}{I_{sc}}$$

也可以先测量开路电压 U_{oc},再测量电流为额定值 I_N 时的输出端电压值 U_N,则内阻为

$$R_0 = \frac{U_{oc} - U_N}{I_N}$$

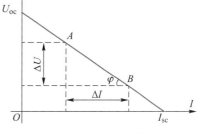

图 1-40 外特性曲线

（3）半电压法测 R_0

如图 1-41 所示,当负载电压为被测网络开路电压的一半时,负载电阻(由电阻箱的读数确定)即为被测有源二端网络的等效内阻值。

（4）零示法测 U_{oc}

在测量具有高内阻有源二端网络的开路电压时,用电压表直接测量会造成较大的误差。为了消除电压表内阻的影响,往往采用零示测量法,如图 1-42 所示。

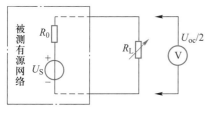

图 1-41 半电压法测 R_0

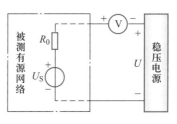

图 1-42 零示法测 U_{oc}

零示法的测量原理是用一低内阻的稳压电源与被测有源二端网络进行比较,当稳压电源的输出电压与有源二端网络的开路电压相等时,电压表的读数将为"0"。然后将电路断开,测量此时稳压电源的输出电压,即为被测有源二端网络的开路电压。

3. 实训设备

实训设备见表 1-8。

表 1-8　实 训 设 备

序号	名称	型号与规格	数量
1	可调直流稳压电源	0 ~ 30 V	1
2	可调直流恒流源	0 ~ 500 mA	1
3	直流数字电压表	0 ~ 200 V	1
4	直流数字毫安表	0 ~ 200 mA	1
5	万用表		1
6	可调电阻箱	0 ~ 99 999.9 Ω	1
7	电位器	1 kΩ/2 W	1
8	戴维南定理实训电路板		1

4. 实训内容

被测有源二端网络如图 1-43(a)所示。

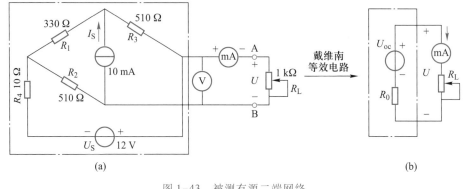

图 1-43   被测有源二端网络

（1）用开路电压、短路电流法测定戴维南等效电路的 U_{oc}、R_0。按图 1-43（a）所示接入稳压电源 $U_S = 12$ V 和恒流源 $I_S = 10$ mA，不接入 R_L。测出 U_{oc} 和 I_{sc}，并计算出 R_0。（测 U_{oc} 时，不接入毫安表。），结果记入表 1-9。

表 1-9   结   果

U_{oc}/V	I_{sc}/mA	$R_0 = U_{oc}/I_{sc}/\Omega$

（2）负载实训：按图 1-43（a）所示接入 R_L。改变 R_L 阻值，测量有源二端网络的外特性曲线。测量值记入表 1-10。

表 1-10   负载实训测量值

U/V								
I/mA								

（3）验证戴维南定理：从电阻箱上取得按步骤（1）所得的等效电阻 R_0 之值，然后令其与直流稳压电源（调到步骤（1）时所测得的开路电压 U_{oc} 之值）相串联，如图 1-43（b）所示，仿照步骤（2）测其外特性，对戴维南定理进行验证。测量值记入表 1-11。

表 1-11   验证戴维南定理测量值

U/V								
I/mA								

（4）有源二端网络等效电阻（又称入端电阻）的直接测量法。在如图 1-43（a）所示电路的基础上，将被测有源网络内的所有独立源置零（去掉电流源 I_S 和电压源 U_S，并将原电压源所接的两点用一根短路导线相连），然后用伏安法或者直接用万用表的电阻挡去测定负载 R_L 开路时 A、B 两点间的电阻，此即为被测网络的等效内阻 R_0，或称网络的入端电阻 R_i。

（5）用半电压法和零示法测量被测网络的等效内阻 R_0 及其开路电压 U_{oc}。线路及数据表格自拟。

5. 实训注意事项

（1）测量时应注意电流表量程的更换。

（2）步骤（5）中，电压源置零时不可将稳压源短接。

（3）用万用表直接测 R_0 时，网络内的独立源必须先置零，以免损坏万用表。其次，电阻挡必须经调零后再进行测量。

（4）用零示法测量 U_{oc} 时，应先将稳压电源的输出调至接近于 U_{oc}，再按图 1-42 所示进行测量。

（5）改接线路时，要关掉电源。

1.4.4　叠加定理的验证

1. 实训目的

验证线性电路叠加定理的正确性。

2. 实训原理

叠加定理指出：在有多个独立源共同作用下的线性电路中，通过每一个元件的电流或其两端的电压，可以看成是由每一个独立源单独作用时在该元件上所产生的电流或电压的代数和。

3. 实训设备

实训设备见表 1-12。

教学课件
直流稳压电源使用

微课
直流稳压电源使用

表 1-12　实 训 设 备

序号	名称	型号与规格	数量
1	直流稳压电源	0～30 V 可调	二路
2	万用表		1
3	直流数字电压表	0～200 V	1
4	直流数字毫安表	0～200 mV	1
5	叠加定理实训电路板		1

文本
直流稳压电源

视频
直流稳压电源

4. 实训内容

实训线路如图 1-44 所示。

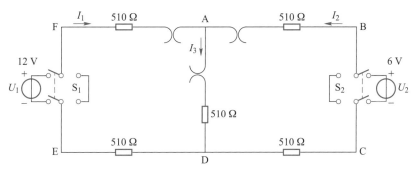

图 1-44　实训线路

视频
直流稳压电源的基本操作

视频
直流稳压电源面板介绍

（1）将两路稳压源的输出分别调节为 12 V 和 6 V，接入 U_1 和 U_2 处。

（2）令 U_1 电源单独作用（将开关 S_1 投向 U_1 侧，开关 S_2 投向短路侧）。用直流数字电压表和毫安表（接电流插头）测量各支路电流及各电阻元件两端的电压，数据记入表 1-13 中。

表 1-13　结　　果

实训内容	U_1/V	U_2/V	I_1/mA	I_2/mA	I_3/mA	U_{AB}/V	U_{CD}/V	U_{AD}/V	U_{DE}/V	U_{FA}/V
U_1 单独作用										
U_2 单独作用										
U_1、U_2 共同作用										
$2U_2$ 单独作用										

（3）令 U_2 电源单独作用（将开关 S_1 投向短路侧，开关 S_2 投向 U_2 侧），重复步骤（2）的测量和记录，数据记入表 1-13 中。

（4）令 U_1 和 U_2 共同作用（将开关 S_1 和 S_2 分别投向 U_1 和 U_2 侧），重复上述的测量和记录，数据记入表 1-13 中。

（5）将 U_2 的数值调至 +12 V，重复步骤（3）的测量和记录，数据记入表 1-13 中。

5. 实训注意事项

（1）用电流插头测量各支路电流时，或者用电压表测量电压降时，应注意仪表的极性，正确判断测得值的"+、-"号后，记入数据表格。

（2）注意仪表量程的及时更换。

习　　题

一、填空题

1. 电路中有正常的工作电流，则电路的状态为_____。

2. 按照习惯规定，导体中_____运动的方向为电流的方向。

3. 电流的标准单位是_____。

4. 直流电路中，电流的_____和_____恒定，不随时间变化。

5. 单位正电荷从某点移动到另一点时_____所做的功定义为电压。

6. 规定外电路中，电流从_____流向_____。

7. 电烙铁的电阻是 50 Ω，使用时的电流是 4 A，则供电线路的电压为_____。

8. 阻值不随端电压和流过它的电流的改变而改变，这样的电阻称_____，它的伏安特性曲线是_____。

9. 任何两块导体，中间隔以_____，就构成一个电容器。

10. 电容器的电容量简称电容，符号为_____，单位为_____。

11. 当电容元件端电压 u 与流过的电流 i 为关联参考方向时，u 与 i 间的关系为_____。

12. 从能量的角度看，电容器电压上升的过程是_____电荷的过程。

13. 如果电容电压不随时间变化，则电流为_____，这时电容元件的作用相当于使电路_____。

14. 由于通过线圈本身的电流变化引起的电磁感应现象称为_____，由此产生的电动势称为_____。

15. 自感电动势的大小与线圈的_____和线圈中_____成正比。

16. 电源和负载的本质区别是：电源是把_____能量转换成_____能的设备，负载是把_____能转换成_____能量的设备。

17. 常见的无源电路元件有_____、_____和_____；常见的有源电路元件是_____和_____。

18. 元件上电压和电流关系成正比变化的电路称为_____电路。此类电路中各支路上的_____和_____均具有叠加性，但电路中的_____不具有叠加性。

19. 电流沿电压降低的方向取向称为_____方向，计算的功率为正值时，说明元件_____电能；电流沿电压升高的方向取向称为_____方向。

20. 电路中任意两点之间电位的差值等于这两点间的_____。电路中某点到参考点间的_____称为该点的电位。

21. 线性电阻元件上的电压、电流关系，任意瞬间都受_____定律的约束；电路中各支路电流任意时刻均遵循_____定律；回路上各电压之间的关系则受_____定律的约束。这三大定律是电路分析中应牢固掌握的_____规律。

二、简答题

1. 联系实例简述什么是电路？简单电路由哪几部分组成？各部分的作用是什么？

2. 电路通常有哪几种工作状态？各有什么特点？

3. 家用电器所标称的"瓦数"是表示电器正常工作用电的容量，如果瓦数乘以使用时间就是所用的电能。试根据表1-14中给出的电器参考品名，结合具体情况调查本人家庭家用电器消耗电能状况。

表1-14 家用电器耗电计算表

品名	消耗功率/kW	日均使用时间/h	月均消耗电能/(kW·h) (每月按30天计算)
电冰箱			
电饭煲			
电热水器			
照明用电灯			

如果按消耗电能0.55元/度，大致计算你的家庭月均消耗电能支出费用。

4. 在4盏灯泡串联的电路中，除2号灯不亮外其他3盏灯都亮。当把2号灯从灯座上取下后，剩下3盏灯仍亮。问电路中出现了何故障？为什么？

5. 两个数值不同的电压源能否并联后"合成"一个向外供电的电压源？两个数值不同的电流源能否串联后"合成"一个向外电路供电的电流源？为什么？

6. 什么叫1度电？1度电有多大作用？

三、计算题

1. 在题图 1-1 中，已知各支路的电流、电阻和电压源电压，试写出各支路电压 U 的表达式。

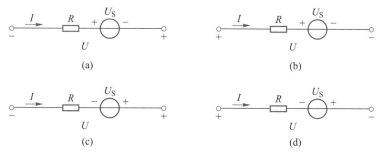

题图 1-1

2. 分别求题图 1-2 中各电路元件的功率，并指出它们是吸收功率还是发出功率。

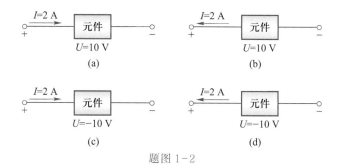

题图 1-2

3. 题图 1-3 所示电路，若以 B 点为参考点。求 A、C、D 三点的电位及 U_{AC}、U_{AD}、U_{CD}。若改 C 点为参考点，再求 A、C、D 三点的电位及 U_{AC}、U_{AD}、U_{CD}。

4. 如题图 1-4 所示电路，计算各点电位。

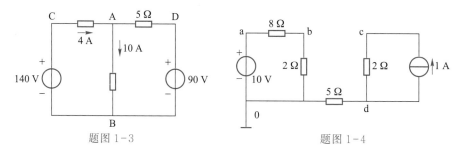

题图 1-3   题图 1-4

5. 今有 220 V、40 W 和 220 V、100 W 的灯泡各一只，将它们并联在 220 V 的电源上，哪个灯泡会亮？为什么？若串联后再接到 220 V 的电源上，哪个灯泡会亮？为什么？

6. 电路如题图 1-5 所示，求 R_{ab}。

7. 电路如题图 1-6 所示，已知 $I=0$，求电阻 R。

8. 电路如题图 1-7 所示，已知 $U_1=14$ V，求 U_S。

9. 如题图 1-8 所示电路中，已知 $U_S=12$ V，$I_{S1}=0.75$ A，$I_{S2}=5$ A，$R_1=8$ Ω，$R_2=6$ Ω，$R=6$ Ω，$R_L=9$ Ω。用电源等效变换法求电流 I。

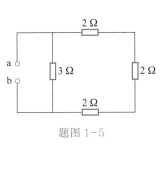

题图 1-5

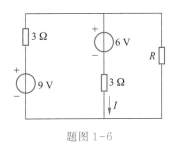

题图 1-6

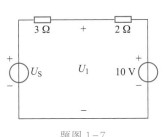

题图 1-7

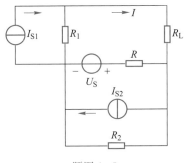

题图 1-8

10. 如题图 1-9 所示电路中，已知 $U_{S1} = 9$ V，$U_{S2} = 4$ V，电源内阻不计。 电阻 $R_1 = 1$ Ω，$R_2 = 2$ Ω，$R_3 = 3$ Ω。 用支路电流法求各支路电流。

11. 用叠加定理求题图 1-10 所示电路中的电压 U_{ab}。

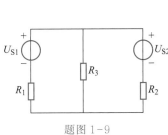

题图 1-9

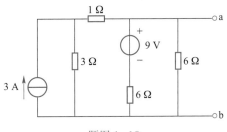

题图 1-10

12. 电路如题图 1-11 所示，求其戴维南等效电路。

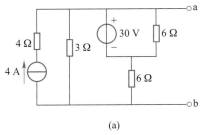

(a)

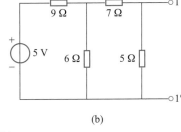

(b)

题图 1-11

第 **2** 章

正弦交流电路的安装、测试与分析

第 1 章介绍了直流电路，本章来介绍交流电路。常用的交流电是正弦交流电，广泛应用在工业生产和日常生活中，所以，分析研究正弦交流电路具有重要的实用意义。单相正弦交流电路的学习是研究三相电路的基础，在电路中占有非常重要的地位，本章主要介绍正弦交流电路的概念及其测试与分析方法。

教学目标

能力目标
- 能仿真并搭建简单的正弦交流电路
- 能分析单一参数正弦交流电路
- 能测量三相交流电路的电压、电流

知识目标
- 理解正弦交流电路的概念
- 理解单一参数正弦交流电路的特点
- 掌握单一参数正弦交流电路的分析方法
- 掌握三相交流电路的测量方法

教学课件
正弦交流电的概念

微课
正弦交流电的概念

2.1 正弦交流电路概述

2.1.1 交流电路概述

在直流电路中,电压、电流的大小和方向都不随时间变化;而在日常生活和生产实践中大量使用的交流电,其电压、电流的大小和方向均随时间按正弦规律作周期性变化。图 2-1 所示为直流电和交流电的电流波形。

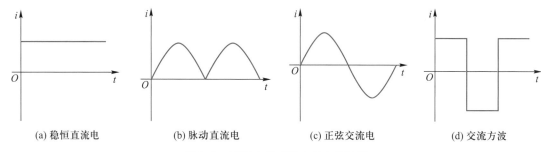

(a) 稳恒直流电   (b) 脉动直流电   (c) 正弦交流电   (d) 交流方波

图 2-1   直流电和交流电的电流波形

2.1.2 正弦交流电的三要素

正弦电压和电流,统称为正弦量。正弦量的基本特征分别由频率(或周期)、幅值和初相位来表示,它们通称为正弦量的三要素。下面以电流为例介绍正弦量的基本特征。

1. 瞬时值和最大值

正弦量在任一瞬间的值称为瞬时值,用小写字母表示,如 i、u 及 e 分别表示电流、电压及电动势的瞬时值。瞬时值有正、有负,也可能为零。

教学课件
正弦交流电的三要素

微课
正弦交流电的三要素

依据正弦量的概念,设某支路中正弦电流 i 在选定参考方向下的瞬时值表达式为

$$i = I_m \sin(\omega t + \varphi_i) \tag{2-1}$$

瞬时值中最大的值称为幅值或最大值,用带下标 m 的大写字母表示,如 I_m、U_m 分别表示电流、电压的幅值。

【例 2-1】 已知某交流电压 $u = 220\sqrt{2}\sin(\omega t + \varphi_u)$ V,这个交流电压的最大值为多少?

解:最大值

$$U_m = 220\sqrt{2} \text{ V} \approx 311.1 \text{ V}$$

教学课件
正弦交流电的幅值

微课
正弦交流电的幅值

2. 幅值和有效值

正弦电压、电流的瞬时值是随时间而变化的。在电工技术中,往往并不要求知道它们每一瞬时的大小,这样,就需要为它们规定一个表征大小的特定值。很明显,用它们的平均值或最大值是不合适的。

考虑到交流电流(电压)和直流电流(电压)施加于电阻时,电阻都要消耗电能而发热,以电流的热效应为依据,为交流电流和电压规定一个表征其大小的特定值。若某一交流电流 i 通过电阻 R 在一个周期内产生的热量,与一个直流电流 I 通过同样大小

的电阻在相等的时间内产生的热量相等,则这个直流电 I 的数值就称为交流电 i 的有效值。有效值的表示方法与直流电相同,即用大写字母 U、I 分别表示交流电的电压与电流的有效值,但其本质与直流电不同。

例如,设直流电 I 通过电阻 R 在一个周期 T 内所产生的热量为

$$Q = I^2RT$$

交流电 i 通过电阻 R 在一个周期 T 内所产生的热量为

$$Q = \int_0^T i^2R\mathrm{d}t$$

由于产生的热量相等,所以交流电流的有效值为

$$I = \sqrt{\frac{1}{T}\int_0^T i^2\,\mathrm{d}t} \tag{2-2}$$

将 $i = I_\mathrm{m}\sin(\omega t + \varphi_i)$ 代入上式并整理得

$$I = \frac{I_\mathrm{m}}{\sqrt{2}} \approx 0.707I_\mathrm{m} \tag{2-3}$$

同理可得

$$U = \frac{U_\mathrm{m}}{\sqrt{2}} \approx 0.707U_\mathrm{m} \tag{2-4}$$

式(2-3)、式(2-4)说明正弦量的有效值是最大值的 $\dfrac{1}{\sqrt{2}}$(≈ 0.707)倍。一般所讲的正弦电压或电流指的都是有效值。所以我们说照明电的 220 V 是交流电的有效值,不是瞬时值也不是最大值。同样,交流电器设备的铭牌上所标的电压、电流都是有效值。例如"220 V、60 W"的日光灯,是指它的额定电压的有效值为 220 V。如不加说明,交流量的大小皆指有效值。

3. 频率和周期

正弦量的每个值在经过相等的时间后重复出现。再次重复出现所需的最短时间间隔就称为周期,用 T 表示,单位为秒(s)。每秒钟内重复出现的次数称为频率,用 f 表示,单位为赫兹(Hz),简称赫,如图 2-2 所示。

频率是周期的倒数,即

$$f = \frac{1}{T} \tag{2-5}$$

我国电力标准采用 50 Hz,有些国家(如美国、日本等)采用 60 Hz。这种频率应用广泛,习惯上称为工频。通常的交流电动机和照明线路都采用这种频率。

正弦量的变化快慢还可以用角频率 ω 表示。角频率是指交流电在 1 s 内变化的角度。若交流电 1 s 内变化了 f 次,则可得角频率与频率的关系式为

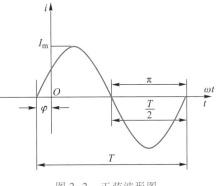

图 2-2　正弦波形图

$$\omega = \frac{2\pi}{T} = 2\pi f \tag{2-6}$$

角频率的单位为弧度/秒(rad/s)。例如,我国电力标准频率为 50 Hz,它的周期和角频率分别为 0.02 s 和 314 rad/s。

【例 2-2】　已知某正弦交流电压为 $u = 311\sin 314t$ V,求该电压的最大值、频率、角频率和周期。

解:
$$U_{\mathrm{m}} = 311 \text{ V} \qquad \omega = 314 \text{ rad/s}$$

$$f = \frac{\omega}{2\pi} = \frac{314}{2 \times 3.14} \text{ Hz} = 50 \text{ Hz}$$

$$T = \frac{1}{f} = \frac{1}{50} \text{ s} = 0.02 \text{ s}$$

教学课件
正弦交流电的相位与相位差

微课
正弦交流电的相位与相位差

教学课件
正弦交流电的相位与相位差补充例题

4. 初相

$(\omega t + \varphi)$ 称为正弦量的相位角或相位,它反映出正弦量的变化进程。$t = 0$ 时的相位角称为初相角或初相位,简称初相。规定初相的绝对值不能超过 π。初相 φ 和相位 $(\omega t + \varphi)$ 用弧度作单位,工程上常用度作单位。如图 2-3 所示,图中 u 和 i 的波形可用下式表示:

$$u = U_{\mathrm{m}}\sin(\omega t + \varphi_u)$$

$$i = I_{\mathrm{m}}\sin(\omega t + \varphi_i)$$

5. 相位差

两个同频率正弦量的相位角之差或初相位角之差,称为相位差,用 φ 表示。

图 2-3 中电压 u 和电流 i 的相位差为

$$\varphi = (\omega t + \varphi_u) - (\omega t + \varphi_i) = \varphi_u - \varphi_i \tag{2-7}$$

若图中,$\varphi_u > \varphi_i$,则 u 较 i 先到达正的幅值,即在相位上 u 比 i 超前 φ 角,或者说 i 比 u 滞后 φ 角。

初相相等的两个正弦量,它们的相位差为零,这样的两个正弦量称为同相。同相的两个正弦量同时到达零值,同时到达最大值,步调一致,如图 2-4 中的 i_1 和 i_2。两个正弦量在同一时刻到达零值,同一时刻一个到达正向最大值,一个到达负向最大值,这两个正弦量称为反相,它们的相位差 φ 为 180°,如图 2-4 中的 i_1 和 i_3。

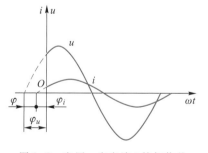

图 2-3　电压 u 和电流 i 的相位差

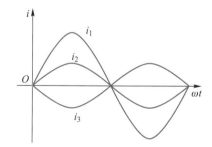

图 2-4　正弦量的同相与反相

上述关于相位关系的讨论,只是对同频率正弦量而言。而两个不同频率的正弦量,其相位差不再是一个常数,而是随时间变化的,在这种情况下讨论它们的相位关系是没有任何意义的。

【例 2-3】　设 $i_1 = 50\cos(\omega t + 60°)$ A,$i_2 = 10\sin(\omega t + 30°)$ A,哪个电流滞后?滞后多少度?

解:正弦量之间求相位差必须满足两个条件:一是同频率,二是同名函数。故先将 i_1 变为正弦函数,再求相位差,有

$$i_1 = 50\cos(\omega t+60°)\ \text{A} = 50\sin(90°+\omega t+60°)\ \text{A} = 50\sin(\omega t+150°)\ \text{A}$$

i_1 与 i_2 的相位差为 $\varphi = \varphi_{i_1}-\varphi_{i_2} = 150°-30° = 120°>0$,所以 i_2 滞后 i_1 $120°$。

2.1.3 正弦量的相量表示法

用三角函数式或波形图来表达正弦量是最基本的表示方法。这两种表示方法虽然简便直观,但要用它们进行正弦交流电路的分析与计算却是很烦琐和困难的,为此常用下面所述的相量表示法。

教学课件
相量的概念

微课
相量的概念

用复数的模和辐角表示正弦交流电的有效值(或最大值)和初相位,称为正弦量的相量表示法。为了与一般的复数相区别,我们把表示正弦量的复数称为相量,并在大写字母上打"·"表示。正弦量的相量表示有两种形式:相量图(如图 2-5 所示)和复数式(相量式)。按照正弦量的大小和相位关系用初始位置的有向线段画出的若干个相量的图形,称为相量图。相量图中相量的长短反映正弦量的大小,相量与正实轴的夹角反映正弦量的相位。

【例 2-4】 试写出表示 $u_A = 220\sqrt{2}\sin 314t\ \text{V}$,$u_B = 220\sqrt{2}\sin(314t-120°)\ \text{V}$ 和 $u_C = 220\sqrt{2}\sin(314t+120°)\ \text{V}$ 的相量,并画出相量图。

教学课件
相量的概念补充例题

教学课件
正弦交流电的相量表示

微课
正弦交流电的相量表示

解:分别用有效值相量 $\dot{U}_A$、$\dot{U}_B$ 和 $\dot{U}_C$ 表示正弦电压 u_A、u_B 和 u_C,则

$$\dot{U}_A = 220\ \underline{/0°}\quad \text{V} = 220\ \text{V}$$

$$\dot{U}_B = 220\ \underline{/-120°}\quad \text{V} = 220\left(-\frac{1}{2}-j\frac{\sqrt{3}}{2}\right)\ \text{V}$$

$$\dot{U}_C = 220\ \underline{/120°}\quad \text{V} = 220\left(-\frac{1}{2}+j\frac{\sqrt{3}}{2}\right)\ \text{V}$$

相量图如图 2-6 所示。

教学课件
正弦交流电的相量表示补充例题

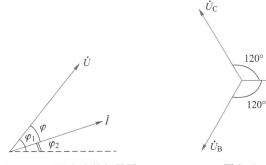

图 2-5 电压和电流的相量图   图 2-6 相量图

正弦量用相量表示后,同频率正弦量的相加或相减的运算可以变换为相应相量的相加或相减的运算。

2.2 单一参数正弦交流电路

在直流电路中,仅需考虑电阻元件这一参数,但在交流电路中,电压、电流等的大

小及方向是随时间而变化的,因此电容、电感元件储能也随时间变化。这些变化关系,要比直流电路复杂得多。本节讨论单一元件在正弦交流电作用下的电压、电流的关系及能量转换关系。

教学课件
正弦交流电路电阻
的电压电流关系

微课
正弦交流电路电阻
的电压电流关系

2.2.1　纯电阻电路

1. 电阻元件的电压、电流关系

纯电阻电路是最简单的交流电路,如图 2-7 所示。在日常生活和工作中接触到的白炽灯、电炉、电烙铁等,都属于电阻性负载,它们与交流电源连接组成纯电阻电路。

设电阻两端电压为

$$u(t) = U_{\mathrm{m}}\sin\omega t$$

则

$$i(t) = \frac{u(t)}{R} = \frac{U_{\mathrm{m}}}{R}\sin\omega t = I_{\mathrm{m}}\sin\omega t$$

教学课件
正弦交流电路电阻
的电压电流关系补
充例题

比较电压和电流的关系式可见:电阻两端电压 u 和电流 i 的频率相同,电压与电流的有效值(或最大值)的关系符合欧姆定律,而且电压与电流同相(相位差 $\varphi = 0$)。它们在数值上满足关系式

$$U = RI \quad \text{或} \quad I = \frac{U}{R} \tag{2-8}$$

电阻元件电压、电流波形图如图 2-8 所示。

用相量表示电压与电流的关系为

教学课件
正弦交流电路电阻
功率

微课
正弦交流电路电阻
功率

$$\dot{U} = R\dot{I} \tag{2-9}$$

电阻元件电压、电流相量图如图 2-9 所示。

教学课件
正弦交流电路电阻
功率补充例题

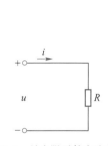
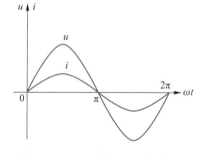

图 2-7　纯电阻元件交流电路　　　图 2-8　电阻元件电压、电流波形图　　　图 2-9　电阻元件电压、电流相量图

2. 电阻元件的功率

(1) 瞬时功率

电阻中某一时刻消耗的电功率称为瞬时功率,它等于电压 u 与电流 i 瞬时值的乘积,并用小写字母 p 表示。

$$p = p_R = ui = U_{\mathrm{m}}I_{\mathrm{m}}\sin^2\omega t = U_{\mathrm{m}}I_{\mathrm{m}}\frac{1-\cos 2\omega t}{2} = UI(1-\cos 2\omega t) \tag{2-10}$$

由式(2-10)可知,在任何瞬间,恒有 $p \geq 0$,说明电阻只要有电流就消耗能量,将电能转为热能,它是一种耗能元件。

(2) 平均功率

工程中常用瞬时功率在一个周期内的平均值表示功率,称为平均功率,用大写字

母 P 表示。

$$P = \frac{U_m I_m}{2} = UI = I^2 R = \frac{U^2}{R} \qquad (2-11)$$

纯电阻正弦交流电路平均功率的表达式与直流电路中电阻功率的表达式形式相同,但式中的 U、I 不是直流电压、电流,而是正弦交流电的有效值。

【例 2-5】 在图 2-10 电路中,$R = 10\ \Omega$,$u = 10\sqrt{2}\sin(\omega t + 30°)$ V,求电流 i 的瞬时值表达式、相量表达式和平均功率 P。

解:由 $u = 10\sqrt{2}\sin(\omega t + 30°)$ V,可得

$$\dot{U} = 10\ \underline{/30°}\ \text{V}$$

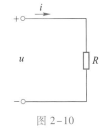

所以

$$\dot{I} = \frac{\dot{U}}{R} = \frac{10\ \underline{/30°}}{10}\ \text{A} = 1\ \underline{/30°}\ \text{A}$$

$$i = \sqrt{2}\sin(\omega t + 30°)\ \text{A}$$

$$P = UI = 10 \times 1\ \text{W} = 10\ \text{W}$$

图 2-10

2.2.2 纯电容电路

1. 电容元件的电压、电流关系

电容元件两极板带上电荷,就产生电场,电场具有能量,因此电容元件能储存能量。在电容两端加上一正弦电压 $u = U_m \sin\omega t$,如图 2-11 所示,则电容元件中就要产生变化的电流,即

教学课件
正弦交流电路电容
的电压电流关系

$$i = C\frac{du}{dt} = CU_m\frac{d}{dt}(\sin\omega t)$$
$$= \omega CU_m\cos\omega t = \omega CU_m\sin(\omega t + 90°)$$
$$= I_m\sin(\omega t + 90°)$$

微课
正弦交流电路电容
的电压电流关系

比较电压和电流的关系式可见:电容两端电压 u 和电流 i 也是同频率的正弦量,电流的相位超前电压 90°。图 2-12 所示为电容两端的电压、电流波形图。电压与电流在数值上满足关系式

$$I_m = \omega CU_m$$

或

$$\frac{U_m}{I_m} = \frac{U}{I} = \frac{1}{\omega C} \qquad (2-12)$$

教学课件
正弦交流电路电容
的电压电流关系补
充例题

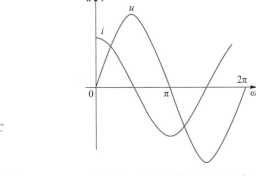

图 2-11 纯电容交流电路   图 2-12 电容元件电压、电流波形

2. 容抗的概念

式（2-12）表明，电压与电流有效值的比值不仅与 C 有关，而且与角频率 ω 有关。当 U 一定时，$\dfrac{1}{\omega C}$ 越大，则 I 越小。可见它也具有对电流的阻碍作用。我们把 $\dfrac{1}{\omega C}$ 称为容抗，用 X_C 表示，单位为欧姆，即

$$X_C = \frac{1}{\omega C} = \frac{1}{2\pi f C} \tag{2-13}$$

容抗 X_C 反映了电容元件在正弦交流的情况下阻碍电流通过的能力。容抗与频率成反比，高频时容抗变小，相当于短路；而当频率 f 很低或 $f=0$（直流）时，电容就相当于开路。这就是电容的"隔直通交"作用。

教学课件
正弦交流电路电容的功率

用相量表示电压与电流的关系为

$$\dot{U} = -\mathrm{j}X_C\dot{I} = -\mathrm{j}\frac{\dot{I}}{\omega C} = \frac{\dot{I}}{\mathrm{j}\omega C} \tag{2-14}$$

微课
正弦交流电路电容的功率

电容元件的电压、电流相量图如图 2-13 所示。

3. 电容元件的功率

（1）瞬时功率

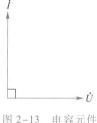

图 2-13　电容元件
电压、电流相量图

设纯电容两端电压和电流方向关联时，如电容两端电压为 $u = U_\mathrm{m}\sin\omega t$，则电容的电流为 $i = I_\mathrm{m}\sin\left(\omega t + \dfrac{\pi}{2}\right)$，所以，电容瞬时功率为

教学课件
正弦交流电路电容的功率补充例题

$$\begin{aligned}
p = p_C = ui &= U_\mathrm{m}\sin\omega t \cdot I_\mathrm{m}\sin\left(\omega t + \frac{\pi}{2}\right)\\
&= U_\mathrm{m}I_\mathrm{m}\sin\omega t\cos\omega t = UI\sin 2\omega t
\end{aligned} \tag{2-15}$$

电容元件的瞬时功率是随时间变化的正弦函数，其频率是电源频率的两倍，u 或 i 变化一周，频率变化两周，如图 2-14 所示。

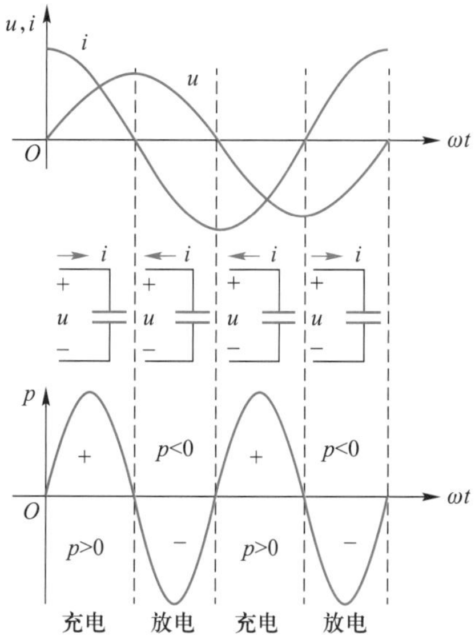

（2）平均功率

由图 2-14 可知，瞬时功率为正值时，电容元件吸收电源的能量，即电容充电，把电能储存在电容元件的电场中；瞬时功率为负值时，电容元件发出能量，即电容把电场能量归还给电源，电容放电。纯电容元件在一个周期内的瞬时功率平均值为 0，所以电容与电源之间只存在着能量的转换，而不消耗能量。为了表示能量交换的规模大小，将电容瞬时功率的最大值定义为电容的无功功率，或称容性无功功率，用 Q_C 表示，即

$$Q_C = UI = I^2X_C = \frac{U^2}{X_C}(\text{var}) \tag{2-16}$$

无功功率的单位为乏（var）或千乏（kvar）。

【例 2-6】 把电容量为 $40\ \mu\text{F}$ 的电容器接到交流电源上，通过电容器的电流为 $i = 2.75 \times \sqrt{2}\sin(314t + 30°)$ A，试求电容器两端的电压瞬时值表达式。

解： 由通过电容器的电流解析式

$$i = 2.75 \times \sqrt{2}\sin(314t + 30°)\ \text{A}$$

图 2-14　电容元件瞬时
功率的波形图

可知　　　　　　　　　　　$I = 2.75 \text{ A} \quad \omega = 314 \text{ rad/s} \quad \varphi = 30°$

则　　　　　　　　　　　　$\dot{I} = 2.75 \underline{/30°} \text{ A}$

电容器的容抗为

$$X_c = \frac{1}{\omega C} = \frac{1}{314 \times 40 \times 10^{-6}} \ \Omega \approx 80 \ \Omega$$

$$\dot{U} = -\text{j}X_c\dot{I} = 1 \underline{/-90°} \times 80 \times 2.75 \underline{/30°} \text{ V} = 220 \underline{/-60°} \text{ V}$$

电容器两端电压瞬时表达式为

$$u = 220\sqrt{2}\sin(314t - 60°) \text{ V}$$

2.2.3　纯电感电路

1. 电感元件的电压、电流关系

电流流过电感元件要产生磁场,因此电感元件是储能元件。在交流电路中,电感元件中通以变化的电流,其两端的电压亦随之变化。纯电感元件交流电路如图 2–15 所示。

设电路正弦电流为 $i = I_\text{m}\sin\omega t$,在电压、电流关联参考方向下,电感元件两端电压为

$$u = L\frac{\text{d}i}{\text{d}t} = \omega L I_\text{m}\cos\omega t = \omega L I_\text{m}\sin(\omega t + 90°) = U_\text{m}\sin(\omega t + 90°)$$

比较电压和电流的关系式可见:电感两端电压 u 和电流 i 也是同频率的正弦量,电压的相位超前电流 90°。电压与电流在数值上满足关系式

$$U_\text{m} = \omega L I_\text{m}$$

或

$$\frac{U_\text{m}}{I_\text{m}} = \frac{U}{I} = \omega L \tag{2-17}$$

电感元件的电压、电流波形图如图 2–16 所示。

教学课件
正弦交流电路电感的电压电流关系

微课
正弦交流电路电感的电压电流关系

教学课件
正弦交流电路电感的电压电流关系补充例题

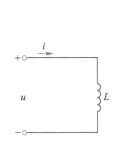

图 2–15　纯电感元件交流电路

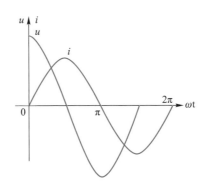

图 2–16　电感元件电压、电流波形图

2. 感抗的概念

式(2–17)表明,电压与电流有效值的比值不仅与 L 有关,而且与角频率 ω 有关。当 U 一定时,ωL 越大,则电流 I 越小。可见,电感具有对交流电流起阻碍作用的物理性质,所以称为感抗,用 X_L 表示,单位为欧姆,即

$$X_L = \omega L = 2\pi f L \tag{2-18}$$

感抗表示线圈对交流电流阻碍作用的大小。感抗与频率成正比,高频时感抗变

大,而直流时 $\omega=0$,$X_L=0$,电感元件相当于短路。这就是线圈本身所固有的"直流畅通,高频受阻"作用。

用相量表示电压与电流的关系为

$$\dot{U}=\mathrm{j}X_L\dot{I}=\mathrm{j}\omega L\dot{I} \qquad (2\text{-}19)$$

电感元件的电压、电流相量图如图 2-17 所示。

3. 电感元件的功率

（1）瞬时功率：如图 2-18 所示,电感元件的瞬时功率为

$$p=p_L=ui=U_{\mathrm{m}}\sin(\omega t+90°)I_{\mathrm{m}}\sin\omega t$$

$$=\frac{1}{2}U_{\mathrm{m}}I_{\mathrm{m}}\sin2\omega t$$

$$=UI\sin2\omega t$$

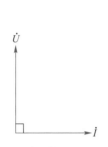

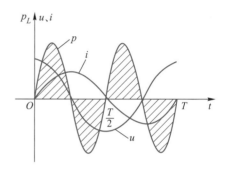

图 2-17   电感元件电压、电流相量图　　图 2-18   电感元件瞬时功率的波形图

（2）平均功率

纯电感条件下电路中仅有能量的交换而没有能量的损耗,所以,其平均功率为 0。

工程中为了表示能量交换的规模大小,常用电感的无功功率 Q_L 来衡量,并规定无功功率等于瞬时功率 p_L 的幅值,即

$$Q_L=UI=I^2X_L=\frac{U^2}{X_L} \qquad (2\text{-}20)$$

无功功率的单位为乏（var）或千乏（kvar）。

【例 2-7】　把一个电感量为 0.35 H 的线圈,接到 $u=220\sqrt{2}\sin(100\pi t+60°)$ V 的电源上,求线圈中电流瞬时值的表达式。

解：由线圈两端电压的解析式 $u=220\sqrt{2}\sin(100\pi t+60°)$ V 可以得到

$$U=220\text{ V}\qquad \omega=100\pi\text{ rad/s}\qquad \varphi=60°$$

$$\dot{U}=220\underline{/60°}\text{ V}$$

$$X_L=\omega L=100\times3.14\times0.35\text{ }\Omega\approx110\text{ }\Omega$$

$$\dot{I}_L=\frac{\dot{U}_L}{\mathrm{j}X_L}=\frac{220\underline{/60°}}{1\underline{/90°}\times110}\text{ A}=2\underline{/-30°}\text{ A}$$

因此,通过线圈的电流瞬时值的表达式为

$$i=2\sqrt{2}\sin\left(100\pi t-\frac{\pi}{6}\right)\text{ A}$$

【例2-8】 2 H 电感元件两端电压为 $u=16\sqrt{2}\sin(100t-45°)$ V,求流过电感的电流、电感元件的瞬时功率 p_L 及 Q_L。

解:电感元件两端电压的有效值相量为

$$\dot{U}=16\ \underline{/-45°}\ \text{V}$$

由式(2-19)可得

$$\dot{I}_L=\frac{\dot{U}_L}{jX_L}=\frac{16\ \underline{/-45°}}{j\times100\times2}\ \text{A}=-j0.08\ \underline{/-45°}\ \text{A}=0.08\ \underline{/-135°}\ \text{A}$$

所以

$$i=0.08\sqrt{2}\sin(100t-135°)\ \text{A}$$

求得

$$p=p_L=ui=16\sqrt{2}\sin(100t-45°)\times0.08\sqrt{2}\sin(100t-135°)\ \text{W}=1.28\cos200t\ \text{W}$$

$$Q_L=UI=16\times0.08\ \text{var}=1.28\ \text{var}$$

2.2.4 正弦交流电路的分析

所谓对正弦交流电路的分析,就是从电路基本定律出发,运用相量概念,列出电路的相量方程,然后进行复数运算,最后把相量写为瞬时值表达式;或者在复平面上根据基本定律,用相量图分析,再求得结果。

1. *RLC* 串联电路的电压、电流关系

RLC 串联电路及电路相量图如图2-19和图2-20所示,根据 KVL 定律可列出

$$u=u_R+u_L+u_C$$

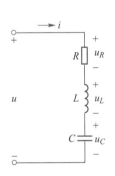

图 2-19　*RLC* 串联电路

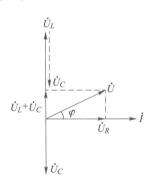

图 2-20　*RLC* 串联电路相量图

设电路中的电流为

$$i=I_m\sin\omega t$$

则电阻元件上的电压 u_R 与电流同相,即

$$u_R=RI_m\sin\omega t=U_{Rm}\sin\omega t$$

电感元件上的电压 u_L 比电流超前90°,即

$$u_L=\omega LI_m\sin(\omega t+90°)=U_{Lm}\sin(\omega t+90°)$$

电容元件上的电压 u_C 比电流滞后90°,即

$$u_C=\frac{I_m}{\omega C}\sin(\omega t-90°)=U_{Cm}\sin(\omega t-90°)$$

教学课件
正弦交流 *RC* 串联电路

微课
正弦交流 *RC* 串联电路

教学课件
正弦交流 *RL* 串联电路

微课
正弦交流 *RL* 串联电路

教学课件
正弦交流 *RC* 串联电路补充例题

教学课件
正弦交流 *RL* 串联电路补充例题

所以电源电压为

$$u = u_R + u_L + u_C = U_{Rm}\sin\omega t + U_{Lm}\sin(\omega t + 90°) + U_{Cm}\sin(\omega t - 90°) = U_m\sin(\omega t + \varphi)$$

由图 2-20 可知，RLC 串联电路相量图组成直角三角形，称为电压三角形。利用这个电压三角形，可求得电源电压的有效值，如图 2-21 所示，即

$$U = \sqrt{U_R^2 + (U_L - U_C)^2} = \sqrt{(RI)^2 + (X_L I - X_C I)^2} = I\sqrt{R^2 + (X_L - X_C)^2} \tag{2-21}$$

电源电压 u 与电流 i 之间的相位差也可从电压三角形得出，即

$$\varphi = \arctan\frac{U_L - U_C}{U_R} = \arctan\frac{X_L - X_C}{R} \tag{2-22}$$

由式（2-22）可知，φ 由电路参数决定：

（1）当 $X_C < X_L$ 时，$\varphi > 0$，即电压超前电流 φ，此时电路呈感性。

（2）当 $X_C > X_L$ 时，$\varphi < 0$，即电压滞后电流 φ，此时电路呈容性。

（3）当 $X_L = X_C$ 时，$\varphi = 0$，即电压与电流同相，此时电路呈阻性，也称为串联谐振。

2. 电路中的阻抗及相量图

教学课件
阻抗的概念

由式（2-21）可知，电路中电压与电流的有效值（或幅值）之比为 $\sqrt{R^2 + (X_L - X_C)^2}$。它的单位也是欧姆，也具有对电流起阻碍作用的性质，我们称它为电路的阻抗模，用 $|Z|$ 代表，即

微课
阻抗的概念

$$|Z| = \sqrt{R^2 + (X_L - X_C)^2} = \sqrt{R^2 + \left(\omega L - \frac{1}{\omega C}\right)^2} \tag{2-23}$$

$|Z|$、R、$(X_L - X_C)$ 三者之间的关系也可用一个直角三角形——阻抗三角形来表示，如图 2-22 所示。

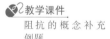
教学课件
阻抗的概念补充例题

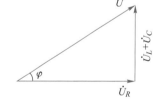

图 2-21　电压三角形

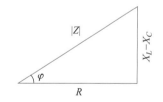

图 2-22　阻抗三角形

用相量表示电压与电流的关系为

$$\dot{U} = \dot{U}_R + \dot{U}_L + \dot{U}_C = R\dot{I} + jX_L\dot{I} - jX_C\dot{I}$$
$$= [R + j(X_L - X_C)]\dot{I}$$

将上式写成

$$\frac{\dot{U}}{\dot{I}} = R + j(X_L - X_C) \tag{2-24}$$

式中的 $R + j(X_L - X_C)$ 称为电路的阻抗，用大写的 Z 表示，即

$$Z = R + j(X_L - X_C) = \sqrt{R^2 + (X_L - X_C)^2}\,e^{j\arctan\frac{X_L - X_C}{R}} = |Z|e^{j\varphi}$$

2.2.5　正弦交流电路中的功率及功率因数的提高

电类设备及其负载都要提供或吸收一定的功率。如某台变压器提供的容量为

250 kV·A,某台电动机的额定功率为 2.5 kW,一盏白炽灯的功率为 60 W 等。由于电路中负载性质的不同,它们的功率性质及大小也各不一样。前面所提到的感性负载就不一定全部都吸收或消耗能量。所以我们要对电路中的不同功率进行分析。

电力系统中的负载大多是呈感性的。这类负载不单只消耗电网能量,还要占用电网能量,这是我们所不希望的。日光灯负载内带有电容器就是为了减小感性负载占用电网的能量。这种利用电容来达到减小占用电网能量的方法称为无功补偿法,也就是后面将提到的提高功率因数。

　　1. 正弦交流电路中的功率

　　如图 2-23 所示,若通过负载的电流为 $i = I_\mathrm{m}\sin\omega t$,则负载两端的电压为 $u = U_\mathrm{m}\sin(\omega t + \varphi)$,其参考方向如图 2-23 所示。

　　(1)瞬时功率

　　在电流、电压关联参考方向下,瞬时功率为

$$p = ui = U_\mathrm{m}\sin(\omega t + \varphi)I_\mathrm{m}\sin\omega t = UI\cos\varphi - UI\cos(2\omega t + \varphi) \tag{2-25}$$

　　(2)平均功率(有功功率)

　　将一个周期内瞬时功率的平均值称为平均功率,也称有功功率。图 2-23 所示电路的有功功率为

$$P = UI\cos\varphi \tag{2-26}$$

　　(3)无功功率

　　电路中的电感元件与电容元件要与电源之间进行能量交换,根据电感元件、电容元件的无功功率概念,考虑到 $\dot{U}_L$ 与 $\dot{U}_C$ 相位相反,则有

$$Q = (U_L - U_C)I = (X_L - X_C)I^2 = UI\sin\varphi \tag{2-27}$$

　　在既有电感又有电容的电路中,总的无功功率为 Q_L 与 Q_C 的代数和,即

$$Q = Q_L - Q_C$$

　　(4)视在功率

　　用额定电压与额定电流的乘积来表示视在功率,即

$$S = UI \tag{2-28}$$

　　视在功率常用来表示电器设备的容量,其单位为伏·安。视在功率不是表示交流电路实际消耗的功率,而只是指电源可能提供的最大功率,或指某设备的容量。

　　(5)功率三角形

　　将交流电路表示电压间关系的电压三角形的各边乘以电流 I 即成为功率三角形,如图 2-24 所示。

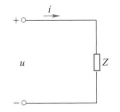

图 2-23　交流电路中的功率

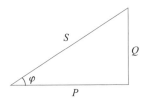

图 2-24　功率三角形

教学课件
正弦交流电有功功率

微课
正弦交流电有功功率

教学课件
正弦交流电有功功率补充例题

教学课件
正弦交流电无功功率

微课
正弦交流电无功功率

教学课件
正弦交流电无功功率补充例题

教学课件
正弦交流电视在功率

微课
正弦交流电视在功率

教学课件
正弦交流电视在功率补充例题

由功率三角形可得到 P、Q、S 三者之间的关系为

$$P = UI\cos\varphi \quad Q = UI\sin\varphi \quad S = \sqrt{P^2 + Q^2} \tag{2-29}$$

$$\varphi = \arctan\frac{Q}{P}$$

（6）功率因数

功率因数 $\cos\varphi$，其大小等于有功功率与视在功率的比值，在电工技术中，一般用 λ 表示。

【例 2-9】　已知电阻 $R = 30\ \Omega$，电感 $L = 328\ \mathrm{mH}$，电容 $C = 40\ \mu\mathrm{F}$，串联后接到电压 $u = 220\sqrt{2}\sin(314t + 30°)$ V 的电源上。求电路的 P、Q 和 S。

解：电路的阻抗为

$$Z = R + \mathrm{j}(X_L - X_C) = \left[30 + \mathrm{j}\left(314 \times 382 \times 10^{-3} - \frac{1}{314 \times 40 \times 10^{-6}}\right)\right]\ \Omega$$

$$= [30 + \mathrm{j}(120 - 80)]\ \Omega = (30 + \mathrm{j}40)\ \Omega = 50\ \underline{/53.1°}\ \Omega$$

由于电压相量为 $\quad\dot{U} = 220\ \underline{/30°}$ V

因此，电流相量为 $\dot{I} = \dfrac{\dot{U}}{Z} = \dfrac{220\ \underline{/30°}}{50\ \underline{/53.1°}}$ A $= 4.4\ \underline{/-23.1°}$ A

电路的平均功率为 $\quad P = UI\cos\varphi = 220 \times 4.4\cos53.1°$ W $= 58$ W

电路的无功功率为 $\quad Q = UI\sin\varphi = 220 \times 4.4\sin53.1°$ var $= 774$ var

电路的视在功率为 $\quad S = UI = 220 \times 4.4$ V·A $= 968$ V·A

由上可见，$\varphi > 0$，电压超前电流，因此电路为感性。

2. 功率因数的提高

（1）提高功率因数的意义

从功率三角形中可以看出，功率因数

$$\lambda = \cos\varphi = \frac{P}{S} \tag{2-30}$$

可见，正弦交流电路的功率因数等于有功功率与视在功率的比值。因此，电路的功率因数能够表示出电路实际消耗功率占电源功率容量的百分比。

在交流电力系统中，负载多为感性负载，负载从电源接受的有功功率 $P = UI\cos\varphi$，显然与功率因数有关，功率因数过低会引起不良后果。

负载的功率因数低，使电源设备的容量不能充分利用。因为电源设备（发电机、变压器等）是依照其额定电压与额定电流设计的。例如一台容量为 $S = 100\ \mathrm{kV\cdot A}$ 的变压器，若负载的功率因数 $\lambda = 1$，则此变压器就能输出 $100\ \mathrm{kW}$ 的有功功率；若 $\lambda = 0.6$，则此变压器就只能输出 $60\ \mathrm{kW}$ 了，也就是说变压器的容量未能充分利用。

在一定的电压 U 下，向负载输送一定的有功功率 P 时，负载的功率因数越低，输电线路的电压降和功率损失越大。这是因为输电线路电流 $I = P/(U\cos\varphi)$，当 $\lambda = \cos\varphi$ 较小时，I 必然较大，从而输电线路上的电压降也要增加，因电源电压一定，所以负载的端电压将减少，这要影响负载的正常工作。从另一方面看，电流 I 增加，输电线路中的功率损耗也要增加。因此，提高负载的功率因数对合理科学地使用电能以及对国民经济发展都有着重要的意义。

教学课件
功率因数

微课
功率因数

教学课件
功率因数补充例题

文本
提高功率因数的实训研究

　　常用的感应电动机在空载时的功率因数约为 $0.2 \sim 0.3$，在轻载时只有 $0.4 \sim 0.5$，而在额定负载时约为 $0.83 \sim 0.85$。不装电容器的日光灯，功率因数为 $0.45 \sim 0.6$。应设法提高这类感性负载的功率因数，以降低输电线路电压降和功率损耗。

　　（2）提高功率因数的方法

　　提高功率因数，常用的方法是在感性负载的两端并联电容器。其电路图和相量图如图 2-25 所示。

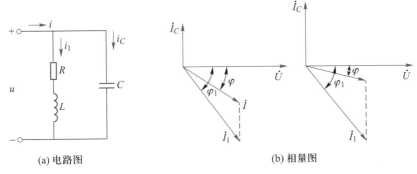

(a) 电路图　　　　　　　　　　(b) 相量图

图 2-25　感性负载的两端并联电容器

　　在感性负载 RL 支路上并联电容器 C 后，流过负载支路的电流、负载本身的功率因数及电路中消耗的有功功率不变，即

$$I_1 = \frac{U}{\sqrt{R^2 + X_L^2}} \quad \cos\varphi_1 = \frac{R}{\sqrt{R^2 + X_L^2}}$$

$$P = RI_1^2 = UI\cos\varphi_1$$

　　但总电压 u 与总电流 i 的相位差 φ 减小了，总功率因数 $\cos\varphi$ 增大了。这里所讲的提高功率因数是指提高电源或电网的功率因数，而不是提高某个感性负载的功率因数。其次，由相量图可见，并联电容器以后线路电流也减小了，因而减小了功率损耗。

2.3　三相电源、三相负载的连接

2.3.1　三相电源

　　1. 三相交流电的产生

　　三相交流电动势是由三相交流发电机产生的，图 2-26 所示为三相交流发电机的原理图，它的主要组成部分是电枢和磁极。

　　电枢是固定的，又称定子。定子铁心的内圆表面冲有槽，用以放置三相电枢绕组。三相绕组彼此相隔 $120°$，A、B、C 称为始端，X、Y、Z 称为末端。

　　磁极是旋转的，又称转子。转子铁心上绕有励磁绕组，用直流励磁。选择合适的极面形状和励磁绕组的布置情况，可使空气隙中的磁感应强度按正弦规律分布。当转子以 ω 角速度匀速转动时，则每相绕组依次切割磁力线，其中产生频率相同、幅值相等的正弦电动势 e_A、e_B、e_C。电动势的参考方

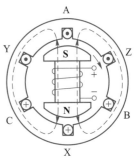

图 2-26　三相交流发电机
的原理图

向选定为自绕组的末端指向始端。这三个正弦交流电动势频率相同,幅值相等,彼此相差 120°,这种电动势称为三相对称电动势。如以 A 相为参考,则可得出

$$e_A = E_m \sin\omega t$$
$$e_B = E_m \sin(\omega t - 120°)$$
$$e_C = E_m \sin(\omega t + 120°) \tag{2-31}$$

也可用相量表示

$$\dot{E}_A = E \angle 0° = E$$
$$\dot{E}_B = E \angle -120° = E\left(-\frac{1}{2} - j\frac{\sqrt{3}}{2}\right)$$
$$\dot{E}_C = E \angle 120° = E\left(-\frac{1}{2} + j\frac{\sqrt{3}}{2}\right) \tag{2-32}$$

如用相量图和正弦波形来表示,则如图 2-27 所示。

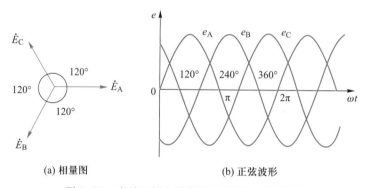

(a) 相量图　　　　　　　(b) 正弦波形

图 2-27　表示三相电动势的相量图和正弦波形

由图 2-27 可见,三相电动势的幅值相等,频率相同,彼此间相位差也相等。这种电动势称为对称电动势。显然,它们的瞬时值或相量之和为零,即

$$e_A + e_B + e_C = 0$$
$$\dot{E}_A + \dot{E}_B + \dot{E}_C = 0 \tag{2-33}$$

三相交流电在相位上的先后次序称为相序。A-B-C 为顺相序,A-C-B 为逆相序。

2. 三相电源的连接方法

(1) 三相电源的三角形联结

将三相交流发电机绕组的始末端依次相连,即 X 与 B、Y 与 C、Z 与 A 分别相连,连成一个闭合的三角形,这种连接方法称为三角形联结。它常用于三相变压器,三相交流发电机通常不采用,故下面仅介绍三相电源的星形联结。

(2) 三相电源的星形联结

将三相交流发电机绕组的三个末端 X、Y、Z 连在一起,这一连接点称为中性点或零点,用 N 表示。这种连接方法称为星形联结。从中性点引出的导线称为中性线或零线。从始端 A、B、C 引出的三根导线称为相线或端线,又称火线。

在图 2-28 中,每相始端与末端间的电压,即相线与中性线间的电压称为相电压,其有效值用 U_A、U_B、U_C 或用 U_P 表示。任意两相线之间的电压,称为线电压,其有效值

用 U_{AB}、U_{BC}、U_{CA} 或用 U_L 表示。

各相电动势的参考方向规定为从绕组的末端指向始端；相电压的参考方向选定为自始端指向末端；线电压的参考方向,例如 U_{AB},是指 A 端指向 B 端。

当三相发电机绕组连成星形时,可提供两种电压:一种是相电压,另一种是线电压。二者显然是不相等的。在电路中,任意两点之间的电压等于这两点的电位差,因而可写出

$$u_{AB} = u_A - u_B$$
$$u_{BC} = u_B - u_C$$
$$u_{CA} = u_C - u_A \qquad (2-34)$$

因为它们都是同频率的正弦量,所以可用相量来表示:

$$\dot{U}_{AB} = \dot{U}_A - \dot{U}_B$$
$$\dot{U}_{BC} = \dot{U}_B - \dot{U}_C$$
$$\dot{U}_{CA} = \dot{U}_C - \dot{U}_A \qquad (2-35)$$

图 2-29 所示为它们的相量图。由于发电机绕组的阻抗很小,可以忽略不计,于是相电压和对应的电动势基本上相等,因此可以认为相电压也是对称的。作相量图时,可先作出相量 $\dot{U}_A$、$\dot{U}_B$、$\dot{U}_C$,而后根据相量式分别作出相量 $\dot{U}_{AB}$、$\dot{U}_{BC}$、$\dot{U}_{CA}$。由图可见,线电压是对称的,在相位上比相应的相电压超前 30°。

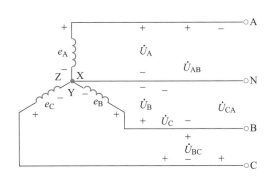

图 2-28　发电机的星形联结

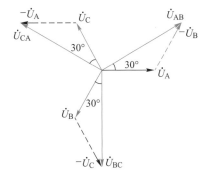

图 2-29　发电机绕组星形联结时相
电压和线电压的相量图

至于线电压和相电压在大小上的关系,可从相量图上得出

$$U_L = \sqrt{3}\, U_P$$

发电机(或变压器)的绕组连成星形时,可引出四根导线,称为三相四线制(如图 2-28 所示),这样就有可能对负载提供两种电压。通常在低压配电系统中,相电压为 220 V,线电压为 380 V。

3. 三相负载的连接

三相负载是由三个单相负载组合起来的。接在三相交流电路中的负载有动力负载、电热负载或照明负载等。根据构成三相负载的性质和大小不同,可将负载分成三相对称负载和三相不对称负载。如果每相负载的电阻相等,电抗也相等,且性质相同,即 $R_a = R_b = R_c$,$X_a = X_b = X_c$,于是有 $Z_A = Z_B = Z_C$,这种负载称为三相对称负载,否则称为

三相不对称负载。

（1）三相负载的星形联结

① 星形联结

将每相负载的末端连成一点，用 N′ 表示，而将始端分别接到三相相线上，若将电源中性点和负载中性点用导线连接起来，则称为三相四线制供电电路，如图 2-30 所示。

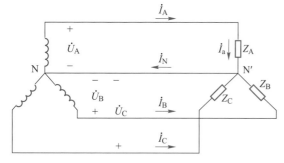

图 2-30　负载星形联结的三相四线制电路

② 星形联结的三相负载电路的分析

相电压与线电压的关系：由图 2-30 可见，忽略输电线上的阻抗，三相负载的线电压就是电源的线电压，三相负载的相电压就是电源的相电压，即

$$U_{\mathrm{L}} = \sqrt{3}\, U_{\mathrm{P}} \tag{2-36}$$

相电流与线电流的关系：相电流是指通过每相负载的电流，而线电流是指每根相线上的电流。很明显，线电流等于相电流，即

$$I_{\mathrm{L}} = I_{\mathrm{P}} \tag{2-37}$$

这个关系对于对称三相星形负载或不对称三相星形负载都是成立的。

相电压和相电流的关系：对三相电路应该一相一相计算。

设电源相电压 U_{A} 为参考相量，则得

$$\dot{U}_{\mathrm{A}} = U_{\mathrm{A}} \underline{/0^{\circ}}, \quad \dot{U}_{\mathrm{B}} = U_{\mathrm{B}} \underline{/-120^{\circ}}, \quad \dot{U}_{\mathrm{C}} = U_{\mathrm{C}} \underline{/120^{\circ}}$$

在图 2-30 所示的电路中，电源的相电压即为每相负载电压，于是每相负载中的电流可分别求出，即

$$\dot{I}_{\mathrm{A}} = \frac{\dot{U}_{\mathrm{A}}}{Z_{\mathrm{A}}} = \frac{U_{\mathrm{A}} \underline{/0^{\circ}}}{|Z_{\mathrm{A}}| \underline{/\varphi_{\mathrm{A}}}} = I_{\mathrm{A}} \underline{/-\varphi_{\mathrm{A}}}$$

$$\dot{I}_{\mathrm{B}} = \frac{\dot{U}_{\mathrm{B}}}{Z_{\mathrm{B}}} = \frac{U_{\mathrm{B}} \underline{/-120^{\circ}}}{|Z_{\mathrm{B}}| \underline{/\varphi_{\mathrm{B}}}} = I_{\mathrm{B}} \underline{/-120^{\circ}-\varphi_{\mathrm{B}}}$$

$$\dot{I}_{\mathrm{C}} = \frac{\dot{U}_{\mathrm{C}}}{Z_{\mathrm{C}}} = \frac{U_{\mathrm{C}} \underline{/120^{\circ}}}{|Z_{\mathrm{C}}| \underline{/\varphi_{\mathrm{C}}}} = I_{\mathrm{C}} \underline{/120^{\circ}-\varphi_{\mathrm{C}}} \tag{2-38}$$

式中：每相负载中电流的有效值分别为

$$I_{\mathrm{A}} = \frac{U_{\mathrm{A}}}{|Z_{\mathrm{A}}|}, I_{\mathrm{B}} = \frac{U_{\mathrm{B}}}{|Z_{\mathrm{B}}|}, I_{\mathrm{C}} = \frac{U_{\mathrm{C}}}{|Z_{\mathrm{C}}|}$$

各相负载的电压与电流之间的相位差分别为

$$\varphi_{\mathrm{A}} = \arctan \frac{X_{\mathrm{A}}}{R_{\mathrm{A}}}, \quad \varphi_{\mathrm{B}} = \arctan \frac{X_{\mathrm{B}}}{R_{\mathrm{B}}}, \quad \varphi_{\mathrm{C}} = \arctan \frac{X_{\mathrm{C}}}{R_{\mathrm{C}}}$$

中性线电流：求出三个相电流后，中性线中的电流可用图 2-30 中所选定的参考方向，应用基尔霍夫电流定律得出，即

$$i_{\mathrm{N}} = i_{\mathrm{A}} + i_{\mathrm{B}} + i_{\mathrm{C}}$$

$$\dot{I}_{\mathrm{N}} = \dot{I}_{\mathrm{A}} + \dot{I}_{\mathrm{B}} + \dot{I}_{\mathrm{C}} \tag{2-39}$$

电压和电流的相量图如图 2-31 所示。作相量图时，先画出以 $\dot{U}_{\mathrm{A}}$ 为参考相量的电

源相电压 $\dot{U}_A$、$\dot{U}_B$、$\dot{U}_C$ 的相量;而后再画出各相电流 $\dot{I}_A$、$\dot{I}_B$、$\dot{I}_C$ 的相量,从而画出中性线电流 $\dot{I}_N$ 的相量。

当三相电源对称,而三相负载不对称时,流过每相负载的相电流大小是不对称的,这时通过中性线的电流不为零。

当三相负载不对称时,由于中性线的存在,则各相负载的相电压保持不变,从而使负载正常工作。一旦中性线断开,则各相负载的相电压不再相等。其中阻抗小的,相电压小;而阻抗大的,相电压增大,可能会使电压增大的这相照明负载烧毁。所以低压照明设备都要采用三相四线制,规定中性线不允许装熔断器和开关,有时中性线还采用钢心导线来加强机械强度,以免断开。另外,连接三相电路时应力求使三相负载对称,特别如三相照明电路,要将负载平均地接在三根相线上,不要接在同一相上。

如果三相负载对称,只需计算一相即可,因为对称负载的电压和电流也是对称的,即大小相等,相位互差120°。同时,三相电路中对称负载作星形联结时,中性线电流为零,说明中性线不起作用,即使取消中性线,也不会影响电路的正常工作。故对电动机这样的三相对称负载也可以采用三相三线制的星形联结方式。

三相对称负载电压和电流的相量图如图 2-32 所示。

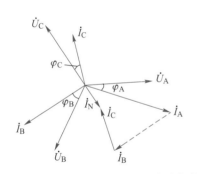 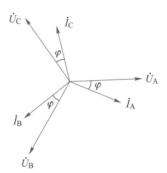

图 2-31　负载星形联结时电压和电流相量图　　图 2-32　对称负载星形联结时电压和电流相量图

（2）三相负载的三角形联结

① 三角形联结

三角形联结的方法是:依次把每相负载的末端和次一相负载的始端相连,即将 X 与 B 相连、Y 与 C 相连、Z 与 A 相连,构成一个封闭的三角形;再分别接到三相电源的三根相线上,如图 2-33 所示。

② 三角形联结的三相负载电路的分析

相电压与线电压的关系:因为各相负载都直接接在电源的线电压上,所以负载的相电压与电源的线电压相等。因此,不论负载对称与否,其相电压总是对称的。即

$$U_{AB} = U_{BC} = U_{CA} = U_L = U_P \tag{2-40}$$

相电压与相电流的关系:在图 2-33 所示电路中,可计算出各相负载相电流的有效值为

$$I_{AB} = \frac{U_{AB}}{|Z_{AB}|}, \quad I_{BC} = \frac{U_{BC}}{|Z_{BC}|}, \quad I_{CA} = \frac{U_{CA}}{|Z_{CA}|} \tag{2-41}$$

而各相负载的相电压和相电流之间的相位差,可由各相负载的阻抗三角形求得,即

$$\varphi_{AB} = \arctan \frac{X_{AB}}{R_{AB}}, \quad \varphi_{BC} = \arctan \frac{X_{BC}}{R_{BC}}, \quad \varphi_{CA} = \arctan \frac{X_{CA}}{R_{CA}}$$

如果三相负载对称,即

$$|Z_{AB}| = |Z_{BC}| = |Z_{CA}| = |Z| \text{ 和 } \varphi_{AB} = \varphi_{BC} = \varphi_{CA} = \varphi$$

则负载的相电流也是对称的,即

$$I_{AB} = I_{BC} = I_{CA} = I_P = \frac{U_P}{|Z|}$$

$$\varphi_{AB} = \varphi_{BC} = \varphi_{CA} = \varphi = \arctan \frac{X}{R}$$

相电流与线电流的关系:按图2-33所示电路,用基尔霍夫电流定律,可得出相电流和线电流的关系,即

$$\dot{I}_A = \dot{I}_{AB} - \dot{I}_{CA}$$

$$\dot{I}_B = \dot{I}_{BC} - \dot{I}_{AB}$$

$$\dot{I}_C = \dot{I}_{CA} - \dot{I}_{BC}$$

三相负载作三角形联结时,不论三相负载对称与否,上述关系式都是成立的。可作出相量图如2-34所示。

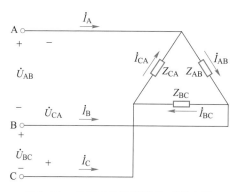
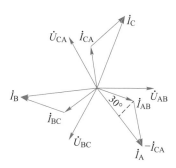

图2-33   负载三角形联结的三相电路   图2-34   负载三角形联结时电压和电流相量图

因为三个相电流是对称的,所以三个线电流也是对称的。线电流在相位上比相应的相电流滞后30°,其大小可由相量图中求得,有

$$I_L = \sqrt{3} I_P \tag{2-42}$$

上式表明,当三相对称负载作三角形联结时,线电流等于相电流的$\sqrt{3}$倍。

（3）三相负载的连接原则

三相负载究竟应采用星形联结或是三角形联结,必须根据每相负载的额定电压与电源线电压的关系而定,而同电源的连接方式无关。当各相负载的额定电压等于电源线电压的$1/\sqrt{3}$时,三相负载应作星形联结,如果各相负载的额定电压等于电源的线电压,三相负载必须作三角形联结。之所以如此,是为了使每相负载所受的电压正好等于其额定电压,从而保证每相负载能正常工作,错误的连接方式有时会引起严重的事故。例如,若把应该作星形联结的三相负载误接成三角形时,则每相负载所承受的电压为额定电压的$\sqrt{3}$倍,各相电流和功率随之增大,致使负载烧毁。反之,若把应作三角

形联结的三相负载误接成星形,则每相负载所承受的电压仅为额定电压的 $1/\sqrt{3}$,各相电流和功率随之减小,势必不能发挥其应有的效用,如出现灯光不足、电动机转矩不够等现象,有时也会引起严重的事故。

目前,在我国的低压三相配电系统中,线电压大多为 380 V,当三相异步电动机各相绕组的额定电压为 380 V 时,应采用三角形联结,单相负载的额定电压一般为 220 V,如电灯、电阻炉等,但也有 380 V 的,如机床用的电磁铁、接触器等。因此,必须依据铭牌上的规定,分别把这些负载接在相线与中性线或相线与相线之间。

2.3.2 三相功率

1. 三相功率的一般关系

在三相交流电路中,无论负载的连接方式是星形还是三角形,负载是对称还是不对称,三相电路总的有功功率均等于各相负载的有功率之和,即

$$
\begin{aligned}
P &= P_A + P_B + P_C \\
&= U_A I_A \cos\varphi_A + U_B I_B \cos\varphi_B + U_C I_C \cos\varphi_C
\end{aligned} \tag{2-43}
$$

式中: U_A 、 U_B 、 U_C 为各相相电压; I_A 、 I_B 、 I_C 为各相相电流; $\cos\varphi_A$ 、 $\cos\varphi_B$ 、 $\cos\varphi_C$ 为各相电路的功率因数。

三相电路的总无功功率等于各相负载的无功功率之和,即

$$
\begin{aligned}
Q &= Q_A + Q_B + Q_C \\
&= U_A I_A \sin\varphi_A + U_B I_B \sin\varphi_B + U_C I_C \sin\varphi_C
\end{aligned} \tag{2-44}
$$

注　意

三相电路中总的视在功率不等于各相电路视在功率之和,即

$$
S \neq S_A + S_B + S_C
$$

在一般情况下,从交流电路的功率三角形可知,电路的视在功率为

$$
S = \sqrt{P^2 + Q^2} \tag{2-45}
$$

2. 三相对称电路的功率

在三相交流电路中,如果三相负载是对称的,则三相电路的总有功功率等于每相负载上所消耗有功功率的 3 倍。即

$$
P = 3P_P = 3U_P I_P \cos\varphi \tag{2-46}
$$

式中: φ 为相电压 U_P 与相电流 I_P 之间的相位差。

在实际应用中,负载有星形联结和三角形联结两种连接方法,同时三相电路中的线电压和线电流的数值比较容易测量,所以希望用线电压和线电流来表示三相的功率。

当三相对称负载是星形联结时,有

$$
U_L = \sqrt{3}\,U_P, \quad I_L = I_P
$$

当三相对称负载是三角形联结时,有

$$
U_L = U_P, \quad I_L = \sqrt{3}\,I_P
$$

不论对称负载是星形联结还是三角形联结,消耗的总有功功率均为

$$
P = \sqrt{3}\,U_L I_L \cos\varphi \tag{2-47}
$$

值得注意的是，上式中 φ 角仍为相电压 U_P 与相电流 I_P 之间的相位差，即负载阻抗的阻抗角。

同理可得，三相电路的无功功率和视在功率为

$$Q = 3U_\mathrm{P}I_\mathrm{P}\sin\varphi = \sqrt{3}\,U_\mathrm{L}I_\mathrm{L}\sin\varphi$$

$$S = 3U_\mathrm{P}I_\mathrm{P} = \sqrt{3}\,U_\mathrm{L}I_\mathrm{L} \tag{2-48}$$

应该指出，接在同一三相电源上的同一对称三相负载，当其连接方式不同时，其三相有功功率是不同的，接成三角形联结的有功功率是接成星形联结的有功功率的 3 倍，即

$$P_\triangle = 3P_\mathrm{Y} \tag{2-49}$$

【例 2-10】　有一三相对称感性负载，其中每相的 $R = 12\ \Omega$，$X_\mathrm{L} = 16\ \Omega$，接在 $U_\mathrm{L} = 380\ \mathrm{V}$ 的三相电源上。若负载作星形联结，计算 I_P、I_L、P；若负载改成三角形联结，再计算上述各量，并比较两种接法的计算结果。

解：(1) 负载作星形联结时，有

$$Z = \sqrt{R^2 + X_\mathrm{L}^2} = \sqrt{12^2 + 16^2}\ \Omega = 20\ \Omega$$

$$U_\mathrm{P} = \frac{U_\mathrm{L}}{\sqrt{3}} = \frac{380}{\sqrt{3}}\ \mathrm{V} \approx 220\ \mathrm{V}$$

$$I_\mathrm{P} = \frac{U_\mathrm{P}}{Z} = \frac{220}{20}\ \mathrm{A} = 11\ \mathrm{A}$$

$$I_\mathrm{L} = I_\mathrm{P} = 11\ \mathrm{A}$$

$$\cos\varphi = \frac{R}{Z} = \frac{12}{20} = 0.6$$

$$P_\mathrm{Y} = \sqrt{3}\,U_\mathrm{L}I_\mathrm{L}\cos\varphi = \sqrt{3} \times 380 \times 11 \times 0.6\ \mathrm{W} \approx 4\ 344\ \mathrm{W}$$

(2) 负载作三角形联结时，有

$$U_\mathrm{P} = U_\mathrm{L} = 380\ \mathrm{V}$$

$$I_\mathrm{P} = \frac{U_\mathrm{P}}{Z} = \frac{380}{20}\ \mathrm{A} = 19\ \mathrm{A}$$

$$I_\mathrm{L} = \sqrt{3}\,I_\mathrm{P} = \sqrt{3} \times 19\ \mathrm{A} \approx 33\ \mathrm{A}$$

$$P_\triangle = \sqrt{3} \times 380 \times 33 \times 0.6\ \mathrm{W} \approx 13\ 032\ \mathrm{W}$$

(3) 两种连接方法的计算结果比较如下：

$$\frac{U_{\triangle\mathrm{P}}}{U_{\mathrm{YP}}} = \frac{380}{220} = \sqrt{3}\,, \quad U_{\triangle\mathrm{P}} = \sqrt{3}\,U_{\mathrm{Y}\triangle} \qquad \frac{I_{\triangle\mathrm{P}}}{I_{\mathrm{YP}}} = \frac{19}{11} = \sqrt{3}\,, \quad I_{\triangle\mathrm{P}} = \sqrt{3}\,I_{\mathrm{YP}}$$

$$\frac{I_{\triangle\mathrm{L}}}{I_{\mathrm{YL}}} = \frac{33}{11} = 3\,, \quad I_{\triangle\mathrm{L}} = 3I_{\mathrm{YL}} \qquad \frac{P_\triangle}{P_\mathrm{Y}} = \frac{13\ 032}{4\ 344} = 3\,, \quad P_\triangle = 3P_\mathrm{Y}$$

2.4　实训

2.4.1　典型电信号的观察与测量

1. 实训目的

(1) 熟悉低频信号发生器、脉冲信号发生器各旋钮、开关的作用及其使用方法。

（2）初步掌握用示波器观察电信号波形,定量测出正弦信号和脉冲信号波形参数的方法。

（3）初步掌握示波器、信号发生器的使用。

2. 实训原理

（1）正弦交流信号和方波脉冲信号是常用的电激励信号,可分别由低频信号发生器和脉冲信号发生器提供。正弦信号的波形参数是幅值 U_m、周期 T（或频率 f）和初相;脉冲信号的波形参数是幅值 U_m、周期 T 及脉宽 t_k。本实训装置能提供频率范围为 20 Hz ~ 50 kHz 的正弦波及方波,并有 6 位 LED 数码管显示信号的频率。正弦波的幅度值在 0 ~ 5 V 之间连续可调,方波的幅度值为 1 ~ 3.8 V 可调。

（2）电子示波器是一种信号图形观测仪器,可测出电信号的波形参数。从荧光屏的 Y 轴刻度尺并结合其量程分挡（Y 轴输入电压灵敏度 V/div 分挡）选择开关读得电信号的幅值;从荧光屏的 X 轴刻度尺并结合其量程分挡（时间扫描速度 t/div 分挡）选择开关读得电信号的周期、脉宽、相位差等参数。为了完成对各种不同波形、不同要求的观察和测量,它还有一些其他的调节和控制旋钮,可在实训中加以摸索和掌握。

一台双踪示波器可以同时观察和测量两个信号的波形和参数。

3. 实训设备

实训设备如表 2-1 所示。

表 2-1　实训设备

序号	名称	型号与规格	数量
1	双踪示波器		1
2	函数信号发生器		1
3	交流毫伏表	0 ~ 600 V	1
4	频率计		1

4. 实训内容

（1）双踪示波器的自检

将示波器面板部分的"标准信号"插口,通过示波器专用同轴电缆接至双踪示波器的 Y 轴输入插口 Y_A 或 Y_B 端,然后开启示波器电源,指示灯亮。稍后,协调地调节示波器面板上的"辉度""聚焦""辅助聚焦""X 轴位移""Y 轴位移"等旋钮,使荧光屏的中心部分显示出线条细而清晰、亮度适中的方波波形;通过选择幅度和扫描速度,并将它们的微调旋钮旋至"校准"位置,从荧光屏上读出该"标准信号"的幅值与频率,并与标称值（1 V,1 kHz）作比较,如相差较大,请指导老师给予校准。

（2）正弦波信号的观测

① 将示波器的幅度和扫描速度微调旋钮旋至"校准"位置。

② 通过电缆线,将信号发生器的正弦波输出口与示波器的 Y_A 插座相连。

③ 接通信号发生器的电源,选择正弦波输出。通过相应调节,使输出频率分别为 50 Hz、1.5 kHz 和 20 kHz（由频率计读出）;再使输出幅值分别为有效值 0.1 V、1 V、3 V（由交流毫伏表读得）。调节示波器 Y 轴和 X 轴的偏转灵敏度至合适的位置,从荧光屏上读得幅值及周期,记入表 2-2 和表 2-3 中。

表 2-2   信号频率测定结果

频率计读数所测项目	正弦波信号频率的测定		
	50 Hz	1 500 Hz	20 000 Hz
示波器"t/div"旋钮位置			
一个周期占有的格数			
信号周期/s			
计算所得频率/Hz			

表 2-3   信号幅值测定结果

交流毫伏表读数所测项目	正弦波信号幅值的测定		
	0.1 V	1 V	3 V
示波器"$\mathrm{V/div}$"旋钮位置			
峰-峰值波形格数			
峰-峰值/V			
计算所得有效值/V			

（3）方波脉冲信号的观察和测定

① 将电缆插头换接在脉冲信号的输出插口上，选择方波信号输出。

② 调节方波的输出幅度为 $3.0\mathrm{V_{P-P}}$（用示波器测定），分别观测 100 Hz、3 kHz 和 30 kHz 方波信号的波形参数。

③ 使信号频率保持在 3 kHz，选择不同的幅度及脉宽，观测波形参数的变化。

5. 实训注意事项

（1）示波器的辉度不要过亮。

（2）调节仪器旋钮时，动作不要过快、过猛。

（3）调节示波器时，要注意触发开关和电平调节旋钮的配合使用，以使显示的波形稳定。

（4）作定量测定时，"t/div"和"$\mathrm{V/div}$"微调旋钮应旋置"标准"位置。

（5）为防止外界干扰，信号发生器的接地端与示波器的接地端要相连（称共地）。

（6）不同品牌的示波器，各旋钮、功能的标注不尽相同，实训前请详细阅读所用示波器的说明书。

（7）实训前应认真阅读信号发生器的使用说明书。

2.4.2　用三表法测量电路等效参数

1. 实训目的

（1）学会用交流电压表、交流电流表和功率表测量元件的交流等效参数。

（2）学会功率表的接法和使用。

2. 实训原理

（1）正弦交流信号激励下的元件值或阻抗值，可以用交流电压表、交流电流表及功率表分别测量出元件两端的电压 U、流过该元件的电流 I 和它所消耗的功率 P，然后通过计算得到所求的各值,这种方法称为三表法,是用以测量 50 Hz 交流电路参数的基本方法。

（2）阻抗性质的判别:可用在被测元件两端并联电容或将被测元件与电容串联的方法来判别。其原理如下:

① 在被测元件两端并联一只适当容量的试验电容,若串接在电路中电流表的读数增大,则被测阻抗为容性,电流减小则为感性。

② 与被测元件串联一个适当容量的试验电容,若被测阻抗的端电压下降,则判为容性,端电压上升则为感性。

判断待测元件的性质,除上述借助于试验电容 C 进行测定外,还可以利用该元件的电流 i 与电压 u 之间的相位关系来判断。若 i 超前于 u,为容性;若 i 滞后于 u,则为感性。

（3）本实训所用的功率表为智能交流功率表,其电压接线端应与负载并联,电流接线端应与负载串联。

3. 实训设备

实训设备如表 2-4 所示。

表 2-4　实 训 设 备

序号	名称	型号与规格	数量
1	交流电压表	0 ~ 500 V	1
2	交流电流表	0 ~ 5 A	1
3	功率表		1
4	自耦调压器		1
5	镇流器(电感线圈)	与 30 W 日光灯配用	1
7	电容器	1 μF,4.7 μF/500 V	1
8	白炽灯	15 W /220 V	3

4. 实训内容

测试电路如图 2-35 所示。

（1）按图 2-35 接线,并经指导教师检查后,方可接通市电电源。

（2）分别测量 15 W 白炽灯（R）、30 W 日光灯镇流器（L）和 4.7 μF 电容器（C）的等效参数。

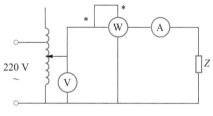

图 2-35　测试电路

（3）测量 L、C 串联与并联后的等效参数,填在表 2-5 中。

表 2-5　测量结果（1）

被测阻抗	测量值			计算值			电路等效参数		
	U/V	I/A	P/W	$\cos\varphi$	Z/Ω	$\cos\varphi$	R/Ω	L/mH	$C/\mu F$
15 W 白炽灯 R									
电感线圈 L									

续表

被测阻抗	测量值			计算值			电路等效参数		
	U/V	I/A	P/W	$\cos\varphi$	Z/Ω	$\cos\varphi$	R/Ω	L/mH	$C/\mu F$
电容器 C									
L 与 C 串联									
L 与 C 并联									

（4）验证用串、并试验电容法判别负载性质的正确性。

实训线路同图 2-35，但不必接功率表，按表 2-6 中的内容进行测量和记录。

表 2-6   测量结果（2）

被测元件	串 1μF 电容		并 1μF 电容	
	串前端电压/V	串后端电压/V	并前电流/A	并后电流/A
R （3 只 15 W 白炽灯）				
C(4.7 μF)				
L(1 H)				

5. 实训注意事项

（1）本实训直接用市电 220 V 交流电源供电，实训中要特别注意人身安全，不可用手直接触摸通电线路的裸露部分，以免触电，进实训室应穿绝缘鞋。

（2）自耦调压器在接通电源前，应将其手柄置在零位上，调节时，使其输出电压从零开始逐渐升高。每次改接实训线路、换拨黑匣子上的开关及实训完毕，都必须先将其旋柄慢慢调回零位，再断电源。必须严格遵守这一安全操作规程。

（3）实训前应详细阅读智能交流功率表的使用说明书，熟悉其使用方法。

2.4.3   三相交流电路电压、电流的测量

1. 实训目的

（1）掌握三相负载作星形联结、三角形联结的方法，验证这两种接法下线、相电压及线、相电流之间的关系。

（2）充分理解三相四线供电系统中中性线的作用。

2. 实训原理

（1）三相负载可接成星形（又称"Y"接）或三角形（又称"Δ"接）。当三相对称负载作星形联结时，线电压 U_L 是相电压 U_P 的 $\sqrt{3}$ 倍。线电流 I_L 等于相电流 I_P，即

$$U_L = \sqrt{3}\,U_P, \quad I_L = I_P$$

在这种情况下，流过中性线的电流 $I_0 = 0$，所以可以省去中性线。

当对称三相负载作三角形联结时，有 $I_L = \sqrt{3}\,I_P$，$U_L = U_P$。

（2）不对称三相负载作星形联结时，必须采用三相四线制接法，即 Y_0 接法。而且中性线必须牢固连接，以保证三相不对称负载的每相电压维持对称不变。

倘若中性线断开，会导致三相负载电压的不对称，致使负载轻的那一相的相电压

过高,使负载遭受损坏;负载重的那一相的相电压又过低,使负载不能正常工作。尤其是对于三相照明负载,无条件地一律采用 Y_0 接法。

（3）不对称负载作三角形联结时, $I_L \neq \sqrt{3} I_P$,但只要电源的线电压 U_L 对称,加在三相负载上的电压仍是对称的,对各相负载的工作都没有影响。

3. 实训设备

实训设备如表2-7所示。

表2-7　实训设备

序号	名称	型号与规格	数量
1	交流电压表	0~500 V	1
2	交流电流表	0~5 A	1
3	万用表		1
4	三相自耦调压器		1
5	三相灯组负载	220 V、15 W 白炽灯	9
6	电门插座		3

4. 实训内容

（1）三相负载星形联结(三相四线制供电)

按图2-36所示线路组接实训电路,即三相灯组负载经三相自耦调压器接通三相对称电源。将三相调压器的旋柄置于输出为0 V的位置(即逆时针旋到底)。经指导教师检查合格后,方可开启实训台电源,然后调节调压器的输出,使输出的三相线电压为220 V,并按下述内容完成各项实训。分别测量三相负载的线电压、相电压、线电流、相电流、中性线电流、电源与负载中性点间的电压,将所测得的数据记入表2-8中,并观察各相灯组亮暗的变化程度,特别要注意观察中性线的作用。

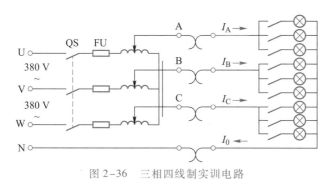

图2-36　三相四线制实训电路

表2-8　测试结果（1）

实训内容 （负载情况）	开灯盏数			线电流/A			线电压/V			相电压/V			中性线 电流 I_0/A	中性点 电压 U_{N0}/V
	A相	B相	C相	I_A	I_B	I_C	U_{AB}	U_{BC}	U_{CA}	U_{A0}	U_{B0}	U_{C0}		
Y_0 接平衡负载	3	3	3											
Y 接平衡负载	3	3	3											

教学课件
指针式万用表介绍

微课
指针式万用表介绍

文本
MF-47 型模拟万用表

教学课件
指针式万用表测量电压、电流

微课
指针式万用表测量电压、电流

视频
指针式万用表测量电压、电流

动画
指针式万用表测量交流电压

动画
指针式万用表测量直流电压

动画
指针式万用表测量直流电流

教学课件
数字式万用表测量
电压、电流

微课
数字式万用表测量
电压、电流

视频
数字式万用表使用

动画
数字式万用表测量
电压

动画
数字式万用表测量
电流

续表

实训内容 (负载情况)	开灯盏数			线电流/A			线电压/V			相电压/V			中性线电流 I_0/A	中性点电压 U_{N0}/V
	A 相	B 相	C 相	I_A	I_B	I_C	U_{AB}	U_{BC}	U_{CA}	U_{A0}	U_{B0}	U_{C0}		
Y_0 接不平衡负载	1	2	3											
Y 接不平衡负载	1	2	3											
Y_0 接 B 相断开	1		3											
Y 接 B 相断开	1		3											
Y 接 B 相短路	1		3											

（2）三相负载三角形联结（三相三线制供电）

按图 2-37 所示改接电路,经指导教师检查合格后接通三相电源,并调节调压器,使其输出线电压为 220 V,并按表 2-9 中的内容进行测试。

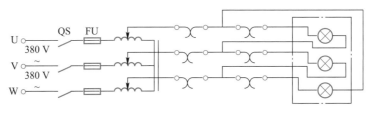

图 2-37   三相三线制实训电路

表 2-9   测试结果（2）

实训内容 (负载情况)	开灯盏数			线电压＝相电压/V			线电流/A			相电流/A		
	A-B 相	B-C 相	C-A 相	U_{AB}	U_{BC}	U_{CA}	I_A	I_B	I_C	I_{AB}	I_{BC}	I_{CA}
三相平衡	3	3	3									
三相不平衡	1	2	3									

5. 实训注意事项

（1）本实训采用三相交流市电,线电压为 380 V,应穿绝缘鞋进实训室。实训时要注意人身安全,不可触及导电部件,防止意外事故发生。

（2）每次接线完毕,同组同学应自查一遍,然后由指导教师检查后,方可接通电源,必须严格遵守先断电、再接线、后通电;先断电、后拆线的实训操作原则。

（3）星形负载作短路实训时,必须首先断开中性线,以免发生短路事故。

习   题

一、填空题

1. 交流电流是指电流的大小和_____都随时间作周期性变化,且在一个周期内其平均电流为零的电流。

2. 正弦交流电的三要素是_____、_____、_____。

3. 我国工业及生活中使用的交流电频率是_____，周期为_____。

4. 已知两个正弦交流电为 $i_1 = 10\sin(314t - 30°)$ A，$i_2 = 310\sin(314t + 90°)$ A，则 i_1 和 i_2 的相位差为_____，_____超前_____。

5. 正弦量的相量表示法，就是用复数的模数表示正弦量的_____，用复数的幅角表示正弦量的_____。

6. 一正弦量的瞬时值为 $u = 10\sqrt{2}\sin(\omega t + \pi/4)$ V，u 的有效值为_____，初相位为_____，其有效值相量的极坐标式为_____。

7. 纯电阻正弦交流电路中，电压与电流的相位关系是_____；纯电感正弦交流电路中，电压与电流的相位关系是_____；纯电容正弦交流电路中，电压与电流的相位关系是_____。

8. RLC 串联电路中，当 $X_L > X_C$ 时，电路呈_____性；当 $X_L < X_C$ 时，电路呈_____性；当 $X_L = X_C$ 时，电路呈_____性。

9. 由功率三角形写出单相正弦交流电路中 P、Q、S、φ 之间的关系式 $P =$_____，$Q =$_____，$S =$_____。

10. 在供电设备输出的功率中，当视在功率 S 一定时，功率因数越低，有功功率就越_____，无功功率就越_____。

11. 发生串联谐振的条件是_____。

12. 三相电路中，对称三相电源一般接成星形或_____两种特定的方式。

13. 三相四线制系统中可获得两种电压，即_____和_____。

14. 对称三相电源作星形联结时，线电压 U_L 与相电压 U_P 的关系是_____；对称三相电源作三角形联结时，线电压 U_L 与相电压 U_P 的关系是_____。

15. 三相四线制系统，每相负载两端的电压为负载的_____，每相负载的电流称为_____。

16. 星形联结的对称三相电路中，线电流有效值和相电流有效值的关系是_____，线电流与相电流的相位关系是_____；三角形联结的对称三相电路中，线电流有效值和相电流有效值的关系是_____，线电流与相电流的相位关系是_____。

二、判断题

1. 两个不同频率的正弦量可以求相位差。　　　　　　　　　（　　）

2. 人们平时用的交流电压表所测出的数值是有效值。　　　　（　　）

3. 只能用频率这个物理量来衡量交流电变化快慢的程度。　　（　　）

4. 正弦交流电路中，电压有效值能直接相加减。　　　　　　（　　）

5. 处于交流电路中的纯电阻上获得的功率有正值也可能有负值。（　　）

6. 纯电容在交流电路中相当于断路。　　　　　　　　　　　（　　）

7. 在电感和电容一定的情况下，频率越大，感抗越大，容抗越小。（　　）

8. 在 RLC 交流电路中，各元件上的电压总是小于总电压。　（　　）

9. 有功功率常用来表示电气设备上的容量。　　　　　　　　（　　）

10. 无功功率是指电源与电感、电容元件能量交换规模的大小。（　　）

11. 提高功率因数可以使发电设备容量得到充分利用。 （　　）

12. 谐振也可能发生在纯电阻电路中。 （　　）

13. 三个电压频率相同、振幅相同，就称为三相电压。 （　　）

14. 同一台发电机作星形联结时的线电压等于作三角形联结时的线电压。 （　　）

15. 在三相四线制供电线路中，中性线电流一定等于零。 （　　）

16. 在三相四线制供电系统中，三根相线和一根中性线上都必须安装熔断器。 （　　）

17. 三相负载作星形联结无中性线时，线电压必不等于相电压的 $\sqrt{3}$ 倍。 （　　）

18. 对称三相电路的计算，仅需计算其中一相，即可推出其余两相。 （　　）

三、简答题

1. 负载的功率因数低会引起哪些不良后果？

2. 什么是对称三相电源？ 它们是怎样产生的？

四、计算题

1. 已知 $u_1 = 220\sqrt{2}\sin(314t+30°)$ V，$u_2 = 110\sqrt{2}\sin(314t+30°)$ V，指出各正弦量的幅值、有效值、初相位、角频率、周期、频率以及两个正弦量之间的相位差为多少？

2. 20 Ω 的理想电阻，接在一交流电压为 $u = 100\sqrt{2}\sin(\omega t+30°)$ V 的电路中，试写出通过该电阻的电流瞬时值表达式，并计算电阻所消耗的功率 P。

3. 把电阻 $R = 3$ Ω、感抗 $X_L = 4$ Ω 的线圈接在 $U = 220$ V 的交流电路中，求出电流 I 和各元件电压的有效值 U_R、U_L，有功功率 P，无功功率 Q，视在功率 S。

4. 将一线圈接到 20 V 的直流电压上，消耗的功率为 40 W，改接到 220 V、$f = 50$ Hz 的交流电压上，该线圈消耗的功率为 1 000 W，求该线圈的电感 L。

5. 有一交流发电机，其额定容量 $S_N = 10$ kV·A，额定电压为 220 V，$f = 50$ Hz，与一感性负载相连，负载的功率因数 $\cos\varphi = 0.6$，有功功率 $P = 8$ kW。 试问：（1）发电机的输出电流是否超过它的额定值？（2）如果将 $\cos\varphi$ 从 0.6 提高到 0.9，应在负载两端并联多大的电容？ 功率因数提高后，发电机的容量是否有剩余？

6. 有一三相对称负载，其每相的电阻 $R = 8$ Ω，感抗 $X_L = 6$ Ω。 如果将负载连成星形，接于线电压 $U_L = 380$ V 的三相电源上，试求相电压、相电流及线电流的有效值。

第**3**章

安全用电知识

电力是国家建设和人民生活的重要物质基础，在电能给人民生活、工农业生产带来极大方便的同时，电气事故也会给人民生命财产造成巨大损失，严重影响电力系统的正常发供电及其他用户的正常使用和生产。因此，安全用电作为一般知识，应被每一个用电人员所了解；作为一门专业技术，应被所有电气工作者所掌握；作为一项管理制度，应引起有关部门的重视。本章主要介绍安全用电的基本知识，包括触电的种类及预防、供配电的简单介绍。

教学目标

能力目标
- 能描述电的危害
- 能安全用电

知识目标
- 理解触电的种类、方式
- 掌握避免触电的方法
- 理解供配电的过程

3.1 触电的种类和方式

教学课件
电流对人体的危害

微课
电流对人体的危害

教学课件
触电的方式

微课
触电的方式

动画
单相触电

动画
两相触电

动画
跨步电压触电

文本
触电的种类方式

1．触电的类型

触电是指人体触及或接近带电导体时,电流对人体造成的伤害。人体触电时,电流对人们造成的危害有电击和电灼伤两种类型。

（1）电击

电击是指电流通过人体,使人体组织受到损伤。当人遭到电击时,电流便通过人体内部,会伤害人的心脏、肺部、神经系统等。严重电击会导致人的死亡。电击是最危险的触电伤害,绝大部分触电死亡事故都是由电击造成的。

（2）电灼伤

电灼伤有接触电灼伤和电弧灼伤两种。

接触电灼伤发生在高压触电事故时,电流会经过人体皮肤的进出口处造成灼伤。

电弧灼伤发生在误操作或过分接近高压带电体时,当其产生电弧放电时,高压电弧将如火焰一样把皮肤烧伤。电弧还会使眼睛受到严重损害。

2．常见的触电方式

按照人体触及带电体的方式和电流通过人体的路径,触电方式有单相触电、两相触电、跨步电压触电以及接触电压触电。

（1）单相触电

当人站在地面上或其他接地体上,人体的某一部位触及一相带电体时,电流通过人体流入大地(或中性线),称为单相触电,如图3-1所示。

图3-1(a)所示为电源中性点接地的单相触电。当人体接触导线时,人体承受相电压。电流经人体、大地和中性点接地装置形成闭合回路,流过人体的电流取决于相电压和回路电阻。图3-1(b)所示为中性点不接地的单相触电。因中性点不接地,故有两个回路的电流通过人体。通过人体的电流值取决于线电压、人体电阻和线路对地阻抗。一般情况下,接地电网里的单相触电比不接地电网里的危险性大。

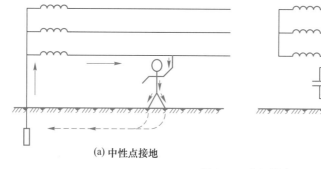
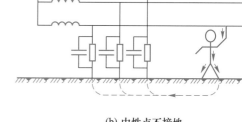

(a) 中性点接地　　　　　　　　　　(b) 中性点不接地

图3-1　单相触电

（2）两相触电

两相触电是指人体两处同时与两相导线接触时,电流从一相导线经人体流到另一相导线。这种触电方式最危险,如图3-2所示。由于两相触电施加于人体的电压为全

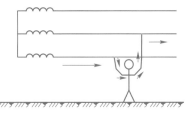

部工作电压(即线电压),且此时电压将不经过大地,直接与人体形成闭合回路,因此不论电网的中性点接地与否、人体对地是否绝缘,都会使人触电。

(3)跨步电压触电

当带电体接地时有电流向大地流散,在以接地点为圆心、半径 20 m 的圆面积内形成分布电位。人站在接地点周围,两脚之间(以 0.8 m 计算)的电位差称为跨步电压,由此引起的触电事故

图 3-2　两相触电

称为跨步电压触电。高压故障接地处,有大电流流过的接地装置附近都可能出现较高的跨步电压。设备或导线的工作电压越高、离接地点越近、两脚距离越大,跨步电压值就越大,一般 10 m 以外就没有危险。

人体受到跨步电压作用时,人体虽没有直接与带电体接触,也没有电弧放电现象,但电流是沿着人的下身,从脚经跨步又到脚与大地形成通路,电流只在人的下身通过,而没有流经心脏。若跨步电压值较小,危险性就小。若跨步电压值较大,人会因两脚发生抽筋而跌倒,由于头脚之间的距离大,使头脚间形成更大的电位差,同时电流流经人体的途径将变为经过人体的心脏,危险性显著增大甚至在很短时间内就导致人死亡。此时应尽快将双脚并拢或单脚着地跳出危险区。

(4)接触电压触电

电气设备或带电导线发生接地短路故障时,容易产生接触电压触电。

3.2　供电与配电知识

在电力系统中,线路的使命是把电力输送到每个供电和用电环节。现代化的电力系统的规模都较大,通常把许多个城市的所有发电厂都连起来,形成大型的电力网络,对电力进行统一的调度和分配。这样不但能显著提高经济效益,而且还有效地加强了供电的可靠性。

电力从生产到分配,通常需要经过发电、输电、变电和配电等环节。

1. 发电

发电即电力的生产。生产电力的工厂称为发电厂,简称电厂。按发电能源的不同,有火力发电厂、水力发电厂和核能发电厂等各种不同类型的发电厂。

(1)火电厂

火电厂通常以煤或石油为燃料,供燃烧锅炉产生蒸汽,以高压高温蒸汽驱动汽轮机,由汽轮机带动发电机而发出电力。规模较小的电厂,也有采用燃气轮机或内燃机带动发电机发电的。

(2)水电厂

水电厂是利用自然水力资源作为动力的发电厂,往往通过建库蓄水或筑坝截流的方法提高水位形成落差,利用水流的位能驱动水轮机,由水轮机带动发电机而发出电力。

(3)核电厂

核电厂也称原子能电厂,它利用核燃料在原子能反应堆中的裂变反应所产生的热

教学课件
低压配电系统的基本知识

微课
低压配电系统的基本知识

文本
供电与配电知识

能来生产高温高压蒸汽,而后像火电厂一样进行发电。

除火力发电、水力发电、核能发电外,还有风力发电、地热发电、太阳能发电等。

2. 输电

拓展学习

中国特高压输电技术

输电是电力的输送。一般中型、大型发电机的输出电压为 3.15 ~ 20 kV,为了提高输电效率并减少输电线路上的损失,通常采用将电压升高后再进行远距离输电的方式。输电电压的高低,视输电容量和输电距离而定,一般原则是:容量越大,距离越远,输电电压就越高。目前我国远距离输电电压有 3 kV、6 kV、10 kV、35 kV、63 kV、110 kV、220 kV、330 kV、500 kV、750 kV 十个等级。输电距离在 50 km 以下的,采用 35 kV 电压;在 100 km 上下的,采用 110 kV 电压;超过 200 km 的,采用 220 kV 或更高的电压。

随着电力电子的发展,超高压远距离输电已开始采用直流输电方式,与交流输电相比,这种方式具有更高的输电质量和效率,其方法是将三相交流电整流为直流,远距离输送终端后,再由电力电子器件将直流电转变为三相交流电,供用户使用。

输电线路一般都采用架空线路,但超高压输电线路通常都避免进入市区。电缆线路投资较大,但在跨越江河、通过闹区以及不允许采用架空线路的区域,需要采用电缆线路。

3. 变电

变电即变换电网的电压等级。要使不同电压等级的线路连成整个网络,需要提高变电设备统一电压等级来进行衔接。在大型电力系统中,通常设有一个或几个变电中心,称为中心变电站。变电中心的使命是指挥、调度和监视整个网络的运行,进行有效的保护,并有效地控制故障的蔓延,以确保整个网络的运行稳定与安全。

变电分为输电电压的变换和变电电压的变换。前者通常称为变电站,或一次变电站,主要是为输电需要而进行电压变换,但也兼有变换配电电压的设备;后者称为变配电站,或称二次变电站,主要是为配电需要而进行电压变换。

电力从电厂到用户,电压要经过多级变换。经过变电而把电压升高的,称为升压;把电压降低的,称为降压。用来升降电压的变压器称为电力变压器。习惯上把配电线路末端变电的电力变压器,称为配电变压器。

4. 配电

配电即电力的分配。为配电服务的线路称为配电线路。配电电压的高低通常取决于用户的分布、用电的性质、负荷密度和特殊要求等。

常用的配电电压有 10 kV 或 6 kV 高压和 380 V/220 V 低压两种。用电量大的用户,也有需要 35 kV 高压的。

在用电量较大的城镇中,高压配电线路的结构类型往往都是环状的。环状配电线路有多端电源连接点,且不是接于一个变电站或同一台变压器,因此不会因某一变电站或某一台变压器发生故障而突然停电。对于用户集中、负荷密集较高的城镇地区,构成环状配电线路是防止事故性停电的较好措施。

双端配电线路在一般城镇或负荷密度较高的农村均有较高的应用。双端配电线路是在其两端分别与两个变电站或两台变压器进行连接,这样可以显著减少故障停电。

单端配电线路一般适用于连接两个变电站或两台变压器的地方,它只适用于对三级负荷的用户进行供电。对三级负荷所提供的电力,允许因输配电出现故障而暂时停电。

从变电站或配电变压器馈送出来的高、低压配电线路,按不同支接形式,形成不同的布局,有树干形、放射形和筋骨形等多种。不管选用哪种布局形式,都以最短配电距离而分布到最多的用户为原则。

习   题

一、填空题

1.两相触电时,人体承受_____电压。

2.跨步电压触电时设备或导线的工作电压越_____,离接地点越_____,两脚距离越_____,跨步电压值就越大,一般_____ m 以外就没有危险。

3.电力从生产到分配,通常需要通过_____等环节。

4.低压配电系统的接线方式_____。 动力配电系统的电压采用三相电压,照明配电系统的电压采用_____电压。

二、简答题

1.触电的种类和方式有哪些?

2.对于电源中性点接地的单相触电,电流流经途径是什么?

3.触电的常见原因有哪些?

4.什么是保护接地与保护接零?

第 **4** 章

常用低压电器

本章主要介绍几种常用的低压电器的特点以及选用低压电器的原则。

教学目标

能力目标
● 能根据需要选择合适的低压电器

知识目标
● 理解低压电器的概念
● 掌握各种低压电器的特点
● 掌握各种低压电器的选用原则

教学课件
低压电器的基本知识

微课
低压电器的基本知识

文本
低压电器的基本知识

4.1　低压电器的基本知识

低压电器通常是指在交流电压小于 1 200 V、直流电压小于 1 500 V 的电路中起接通、断开、保护和调节作用的电气设备。低压电器是电力拖动自动控制系统的基本组成元件,控制系统的优劣和所用低压电器的性能有直接关系。作为电气工程技术人员,必须熟悉常用电器设备的结构、原理,掌握其使用与维护等方面的知识和技能。

4.1.1　低压电器的分类

常用的低压电器主要有接触器、继电器、刀开关、断路器、转换开关、行程开关、按钮、熔断器等。低压电器种类繁多,功能各异,分类的方法很多,主要有以下分类。

1. 按用途和控制对象分类

(1) 低压配电电器。主要用于低压配电系统中,要求系统发生故障时准确动作,在规定的条件下具有稳定性,使电器不会损坏。如刀开关、转换开关、熔断器等。

(2) 低压控制电器。主要用于电气传动系统中,要求寿命长、体积小、体重轻且动作迅速、准确、可靠。如接触器、继电器、起动器、主令电器等。

2. 按动作方式分类

(1) 自动切换电器。依靠自身参数的变化或外来信号的作用,自动完成接通和分断等动作。如接触器、继电器等。

(2) 非自动切换电器。靠外力(如人力)直接操作进行切换的电器。如刀开关、转换开关、按钮等。

3. 按有无触点分类

(1) 有触点电器。利用触点的接通和分断来切换电路。如接触器、刀开关、按钮等。

(2) 无触点电器。无可分离的触点,主要利用电子元件的开关效应,即导通和截止来实现电路的通、断控制。如接近开关、霍尔开关、电子式时间继电器等。

4. 按工作原理分类

(1) 电磁式电器。根据电磁感应原理来动作的电器。如接触器、各种电磁式继电器、电磁铁等。

(2) 非电量控制电器。依靠外力或非电量信号(如速度、压力、温度)的变化而动作的电器。如转换开关、行程开关、速度继电器、压力继电器等。

4.1.2　低压电器的基本结构

1. 电磁机构

电磁机构是电磁式电器的主要组成部分之一,它将电磁能转换成机械能,带动触点动作,使电路接通或断开。其工作原理是:当线圈中有电流通过时,产生电磁吸力,电磁吸力克服弹簧的反作用力,使衔铁与铁心闭合,衔铁带动连接机构运动,从而带动相应触点动作,实现电路的通、断控制。

电磁机构由吸引线圈、铁心和衔铁三个基本部分组成。电磁铁的结构形式大致有三种,如图 4-1 所示。图 4-1(a)所示为衔铁绕棱角转动拍合式结构,适用于直流接触器;图4-1(b)所示为衔铁绕轴转动拍合式结构,适用于触电容量较大的交流接触器;图4-1(c)所示为衔铁沿直线运动螺管式结构,适用于交流接触器、继电器等。

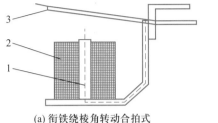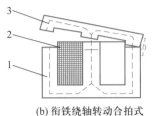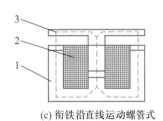

(a) 衔铁绕棱角转动合拍式   (b) 衔铁绕轴转动合拍式   (c) 衔铁沿直线运动螺管式

图4-1 常用电磁机构结构图

1—铁心 2—线圈 3—衔铁

2. 触头系统

触头是有触点电器的执行部分,通过触头的动作控制电路的通、断。触头通常由动、静触点组合而成。

(1)触点的接触形式。触点的接触形式有点接触(如球面对球面、球面对平面等)、面接触(如平面对平面)和线接触(如圆柱对平面、圆柱对圆柱)三种。三种接触形式中,点接触形式的触点只用于小电流的电器中,如接触器的辅助触点和继电器的触点;面接触形式的触点允许通过较大的电流,一般在接触表面镶有合金,以减少触点接触电阻和提高耐磨性,多用于较大容量接触器的主触点;线接触形式的触点接触区域是一条直线,其触点在通断过程中有滚动动作,这种滚动接触多用于中等容量的触点,如接触器的主触点。

(2)触头的结构形式。在常用的继电器和接触器中,触头的结构形式主要有单断点指形触头和双断点桥式触头两种,如图4-2所示。

(a) 点接触桥式触头   (b) 面接触桥式触头   (c) 线接触指形触头

图4-2 触头的结构形式

3. 灭弧系统

(1)电弧的产生及危害。当触头分断电流时,由于电场的存在,触头间会产生电弧。电弧实际上是触头间气体在强电场作用下产生的放电现象。电弧的存在既烧蚀触头的金属表面,降低电器使用寿命,又延长了切断电路的时间,还容易形成飞弧造成电源短路事故,所以必须迅速将电弧熄灭。

(2)常用的灭弧方法。根据电流性质不同,电弧分为直流电弧和交流电弧。由于交流电弧有自然过零点,所以容易熄灭;而直流电弧没有薄弱点,所以电弧不易熄灭。

灭弧的方法有多种,常用的有以下几种:电动力灭弧(双断口灭弧)、磁吹灭弧、灭弧栅片灭弧、灭弧罩灭弧。

4.1.3   低压电器的主要技术参数

由于电路的工作电压或电流等级不同、通断频繁程度不同、负载的性质不同等原因,必须对电器提出不同的技术参数,保证电器能可靠地接通和分断电路。

1. 额定电压和额定电流

额定工作电压是指在规定的条件下,能保证电器正常工作的电压值,一般指触点额定电压值,电磁式电器还规定了电磁线圈的额定工作电压。

额定工作电流指根据电器的具体使用条件确定的电流值,它和额定电压、电网频率、使用类别、触点寿命及防护参数等因素有关。同一个开关电器使用条件不同,额定工作电流也不同。

2. 通断能力

通断能力以控制规定的非正常负载时所能接通和断开的电流值来衡量。接通能力是指开关闭合时不会造成触电熔焊的能力。断开能力是指开关断开时能可靠灭弧的能力。

3. 寿命

低压电器的寿命包括机械寿命和电寿命。机械寿命是指电器在无电流情况下能操作的次数。电寿命是指在规定使用条件下,不需要修理或更换零件的负载操作次数。

教学课件
接触器的基本知识

4.2   接触器

微课
接触器的基本知识

接触器是用于远距离频繁地接通和断开交直流主电路及大容量控制电路的一种自动切换电器。其主要控制对象是电动机,也可以控制其他的负载。接触器具有操作频率高、使用寿命长、工作可靠、性能稳定、维护方便等优点,同时还具有低电压释放保护功能,在电力拖动自动控制系统中被广泛应用。

接触器可分为交流接触器和直流接触器。

交流接触器常用于远距离、频繁地接通和分断额定电压至 1 120 V、电流至 630 A 的交流电路。交流接触器主要由电磁系统、触点系统、灭弧装置和其他部件组成。

动画
交流接触器

直流接触器主要用来远距离接通和分断额定电压至 440 V、额定电流至 630 A 的直流电路,或频繁地操作和控制直流电动机起动、停止、反转及反接制动。直流接触器也由电磁系统、触点系统、灭弧装置等部分组成。

文本
接触器

4.2.1   接触器的主要技术参数

接触器的主要技术参数有额定电压、额定电流、寿命、操作频率等。

1. 额定电压

额定电压指接触器主触点的额定电压。一般情况下,交流电压为 220 V、380 V、

660 V,在特殊场合下可达 1 140 V;直流电压主要有 110 V、220 V、440 V 等。

2. 额定电流

额定电流指接触器主触点的额定工作电流。它是在一定的条件下(额定电压、使用类别、操作频率等)规定的。目前常用的电流等级为 10 ~ 800 A。

3. 机械寿命和电气寿命

接触器的机械寿命一般可达数百万次至一千万次;电气寿命一般是机械寿命的 5% ~ 20%。

4. 线圈消耗功率

线圈消耗功率分为起动功率和吸持功率。对于直流接触器,两者相等;对于交流接触器,一般起动功率约为吸持功率的 5 ~ 8 倍。

5. 额定操作频率

接触器的额定操作频率是指每小时允许的操作次数,一般为 300 次/h、600 次/h、1 200 次/h。

6. 动作值

动作值指接触器的吸合电压和释放电压。规定接触器的吸合电压大于线圈额定电压 85% 时应可靠吸合,释放电压不高于线圈额定电压的 70%。

4.2.2 接触器的常用型号及电气符号

接触器的图形符号如图 4-3 所示,文字符号为 KM,型号及含义说明见图 4-4。

(a) 线圈   (b) 动合主触点   (c) 动断主触点   (d) 动合、动断辅助触点

图 4-3　接触器图形符号

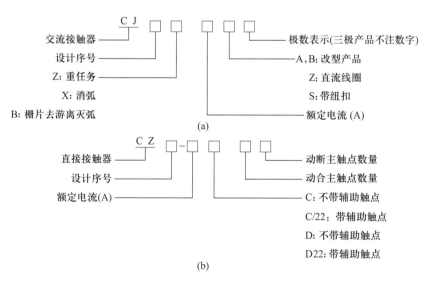

图 4-4　接触器型号及含义说明

例如,CJ10Z-40/3 为交流接触器,设计序号 10,重任务型,额定电流 40 A,3 对主触点;CJ12T-250/3 为改型后的交流接触器,设计序号 12,额定电流 250 A,3 对主触点。我国生产的交流接触器中,常用的有 CJ10、CJ12、CJX1、CJ20 等系列及其派生系列产品,CJ0 系列及其改型产品已逐步被 CJ20、CJX 系列产品取代。上述系列产品一般具有三对动合主触点,动合、动断辅助触点各两对。直流接触器常用的有 CZ20 系列,分单极和双极两大类,动合、动断辅助触点各不超过两对。

除以上常用系列外,我国近年来还引进了一些生产线,生产了一些满足 IEC 标准的交流接触器,下面进行简单介绍。CJ12B-S 系列锁扣接触器用于交流 50 Hz、电压 380 V 及以下、电流 600 A 及以下的配电电路中,供远距离接通和分断电路用,并适宜于不频繁地起动和停止交流电动机,具有正常工作时吸引线圈不通电、无噪声等特点。其锁扣机构位于电磁系统的下方。锁扣机构靠吸引线圈通电,吸引线圈断电后靠锁扣机构保持在锁住位置。由于线圈不通电,不仅无电力损耗,而且消除了磁噪声。

由德国引进的西门子公司的 3TB 系列、BBC 公司的 B 系列交流接触器等具有 20 世纪 80 年代初水平。它们主要供远距离接通和分断电路,并适用于频繁地起动及控制交流电动机。3TB 系列产品具有结构紧凑、机械寿命和电气寿命长、安装方便、可靠性高等特点。其额定电压为 220 ~ 660 V,额定电流为 9 ~ 630 A。

4.2.3　接触器的选用

交流接触器应根据负荷的类型和工作参数合理选用,主要考虑以下几个方面:

(1) 接触器控制的电动机或负载电流的类型。

(2) 接触器主触点的额定电压应不小于主电路工作电压。

(3) 接触器主触点的额定电流应不小于被控电路的额定电流,对于电动机负载,可根据其运行方式适当增减。

(4) 接触器吸引线圈的额定电压和频率与所控电路的选用电压和频率一致。

此外,在选用接触器时还要考虑接触器的触点数量、种类等是否满足控制电路的要求。

4.3　继电器

继电器是根据某些信号的变化来接通或断开小电流控制电路,实现远距离控制和保护的自动控制电器。其输入量可以是电流、电压等电量,也可以是湿度、时间、速度、压力等非电量,而输出则是触点的动作或者是电路参数的变化。

4.3.1　电磁式继电器

以电磁力为驱动力的继电器称为电磁式继电器,其结构简单、价格低廉、使用维护方便,广泛用于控制系统中。

1. 常用电磁式继电器

常用的电磁式继电器有电压继电器、电流继电器、中间继电器等。

（1）电压继电器

根据线圈两端电压的大小通断电流的继电器称为电压继电器。根据实际需要,电压继电器可以分为过电压继电器、欠电压继电器和零电压继电器。过电压继电器的动作电压范围为$(105\% \sim 120\%)U_N$;欠电压继电器的吸合动作范围为$(20\% \sim 50\%)U_N$,释放电压调整范围为$(7\% \sim 20\%)U_N$;零电压继电器当电压降至$(5\% \sim 25\%)U_N$时动作。它们分别起过压、欠压、零压保护。

电压继电器工作时并联入电路,用于反映电路电压的变化,其一次侧线圈匝数多,导线细,阻抗大。

（2）电流继电器

电流继电器根据线圈中电流的大小而动作。按用途,电流继电器可分为欠电流继电器和过电流继电器。欠电流继电器的吸引线圈吸合电流为线圈额定电流的$30\% \sim 65\%$,释放电流为额定电流的$10\% \sim 20\%$,用于欠电流保护或控制。过电流继电器在电路正常工作时不动作,当电流超过某一定值时才动作,整定范围为$110\% \sim 400\%$,其中交流过电流继电器为$110\% \sim 400\%$,直流过电流继电器为$70\% \sim 300\%$,过电流继电器用于过电流保护和控制。

电流继电器工作时串联入电路中,用于反映电路电流的变化,其线圈匝数少,导线粗,阻抗小。

（3）中间继电器

中间继电器实质就是一种电压继电器,触点对数多,触点容量大,其作用是将一个输入信号变成多个输出信号或将信号放大,起到信号中转的作用。

2. 电磁式继电器的常用型号及图形符号

电磁式继电器的常用型号及含义如图4-5所示,图形符号如图4-6所示。

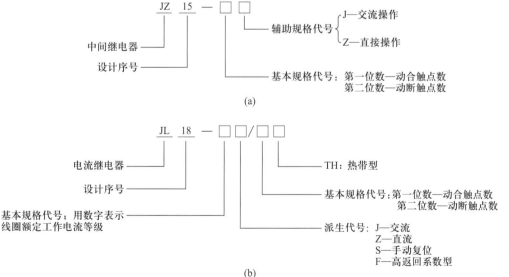

（a）

（b）

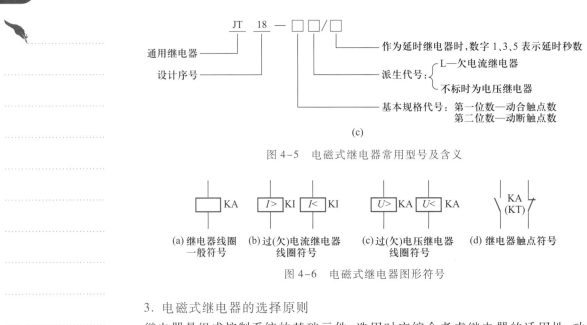

图 4-5 电磁式继电器常用型号及含义

(a) 继电器线圈一般符号   (b) 过(欠)电流继电器线圈符号   (c) 过(欠)电压继电器线圈符号   (d) 继电器触点符号

图 4-6 电磁式继电器图形符号

3. 电磁式继电器的选择原则

继电器是组成控制系统的基础元件,选用时应综合考虑继电器的适用性、功能特点、使用环境、额定工作电压/电流等因素,做到合理选择。需要考虑以下几个方面:

(1) 类型和系列;

(2) 使用环境;

(3) 使用类别:典型用途是控制交直流电磁铁,例如交、直流接触器线圈;使用类型如 AC-11、DC-11。

(4) 额定工作电压、额定工作电流:继电器线圈的额定电压与额定电流应注意与系统要求一致。

4.3.2 时间继电器

时间继电器是一种利用电磁原理或机械动作原理实现触点延时接通或断开的自动控制电器,其种类很多,常用的有直流电磁式时间继电器、空气阻尼式时间继电器、半导体时间继电器等。按延时方式可分为通电延时型和断电延时型两种。

1. 直流电磁式时间继电器

在直流电磁式电压继电器的铁心上增加一个阻尼铜套,即可构成时间继电器,其结构示意图如图 4-7 所示。它是利用电磁阻尼原理产生延时的。由电磁感应定律可知,在继电器线圈通断电过程中铜套内将感应电势,并流过感应电流,此电流产生的磁通总是反对原磁通变化。

电器通电时,由于衔铁处于释放位置,气隙大,磁阻大,磁通小,铜套阻尼作用相对也小,因此衔铁吸合时延时不显著(一般忽略不计)。而当继电器断电时,磁通变化量大,铜套阻尼作用也大,使衔铁延时释放,起到延时作用。因此,这种继电器仅用作断电延时。

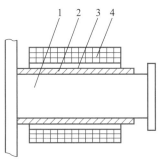

图 4-7 带有阻尼铜套的铁心示意图
1—铁心 2—阻尼铜套
3—绝缘层 4—线圈

教学课件
时间继电器

动画
时间继电器-01

动画
时间继电器-02

微课
时间继电器

文本
时间继电器

这种时间继电器延时较短,JT3 系列最长不超过 5 s,而且准确度较低,一般只用于要求不高的场合。

2．空气阻尼式时间继电器

空气阻尼式时间继电器是利用空气阻尼原理获得延时的。它由电磁机构、触点系统和延时机构三部分组成,电磁机构为直动式双 E 型,触点系统借用 LX5 型微动开关,延时机构采用气囊式阻尼器。

空气阻尼式时间继电器既具有由空气室中的气动机构带动的延时触点,也具有由电磁机构直接带动的瞬动触点,可以做成通电延时型,也可做成断电延时型。电磁机构可以是直流的,也可以是交流的。

3．半导体时间继电器

电子式时间继电器在时间继电器中已成为主流产品,电子式时间继电器是采用晶体管或集成电路和电子元件等构成,目前已有采用单片机控制的时间继电器。电子式时间继电器具有延时范围广、精度高、体积小、耐冲击和耐振动、调节方便及寿命长等优点,所以发展很快,应用广泛。

半导体时间继电器的输出形式有两种:有触点式和无触点式。前者采用晶体管驱动小型磁式继电器,后者采用晶体管或晶闸管输出。

4．单片机控制时间继电器

近年来随着微电子技术的发展,采用集成电路、功率电路和单片机等电子元件构成的新型时间继电器大量面市。如 DHC6 多制式单片机控制时间继电器,J5S17、J3320、JSZl3 等系列大规模集成电路数字时间继电器,J5145 等系列电子式数显时间继电器,J5G1 等系列固态时间继电器等。

5．时间继电器的常用型号及图形符号

时间继电器的常用型号及含义如图 4-8 所示,图形符号如图 4-9 所示。

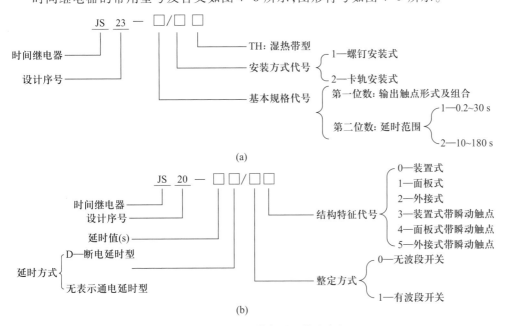

图 4-8　时间继电器常用型号及含义

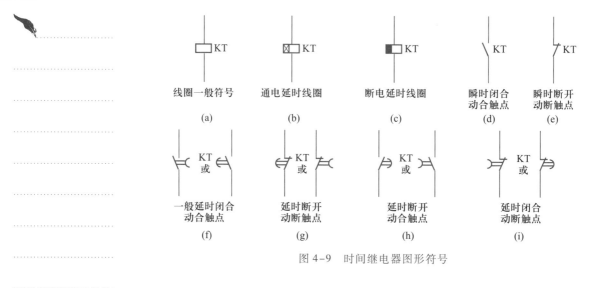

| 线圈一般符号 | 通电延时线圈 | 断电延时线圈 | 瞬时闭合动合触点 | 瞬时断开动断触点 |

图 4-9   时间继电器图形符号

6. 时间继电器的选择原则

时间继电器形式多样,各具特点,选择时应从以下几个方面考虑:

（1）根据控制电路对延时触点的要求选择延时方式,即通电延时型或断电延时型。

（2）根据延时范围和精度要求选择继电器类型。

（3）根据使用场合、工作环境选择时间继电器的类型。例如,电源电压波动大的场合可选空气阻尼式或电动式时间继电器;电源频率不稳定的场合不宜选用电动式时间继电器;环境温度变化大的场合不宜选用空气阻尼式和电子式时间继电器。

4.3.3   热继电器

热继电器主要在电力拖动系统中用于实现电动机负载的过载保护。

1. 热继电器的结构及工作原理

热继电器主要由热元件、双金属片和触点组成,如图 4-10 所示。热元件由发热电阻丝做成。双金属片由两种热膨胀系数不同的金属辗压而成,当双金属片受热时,会出现弯曲变形。使用时,把热元件串接于电动机的主电路中,而动断触点串接于电动机的控制电路中。

当电动机正常运行时,热元件产生的热量虽能使双金属片弯曲,但还不足以使热继电器的触点动作。当电动机过载时,双金属片弯曲位移增大,推动导板使动断触点断开,从而切断电动机控制电路

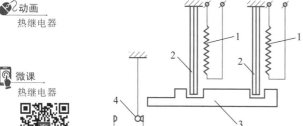

图 4-10   热继电器原理示意图
1—热元件   2—双金属片
3—导板   4—触点复位

以起保护作用。热继电器动作后一般不能自动复位,要等双金属片冷却后按下复位按钮复位。热继电器动作电流的调节可以借助旋转凸轮于不同位置来实现。

2. 热继电器的常用型号及图形符号

热继电器的常用型号及含义如图 4-11 所示,图形符号如图 4-12 所示。

图 4-11 热继电器常用型号及含义   图 4-12 热继电器图形符号

3. 热继电器的选择原则

（1）热继电器结构形式的选择：星形接法的电动机可选用两相或三相结构热继电器，三角形接法的电动机可选用带断相保护装置的三相结构热继电器。

（2）根据被保护电动机的实际起动时间选取 6 倍额定电流下具有相应可返回时间的热继电器。一般热继电器的返回时间大约为 6 倍额定电流下动作时间的 50% ~ 70%。

（3）热元件额定电流一般可按下式确定：

$$I_N = (0.95 \sim 1.05) I_{MN}$$

式中：I_N 为热元件的额定电流；I_{MN} 为电动机的额定电流。

热元件选好后，要根据电动机的额定电流来调整它的整定值。

4.3.4 速度继电器

速度继电器是根据电磁感应原理制成的，主要用作笼型异步电动机的反接制动鼓，故又称为反接制动继电器。速度制动器主要由转子、定子及触点三部分组成，如图 4-13 所示。

速度继电器的轴与电动机的轴相连接。转子固定在轴上，定子与轴同心。当电动机转动时，速度继电器的转子随之转动，绕组切割磁场产生感应电动势和电流，此电流和永久磁铁的磁场作用产生转矩，使定子向轴的转动方向偏摆，通过定子柄拨动触点，使动断触点断开、动合触点闭合。当电动机转速下降到接近零时，转矩减小，定子柄在弹簧力的作用下恢复原位，触点也复原。速度继电器根据电动机的额定转速进行选择。

速度继电器的图形符号如图 4-14 所示。

速度继电器应用广泛，可以用来监测船舶、火车的内燃机引擎，以及气体、水和风力涡轮机，还可以用于造纸业和纺织业生产。在船用柴油机以及很多柴油发电机组的应用中，速度继电器作为一个二次安全回路，当紧急情况产生时，可以迅速关闭引擎。

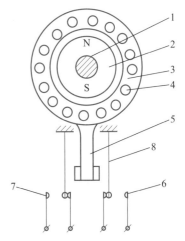

图 4-13 速度继电器结构
1—转子 2—电动机轴 3—定子
4—绕组 5—定子柄 6—静触点
7—动触点 8—簧片

4.3.5 干簧继电器

干簧继电器是一种具有密封触点的电磁式断电器。干簧继电器可以反映电压、电流、功率以及电流极性等信号，在检测、自动控制、计算机控制技术等领域中应用广泛。干簧继电器主要由干式舌簧片与励磁线圈组成。干式舌簧片(触点)是密封的，由铁镍合金做成，舌片的接触部分通常镀有贵重金属(如金、铑、钯等)，接触良好，具有优良的导电性能。触点密封在充有氮气等惰性气体的玻璃管中，因而有效地防止了尘埃的污染，减少了触点的腐蚀，提高了工作可靠性。其结构如图 4-15 所示。

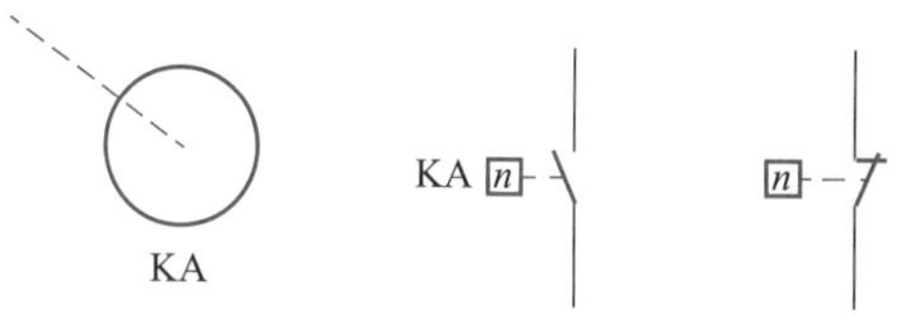

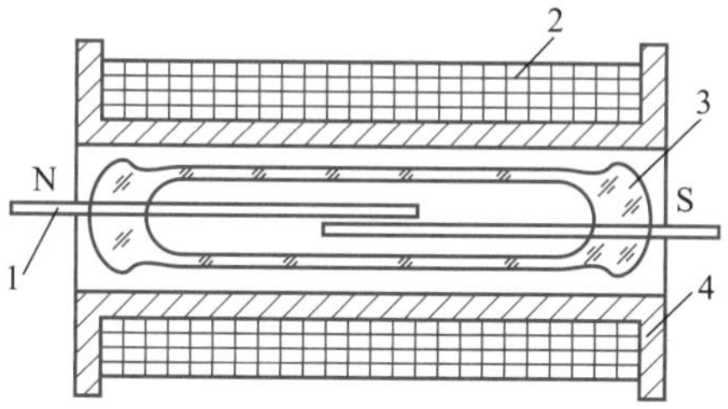

(a) 转子　(b) 动合触点　(c) 动断触点

图 4-14　速度继电器的图形符号

图 4-15　干簧继电器结构

1—舌簧片　2—线圈　3—玻璃管　4—骨架

线圈通电后，管中两舌簧片的自由端分别被磁化成 N 极和 S 极而相互吸引，因而接通被控电路。线圈断电后，干簧片在本身的弹力作用下分开，将线路切断。

4.4 熔断器

教学课件
熔断器的基本知识

熔断器是一种当电流超过额定值一定时间后，以它本身产生的热量使熔体熔化而分断电路的电器。其广泛应用于低压配电系统和控制系统及用电设备中作短路和过电流保护。

微课
熔断器的基本知识

4.4.1 熔断器的结构原理及分类

熔断器主要由熔体和安装熔体的熔管(或熔座)两部分组成。熔体是熔断器的主要组成部分，它既是感测元件又是执行元件。熔体由易熔金属材料铅、锡、锌、银、铜及其合金制成，通常做成丝状、片状、带状或笼状，它串联于被保护电路。熔管一般由硬质纤维或瓷质绝缘材料制成半封闭式或封闭式外壳，熔体装于其内。熔管的作用是便于安装熔体和有利于熔体熔断时熄灭电弧。

文本
熔断器

熔断器串接于被保护电路中，电流通过熔体时产生的热量与电流平方和电流通过的时间成正比，电流越大，则熔体熔断的时间越短，这种特性称为熔断器的保护特性或安秒特性，如图 4-16 所示。可见，熔断时间与电流成反时限特性。

熔断器种类很多，按结构分有开启式、半封闭式和封闭式；按有无填料分有填料式、无填料式；按用途分有工业用熔断器、保护半导体器件熔断器及自复式熔断器等。

4.4.2 常用熔断器

1. 插入式熔断器

常用的插入式熔断器有 RC1A 系列，如图 4-17 所示，主要用于低压分支路及中小容量控制系统的短路保护，亦可用于民用照明电路的短路保护。

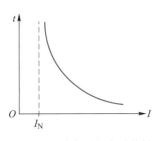

图 4-16　熔断器的安秒特性

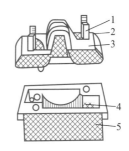

图 4-17　插入式熔断器

1—动触点　2—熔体　3—瓷插件　4—静触点　5—瓷座

RC1A 系列结构简单,由瓷盖、底座、触点、熔丝等组成,价格低,熔体方便更换,但是分断能力低。

2. 螺旋式熔断器

螺旋式熔断器有 RL1、RL2、RL6、RL7 等系列,如图 4-18 所示,常用于配电线路及机床控制线路中作短路保护。

螺旋式熔断器由瓷底座、熔管、瓷帽等组成。瓷管内装有熔体,并装满石英砂,将熔管置于底座内,旋紧瓷帽,电路就接通。螺旋式熔断器具有较高的分断能力,限流性好,有明显的熔断指示,不用工具就能安全更换熔体,在机床中被广泛采用。

螺旋式熔断器分为无填料式、有填料式和快速熔断式三种。常用的系列有 RM10、RT12、RT14、RT15、RS3 等。其中,RM10 为无填料式,常用于低压电力网或成套配电设备中;RT12、RT13、RT14 为有填料式,填料为石英砂,用于冷却和熄灭电弧,常用于大容量电力网或配电设备中;RS3 系列为快速熔断器,主要用于保护半导体元件。

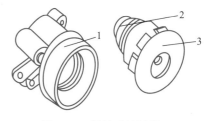

图 4-18　螺旋式熔断器

1—底座　2—熔体　3—瓷帽

4.4.3　熔断器的型号及图形符号

熔断器的型号及含义如图 4-19 所示,图形符号如图 4-20 所示。

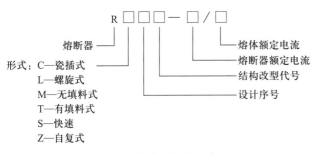

图 4-19　熔断器型号及含义

图 4-20　熔断器图形符号

4.4.4　熔断器的选择原则

熔断器的选择主要是选择熔断器的类型、额定电压、额定电流和熔体。

1. 熔断器类型的选择

根据负载的保护特性、短路电流大小、使用场合、安装条件和各类熔断器的适用范围来选择熔断器的类型。

2. 熔断器额定电压的选择

熔断器的额定电压应大于或等于线路的工作电压。

3. 熔断器额定电流的确定

熔断器的额定电流应大于或等于熔体的额定电流。

4. 熔断器分断能力的选择

熔断器的额定分断能力必须大于电路中可能出现的最大短路电流。

4.5　低压开关和低压断路器

4.5.1　低压开关

1. 刀开关

刀开关主要用于电气线路的隔离电源,也可作为不频繁地接通和分断空载电路或小电流电路之用。接线时应将电源线接在上端,负载接在下端,这样拉闸后刀片与电源隔离,可防止意外事故发生,图 4-21 所示为刀开关外形图。

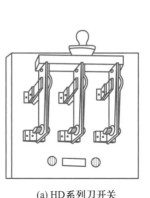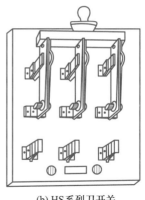

(a) HD系列刀开关　　　　　(b) HS系列刀开关

图 4-21　HD 系列、HS 系列刀开关外形图

刀开关的图形符号如图 4-22 所示。

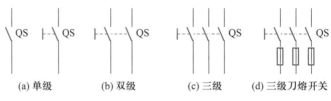

(a) 单级　　　　(b) 双级　　　　(c) 三级　　(d) 三级刀熔开关

图 4-22　刀开关的图形符号

2. 转换开关

转换开关又称为组合开关,是一种多触点、多位置、可控制多个回路的电器,一般用于电气设备中非频繁地通断电路、换接电源和负载,测量三相电压以及控制小容量

教学课件
刀开关的基本知识

微课
刀开关的基本知识

文本
刀开关

教学课件
组合开关的基本知识

微课
组合开关的基本知识

动画
组合开关

文本
组合开关

感应电动机。如图 4-23 所示为 HZ 系列组合开关结构图与外观图。

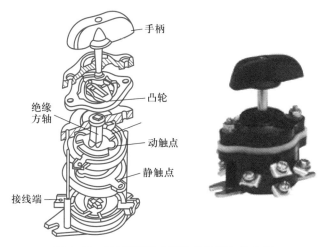

图 4-23　HZ 系列组合开关结构图与外观图

组合开关沿转轴自下而上分别安装了三层开关组件,每层上均有一个动触点、一对静触点及一对接线柱,各层分别控制一条支路的通与断,形成组合开关的三极。手柄每转过一定角度,就带动固定在转轴上的三层开关组件中的三个动触点同时转动至一个新位置,在新位置上分别与各层的静触点接通或断开。

转换开关的型号及含义如图 4-24 所示,图形符号如图 4-25 所示。

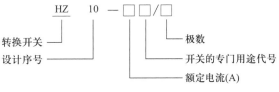

图 4-24　转换开关的型号及含义

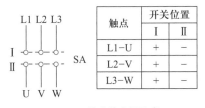

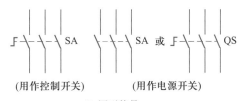

(a) 触点状态图及表　　　　　(b) 图形符号

图 4-25　转换开关触点状态及图形符号

4.5.2　低压断路器

低压断路器也称为自动空气开关,可用来接通和分断负载电路,也可用来控制不频繁起动的电动机。其功能相当于刀开关、过电流继电器、失压继电器、热继电器及漏电保护器等多种电器的组合,能实现过载、短路、失压、欠压等多种保护,是低压配电网中应用非常广泛的一种保护电器。

1. 低压断路器的结构和工作原理

低压断路器主要由主触点及灭弧装置、各种脱扣器、自由脱扣机构和操作机构等部分组成。

低压断路器的工作原理图如图 4-26 所示。其主触点是靠手动操作或电动合闸的,主触点闭合后,自由脱扣机构将主触点锁住在合闸位置上。过电流脱扣器的线圈和热脱扣器的热元件与主电路串联,欠电压脱扣器的线圈和电源并联。当电路发生短路或严重过载时,过电流脱扣器的衔铁吸合,使脱扣机构动作,主触点断开主电路。当电路过载时,热脱扣器的热元件发热使双金属片向上弯曲,推动自由脱扣机构动作。当电路欠电压时,欠电压脱扣器的衔铁释放,也使自由脱扣机构动作。分励脱扣器则作为远距离控制用,在正常工作时,其线圈是断电的,在需要远距离控制时,按下按钮,使线圈通电,衔铁带动自由脱扣机构动作,使主触点断开。

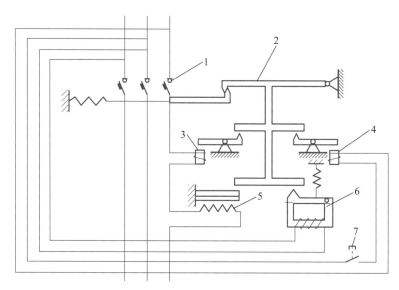

图 4-26   低压断路器工作原理图

1—主触点 2—自由脱扣机构 3—过电流脱扣器 4—分励脱扣器

5—热脱扣器 6—欠电压脱扣器 7—停止按钮

2. 低压断路器的型号含义及图形符号

低压断路器的型号及含义如图 4-27 所示,图形符号如图 4-28 所示。

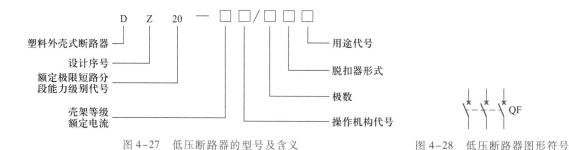

图 4-27   低压断路器的型号及含义   图 4-28   低压断路器图形符号

3. 低压断路器的选择原则

低压断路器的选择主要从以下几个方面考虑:

（1）断路器类型根据使用场合和保护要求来选择。如一般选用塑壳式;短路电流大的选用限流式;额定电流比较大或有选择性保护要求的选用框架式;控制和保护含半导体器件的直流电路选用直流快速断路器等。

（2）断路器额定电压、额定电流应大于或等于线路、设备的正常工作电压、工作电流。

（3）断路器极限通断能力应大于或等于电路最大短路电流。

（4）欠电压脱扣器的额定电压等于线路的额定电压,过电流脱扣器的额定电流大于或等于线路的最大负载电流。

4.6 主令电器

控制系统中,主令电器是一种专门发布命令、直接作用或通过电磁式电器间接作用于控制电路的电器,常用来控制电动机的起动、停车、调速及制动等。

常用的主令电器有控制按钮、行程开关、接近开关,万能转换开关、主令控制器及其他主令电器如脚踏开关、倒顺开关、紧急开关、钮子开关等。以下介绍几种常用的主令电器。

4.6.1 控制按钮

控制按钮是一种结构简单、使用广泛的手动电器,它可以配合继电器、接触器,对电动机实现远距离的自动控制。

1. 控制按钮的结构及图形符号

控制按钮由按钮帽、复位弹簧、桥式触点和外壳等部分组成,通常做成复合式,即具有动断触点和动合触点,如图 4-29 所示。按下按钮时,动断触点先断开,动合触点后闭合;释放按钮时,在复位弹簧的作用下,按钮触点按相反顺序自动复位。

控制按钮的种类很多,按结构分有揿钮式、紧急式、钥匙式、旋钮式、带指示灯式等。

控制按钮的图形符号如图 4-30 所示。

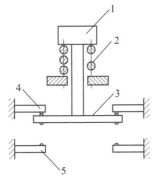

图 4-29 控制按钮结构示意图
1—按钮帽 2—复位弹簧 3—动触点
4—动断静触点 5—动合静触点

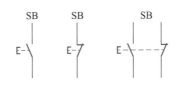

图 4-30 控制按钮的图形符号

2. 控制按钮的选择原则

（1）根据使用场合,选择控制按钮的种类,如开启式、防腐蚀等。

（2）根据用途,选择合适的形式,如钥匙式、紧急式等。

（3）根据控制回路需要,确定不同的按钮数,如单钮、双钮、三钮等。

（4）按工作状态指示和工作情况的需要,选择按钮及指示灯的颜色等。

教学课件
按钮开关的基本知识

微课
按钮开关的基本知识

动画
按钮开关

文本
按钮开关

4.6.2　位置开关

位置开关可以分为行程开关和接近开关。

1. 行程开关

行程开关又称限位开关,用于控制机械设备的行程及限位保护。在实际生产中,将行程开关安装在预先安排的位置,当装于生产机械运动部件上的模块撞击行程开关时,行程开关的触点动作,实现电路的切换。因此,行程开关是一种根据运动部件的行程位置而切换电路的电器,它的作用原理与按钮类似。行程开关广泛用于各类机床和起重机械,用以控制其行程、进行终端限位保护。在电梯的控制电路中,还利用行程开关来控制开关轿门的速度,自动开关门的限位,轿厢的上、下限位保护。

行程开关按其结构可分为直动式、滚轮式、微动开关式等。

（1）直动式行程开关

其结构原理如图 4-31 所示,其动作原理与控制按钮相同,但其触点的分合速度取决于生产机械的运行速度,不宜用于速度低于 0.4 m/min 的场所。

（2）滚轮式行程开关

其结构原理如图 4-32 所示,当被控机械上的撞块撞击带有滚轮的撞杆时,撞杆转向右边,带动凸轮转动,顶下推杆,使微动开关中的触点迅速动作。当运动机械返回时,在复位弹簧的作用下,各部分动作部件复位。

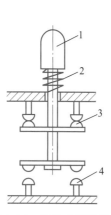

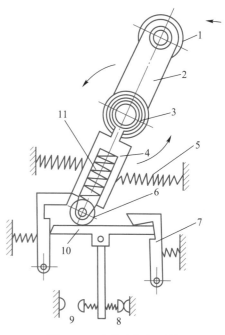

图 4-31　直动式行程开关
1—推杆　2—弹簧　3—动断
触点　4—动合触点

图 4-32　滚轮式行程开关
1—滚轮　2—上转臂　3、5、11—弹簧　4—套架
6—滑轮　7—压板　8、9—触点　10—横板

滚轮式行程开关又分为单滚轮自动复位和双滚轮(羊角式)非自动复位式,双滚轮行移开关具有两个稳态位置,有"记忆"作用,在某些情况下可以简化线路。

教学课件
行程开关的基本知识

微课
行程开关的基本知识

动画
行程开关

文本
行程开关

（3）微动开关式行程开关

其结构如图 4-33 所示。常用的有 LXW-11 系列产品。

2. 接近开关

接近式位置开关是一种非接触式的位置开关，简称接近开关。它由感应头、高频振荡器、放大器和外壳组成。当运动部件与接近开关的感应头接近时，就使其输出一个电信号。接近开关分为电感式和电容式两种。

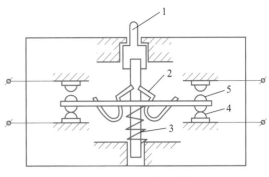

图 4-33　微动式行程开关
1—推杆　2—弹簧　3—压缩弹簧
4—动断触点　5—动合触点

电感式接近开关的感应头是一个具有铁氧体磁芯的电感线圈，只能用于检测金属体。振荡器在感应头表面产生一个交变磁场，当金属块接近感应头时，金属中产生的涡流吸收了振荡的能量，使振荡减弱以至停振，因而产生振荡和停振两种信号，经整形放大器转换成二进制的开关信号，从而起到"开""关"的控制作用。

电容式接近开关的感应头是一个圆形平板电极，与振荡电路的地线形成一个分布电容，当有导体或其他介质接近感应头时，电容量增大而使振荡器停振，经整形放大器输出电信号。电容式接近开关既能检测金属，又能检测非金属及液体。

常用的电感式接近开关有 LJ1、LJ2 等系列，电容式接近开关有 LXJ15、TC 等系列产品。

位置开关的型号及含义如图 4-34 所示，图形符号如图 4-35 所示。

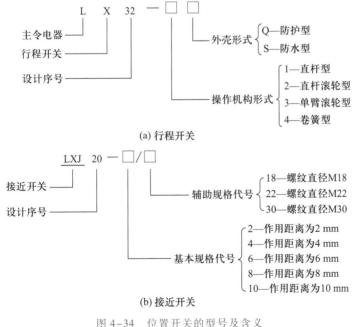

(a) 行程开关

(b) 接近开关

图 4-34　位置开关的型号及含义

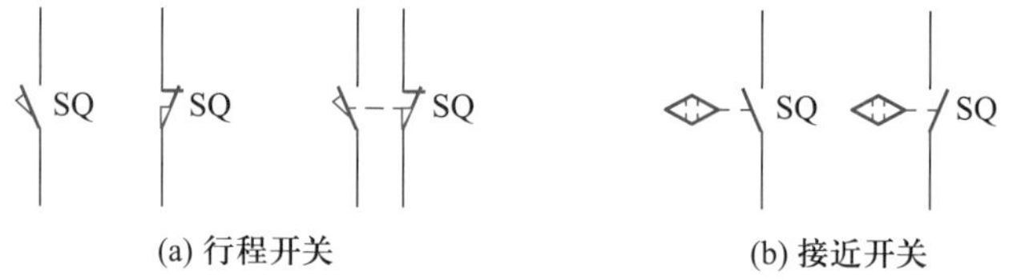

(a) 行程开关   (b) 接近开关

图 4-35   位置开关图形符号

4.6.3   主令控制器

主令控制器,又称为凸轮控制器,是一种可以频繁操作的电器,可以对控制电路发布命令、与其他电路发生联锁或进行切换。主令控制器常配合磁力起动器对绕线式异步电动机的起动、制动、调速及换向实行远距离控制,广泛用于各类起重机械的控制系统中。

主令控制器一般由外壳、触点、凸轮、转轴等组成,动作过程与万能转换开关相类似,也是由一块可转动的凸轮带动触点动作。但它的触点容量较大,操纵挡位也较多。

常用的主令控制器有 LK5 和 LK6 系列两种。其中 LK5 系列分有直接手动操作、带减速器的机械操作与电动机驱动三种形式。LK6 系列的操作是由同步电动机和齿轮减速器组成定时元件,按规定的时间顺序,周期性地分合电路。

控制电路中,主令控制器触点也与操作手柄位置有关,其图形符号及触点分合状态的表示方法与万能转换开关相似。

习   题

一、填空题

1. 低压电器一般由两个基本部分组成:_____和_____。

2. 根据刀的极数和操作方式,刀开关可分为_____、_____和_____。

3. 组合开关可分为_____、_____和_____。

4. 按用途和触头结构分类,按钮开关可分为_____、_____和_____。

5. 空气开关可分为_____、_____和_____。

6. 行程开关按其结构可分为_____、_____和_____。

7. 接触器主要由_____、_____和_____及其他部分组成。

8. 电压继电器主要作为_____和_____保护。

9. 热继电器主要有两大部分组成:_____和_____。

10. 时间继电器可以分为_____和_____。

11. 熔断器的主要结构:_____和_____。

二、简答题

1. 什么是低压电器?

2. 低压电器如何分类?

3. 什么是刀开关?

4. 什么是组合开关?

5. 什么是按钮开关?

6. 什么是主令电器?

7. 接触器和继电器有什么区别?

8. 什么是熔断器?　其主要作用是什么?

第二篇

模拟电路分析与实践

课程特点

　　模拟电路分析与实践篇是一理论性、实践性较强的专业基础模块。通过本篇的学习，为学生学习后续专业课程和从事专业技术工作奠定基础。

模拟电路内容

- 基本电子器件的辨识
- 晶体管放大电路分析
- 集成运算放大器

学习重点

- 正确选择半导体器件
- 经典模拟电路与运算放大电路的工作原理与应用
- 运用常用仪器仪表对典型电子电路进行分析，能进行电子原理图的绘制

第 **5** 章

基本电子器件的辨识

半导体器件是在 20 世纪 50 年代初发展起来的电子器件，它具有体积小、质量小、使用寿命长、输入功率小等优点。本章主要介绍本征半导体、P 型和 N 型半导体的特征及 PN 结的形成过程；二极管的伏安特性及其分类、用途；晶体管的电流放大原理，其输入和输出特性的分析方法以及利用万用表判别二极管、晶体管好坏和极性的方法等。

教学目标

能力目标
- 能辨识二极管
- 能辨识三极管
- 能根据需要选择合适的电子器件

知识目标
- 理解 PN 结
- 掌握二极管的特性及应用
- 掌握三极管的特性及应用
- 掌握基本电子器件的辨识方法

5.1　半导体概述

5.1.1　半导体基本知识

教学课件
半导体材料的基本特性

微课
半导体材料的基本特性

1. 导体、绝缘体和半导体

物质按导电性能可分为导体、绝缘体和半导体。

（1）导体

导体一般为低价元素，如铜、铁、铝等金属，其最外层电子受原子核的束缚力很小，因而极易挣脱原子核的束缚成为自由电子。因此在外电场作用下，这些电子产生定向运动（称为漂移运动）形成电流，呈现出较好的导电特性。

（2）绝缘体

高价元素（如惰性气体）和高分子物质（如橡胶、塑料）最外层电子受原子核的束缚力很强，极不易摆脱原子核的束缚成为自由电子，所以其导电性极差，可作为绝缘材料。

文本
半导体材料的基本特性

（3）半导体

半导体的最外层电子数一般为 4 个，既不像导体那样极易摆脱原子核的束缚，成为自由电子，也不像绝缘体那样被原子核束缚得那么紧，因此，半导体的导电特性介于二者之间。常用的半导体材料有硅、锗、硒等。

金属导体的电导率一般在 10^5 S/cm 量级；塑料、云母等绝缘体的电导率通常是 $10^{-22} \sim 10^{-14}$ S/cm 量级；半导体的电导率则在 $10^{-9} \sim 10^2$ S/cm 量级。

半导体的导电能力虽然介于导体和绝缘体之间，但半导体的应用却极其广泛，这是由半导体的独特性能决定的。

拓展学习
中国芯

① 热敏性：当环境温度升高时，半导体的导电能力显著增强（可做成温度敏感元件，如热敏电阻）。

② 光敏性：当受到光照时，半导体的导电能力明显变化（可做成各种光敏元件，如光敏电阻、光电二极管、光电晶体管等）。

③ 掺杂性：往纯净的半导体中掺入某些杂质，其导电能力明显改变（可做成各种不同用途的半导体器件，如二极管、晶体管和晶闸管等）。

2. 半导体

（1）本征半导体

纯度在 99.999 999 9% 以上的、完全纯净的、具有晶体结构的半导体，称为本征半导体。常用的半导体材料是硅（Si）和锗（Ge），它们都是四价元素，在原子结构中最外层轨道上有 4 个价电子，如图 5-1 所示。

把硅或锗材料拉制成单晶体时，相邻两个原子的一对最外层电子（价电子）成为共有电子，它们一方面围绕自身的原子核运动，另一方面又出现在相邻原子所属的轨道上，即价电子不仅受到自身原子核的作用，同时还受到相邻原子核的吸引。于是，两个相邻的原子共有一对价电子，组成共价键结构。故晶体中，每个原子都和周围的 4 个原子用共价键的形式互相紧密地联系起来，如图 5-2 所示。

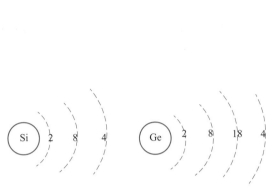

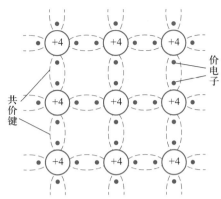

图 5-1 硅和锗的原子结构　　　图 5-2 单晶硅和锗的共价键结构示意图

从共价键晶格结构来看,每个原子外层都具有 8 个价电子。但价电子是相邻原子共用,所以稳定性并不像绝缘体那样好。受光照或温度上升影响,共价键中价电子的热运动加剧,一些价电子会挣脱原子核的束缚游离到空间成为自由电子。游离走的价电子原位上留下一个不能移动的空位,称为空穴。

由于热激发而在晶体中出现电子-空穴对的现象称为本征激发。

本征激发的结果,造成了半导体内部自由电子载流子运动的产生,由此本征半导体的电中性被破坏,使失掉电子的原子变成带正电荷的离子。

由于共价键是定域的,这些带正电的离子不会移动,即不能参与导电,成为晶体中固定不动的带正电离子。

受光照或温度上升影响,共价键中其他一些价电子直接跳进空穴,使失电子的原子重新恢复电中性。价电子填补空穴的现象称为复合。

参与复合的价电子又会留下一个新的空位,而这个新的空穴仍会被邻近共价键中跳出来的价电子填补上,这种价电子填补空穴的复合运动使本征半导体中又形成一种不同于本征激发下的电荷迁移,为区别于本征激发下自由电子载流子的运动,我们把价电子填补空穴的复合运动称为空穴载流子运动。

半导体内部的自由电子载流子运动和空穴载流子运动总是共存的,且在一定温度下达到动态平衡。

（2）掺杂半导体

本征半导体中虽然存在两种载流子,但因载流子的浓度很低,导电能力差,同时难以控制。如果在本征半导体中人为地掺入微量的杂质（某种元素）,即可大大改变它的导电性。按照掺入杂质的不同,可获得 N 型半导体和 P 型半导体两种掺杂半导体。

① N 型半导体

在本征半导体中掺入五价元素,如磷、锑、砷等,就得到 N 型半导体。以掺入磷原子为例,掺入的磷原子取代了某处硅原子的位置,与其相邻的 4 个硅原子组合成共价键时,多出了一个电子,这个电子不受共价键的束缚,因此在常温下即有足够的能量使其成为自由电子。这样,掺入杂质的硅半导体自由电子数目就大量增加,且远大于空穴的浓度,自由电子成为主要导电载流子,空穴为少数导电载流子,这种半导体称为电子半导体或 N 型半导体,如图 5-3 所示。

教学课件
N 型半导体的形成

微课
N 型半导体的形成

② P 型半导体

在本征半导体中掺入少量的三价元素,如硼、铝、铟等,就得到 P 型半导体。这时杂质原子替代了晶格中的某些硅原子,它的 3 个价电子和相邻的 4 个硅原子组成共价键时,只有 3 个共价键是完整的,第 4 个共价键因缺少一个价电子而出现一个空位,如图 5-4 所示。

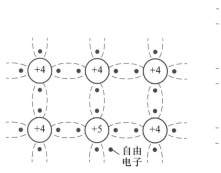

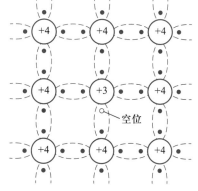

图 5-3　N 型半导体原子结构示意图　　　图 5-4　P 型半导体原子结构示意图

5.1.2　PN 结

1. PN 结的形成

在一块完整的晶片上,通过一定的掺杂工艺,一边形成 P 型半导体,另一边形成 N 型半导体。P 型半导体和 N 型半导体有机地结合在一起时,因为 P 区一侧空穴多,N 区一侧电子多,所以在它们的界面处存在空穴和电子的浓度差。于是 P 区中的空穴会向 N 区扩散,并在 N 区被电子复合。而 N 区中的电子也会向 P 区扩散,并在 P 区被空穴复合。这样在 P 区和 N 区分别留下了不能移动的负离子和正离子。上述过程如图 5-5(a)所示。结果在界面的两侧形成了由等量正、负离子组成的空间电荷区,同时建立一内电场,方向由 N 区指向 P 区,如图 5-5(b)所示。

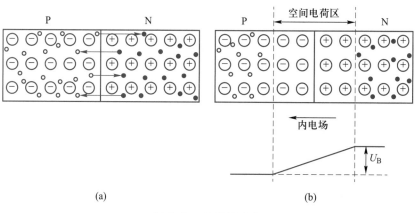

(a)　　　　　　　　　　　　　(b)

图 5-5　PN 结的形成

2. PN 结的单向导电特性

在 PN 结两端外加电压,称为给 PN 结以偏置电压。

(1) PN 结正向偏置

给 PN 结加正向偏置电压,即 P 区接电源正极,N 区接电源负极,此时称 PN 结为正向偏置(简称正偏),如图 5-6 所示。由于外加电源产生的外电场的方向与 PN 结产生的内电场方向相反,削弱了内电场,使 PN 结变薄,有利于两区多数载流子向对方扩散,形成正向电流,此时 PN 结处于正向导通状态。

(2) PN 结反向偏置

给 PN 结加反向偏置电压,即 N 区接电源正极,P 区接电源负极,此时称 PN 结为反向偏置(简称反偏),如图 5-7 所示。由于外加电场与内电场的方向一致,因而加强了内电场,使 PN 结加宽,阻碍了多子的扩散运动。在外电场的作用下,只有少数载流子形成的很微弱的电流,称为反向电流。

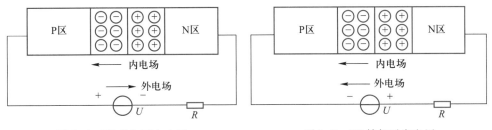

图 5-6　PN 结加正向电压　　　　　　图 5-7　PN 结加反向电压

5.2　二极管的辨识

5.2.1　二极管的结构及符号

把 PN 结用管壳封装,然后在 P 区和 N 区分别向外引出一个电极,即可构成一个二极管。二极管是电子技术中最基本的半导体器件之一。半导体二极管按其结构的不同可分为点接触型和面接触型两类。

点接触型二极管是由一根很细的金属触丝(如三价元素铝)和一块半导体(如锗)的表面接触,然后在正方向通过很大的瞬时电流,使触丝和半导体牢固地熔接在一起,三价金属与锗结合构成 PN 结,并做出相应的电极引线,外加管壳密封而成。由于点接触型二极管金属丝很细,形成的 PN 结面积很小,所以极间电容很小,同时也不能承受高的反向电压和大的电流。这种类型的管子适于做高频检波和脉冲数字电路里的开关元件,也可用来作小电流整流。面接触型二极管的 PN 结面积大,可承受较大的电流,但极间电容也大。这类器件适用于整流,而不宜用于高频电路中。

二极管的结构示意图及在电路中的图形符号如图 5-8 所示。在图 5-8(d)所示符号中,箭头指向为正向导通电流方向。

教学课件
普通二极管的结构

文本
普通二极管的结构

微课
普通二极管的结构

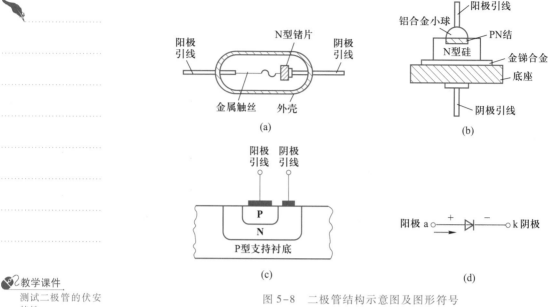

图 5-8　二极管结构示意图及图形符号

5.2.2　二极管的伏安特性及特性参数

1. 二极管的伏安特性

半导体二极管的核心是 PN 结,它的特性就是 PN 结的特性——单向导电性。常利用伏安特性曲线来形象地描述二极管的单向导电性。

若以电压为横坐标,电流为纵坐标,用作图法把电压、电流的对应值用平滑的曲线连接起来,就构成二极管的伏安特性曲线,如图 5-9 所示。

（1）正向特性

对应于图 5-9 的第①段为正向特性,此时加于二极管的正向电压只有零点几伏,但相对来说流过管子的电流却很大,因此管子呈现的正向电阻很小。

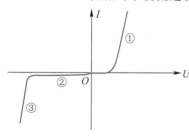

图 5-9　二极管的伏安特性

但是,在正向特性的开始部分,由于正向电压较小,外电场还不足以克服 PN 结的内电场,因而这时的正向电流几乎为零,二极管呈现出一个大电阻,好像有一个门槛。硅管的门槛电压 U_{th}（又称死区电压）约为 0.5 V,锗管的 U_{th} 约为 0.1 V,当正向电压大于 U_{th} 时,内电场大为削弱,电流因而迅速增长。此时,二极管在电路中相当于一个开关的导通状态。在正常使用条件下,二极管的正向电流在相当大的范围内变化,而二极管两端的电压变化却不大。小功率硅管的导通压降约为0.6~0.7 V,锗管约为 0.2~0.3 V。

（2）反向特性

P 型半导体中的少数载流子——电子和 N 型半导体中的少数载流子——空穴,在反向电压作用下很容易通过 PN 结,形成反向饱和电流。但由于少数载流子的数目很少,所以反向电流是很小的,如图 5-9 的第②段所示,一般硅管的反向电流比锗管小得多。温度升高时,由于少数载流子增加,反向电流将随之急剧增加。

（3）反向击穿特性

当增加反向电压时,因在一定温度条件下,少数载流子数目有限,故起始一段反向电流没有多大变化,当反向电压增加到一定大小时,反向电流剧增,这称为二极管的反向击穿,对应于图 5-9 的第③段,其原因和 PN 结击穿相同。

2. 二极管的主要参数

器件的参数是其特性的定量描述,是正确使用和合理选择器件的依据。参数一般可以从产品手册中查到,也可以通过直接测量得到。半导体二极管主要参数有以下几个。

（1）最大整流电流 I_F

指二极管长期运行时允许通过的最大正向平均电流,它是由 PN 结的结面积和外界散热条件决定的。实际应用时,二极管的平均电流不能超过此值,并要满足散热条件,否则会烧坏二极管。

（2）最大反向工作电压 U_R

指二极管使用时所允许加的最大反向电压,超过此值二极管就有发生反向击穿的危险。通常取反向击穿电压的一半作为 U_R。

（3）反向电流 I_R

指二极管击穿时的反向电流值。此值越小,二极管的单向导电性越好。此值与温度有密切关系,在高温运行时要特别注意。

（4）最高工作频率 f_M

主要由 PN 结的结电容大小决定,超过此值,二极管的单向导电性将不能很好地体现。

值得注意的是,由于制造工艺的限制,即使是同一型号的管子,参数的分散性也很大,手册上往往给出参数的范围。另外,手册上的参数是在一定的测试条件下测得的,应用时要注意这些条件,若条件改变,相应的参数值也会发生变化。如 I_R 就是指在一定温度下外加某电压值时的反向电流,若温度升高,则 I_R 会增大。

5.2.3 二极管应用电路

1. 二极管的开关作用

如图 5-10 所示,二极管正向导通时相当于一个闭合的开关,反向截止时相当于一个打开的开关。

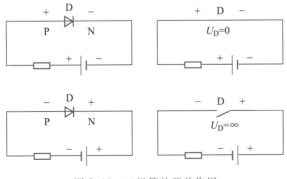

图 5-10 二极管的开关作用

分析实际电路时为简单化,通常把二极管进行理想化处理,即正偏时视其为"短路",截止时视其为"开路"。

教学课件
二极管限幅电路的
应用

微课
二极管限幅电路的
应用

2. 二极管的限幅作用

【例 5-1】　如图 5-11(a)所示为一限幅电路,已知二极管是理想的,试画出 u_o 波形。

分析:二极管阴极电位为 8 V。当 $u_i>8$ V 时,二极管导通,可看作短路,$u_o=8$ V;当 $u_i<8$ V 时,二极管截止,可看作开路,$u_o=u_i$。输出电压 u_o 波形如图 5-11(b)所示。

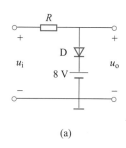
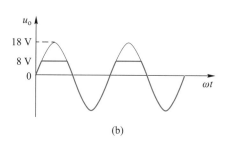

(a)　　　　　　　　　　(b)

图 5-11　限幅电路

3. 二极管的钳位作用

【例 5-2】　电路如图 5-12(a)所示,求 U_{AB}。

分析:取 B 点作参考点,如图 5-12(b)所示,断开二极管,分析二极管阳极和阴极的电位。有 $V_阳=-6$ V,$V_阴=-12$ V,由于 $V_阳>V_阴$,因此二极管导通。

若忽略管压降,二极管可看作短路,$U_{AB}=-6$ V;否则,U_{AB} 低于 -6 V 一个管压降,为 -6.3 V 或 -6.7 V。

在这里,二极管起钳位作用。

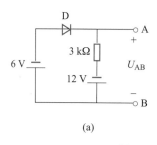
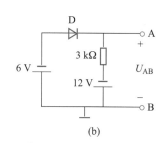

(a)　　　　　　　　(b)

图 5-12　钳位电路

5.2.4　特殊二极管

前面主要讨论了普通二极管,另外还有一些特殊用途的二极管,如稳压二极管、发光二极管和光电二极管等,现介绍如下。

1. 稳压二极管

稳压二极管简称稳压管,它是由硅材料制成的特殊面接触型二极管,与普通二极管不同的是,稳压管的正常工作区域是 PN 结的反向齐纳击穿区,故而也称为齐纳二极管。稳压管的特性曲线和符号如图 5-13 所示。

显然,稳压管的伏安特性曲线比普通二极管的更加陡峭。稳压管的反向电压几乎不随反向电流的变化而变化,这就是稳压管的显著特性。稳压管就是利用这一特性来进行稳压的,因此,在使用时,稳压管必须处于反向偏置状态。

2. 发光二极管

发光二极管与普通二极管一样,也是由 PN 结构成的,同样具有单向导电性,但在正向导通时能发光,所以它是一种把电能转换成光能的半导体器件。发光二极管的图形符号如图 5-14 所示。当发光二极管正偏时,注入 N 区和 P 区的载流子被复合,会发出可见光和不可见光。

单个发光二极管常作为电子设备通断指示灯或快速光源及光电耦合器中的发光元件等。发光二极管一般使用砷化镓、磷化镓等材料制成。现有的发光二极管能发出红黄绿等颜色的光。发光管正常工作时应正向偏置,因其死区电压较普通二极管高,因此其正偏工作电压一般在 1.3 V 以上。

发光管属功率控制器件,常用来作为数字电路的数码及图形显示的七段式或阵列器件。

3. 光电二极管

光电二极管又称光敏二极管,是将光信号变成电信号的半导体器件,其核心部分也是一个 PN 结。光电二极管工作在反偏状态,它的管壳上有一个玻璃窗口,以便接受光照。光电二极管的图形符号如图 5-15 所示。无光照时,反向电流很小,称为暗电流;有光照时,携带能量的光子进入 PN 结后,把能量传给共价键上的束缚电子,使部分价电子挣脱共价键的束缚,产生电子-空穴对,称为光生载流子。光生载流子在反向电压作用下形成反向光电流,其强度与光照强度成正比。

教学课件
稳压管的稳压原理

微课
稳压管的稳压原理

教学课件
发光二极管的结构

微课
发光二极管的结构

视频
测试发光二极管特性

教学课件
光电二极管的应用

微课
光电二极管的应用

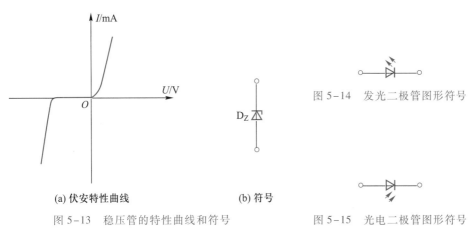

(a) 伏安特性曲线　　　　(b) 符号

图 5-13　稳压管的特性曲线和符号

图 5-14　发光二极管图形符号

图 5-15　光电二极管图形符号

5.3　晶体管的辨识

三极管具有放大作用,是组成各电子电路的核心器件。三极管的产生使 PN 结的应用发生了质的飞跃。它分为双极型和单极型两种类型。本节主要讨论双极型三极管的结构、工作原理、特性曲线和主要参数。

5.3.1   晶体管的结构与类型

教学课件
晶体管结构

微课
晶体管结构

双极型三极管是由三层杂质半导体构成的器件,由于这类三极管内部的电子载流子和空穴载流子同时参与导电,故称为双极型三极管。它有三个电极,所以又称为半导体三极管、晶体三极管等,以后简称为晶体管。

按 PN 结的组合方式不同,晶体管有 PNP 型和 NPN 型两种类型,它们的结构示意图和图形符号如图 5-16(a)、(b)所示。

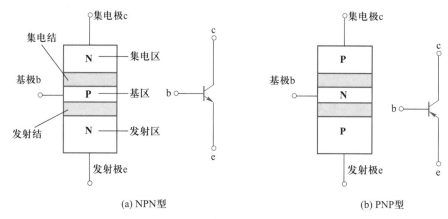

(a) NPN型   (b) PNP型

图 5-16   晶体管的结构示意图与图形符号

无论是 NPN 型管还是 PNP 型管,它们内部均含有三个区:发射区、基区、集电区。从三个区各引出一个金属电极,分别称为发射极(e)、基极(b)和集电极(c);同时在三个区的两个交界处形成两个 PN 结,发射区与基区之间形成的 PN 结称为发射结,集电区与基区之间形成的 PN 结称为集电结。晶体管的图形符号如图 5-16 所示,符号中的箭头方向表示发射结正向偏置时的电流方向。

5.3.2   晶体管的电流放大作用

1. 晶体管的电流放大原理

对模拟信号处理的最基本形式是放大。在生产实践和科学实训中,从传感器获得的模拟信号通常比较微弱,只有经过放大后才能进一步进行处理,或者使之具有足够的能量来驱动执行机构,完成特定的工作。放大电路的核心器件是晶体管,而要使晶体管处于放大状态,必须具备以下两个条件。

(1) 晶体管实现电流放大作用的内部条件

① 发射区掺杂浓度很高,以便有足够的载流子供"发射"。

② 为减少载流子在基区的复合机会,基区做得很薄,一般为几微米,且掺杂浓度较发射极低。

③ 集电区体积较大,且为了顺利收集边缘载流子,掺杂浓度很低。

可见,晶体管并非是两个 PN 结的简单组合,而是利用一定的掺杂工艺制作而成。因此,绝不能用两个二极管来代替,使用时也决不允许把发射极和集电极接反。

（2）晶体管实现电流放大作用的外部条件

发射结正向偏置，集电结反向偏置。

当晶体管处在发射结正偏、集电结反偏的放大状态下，管内载流子的运动情况可用图 5-17 说明。

① 发射区向基区注入电子。

由于发射结正偏，因而发射结两侧多子的扩散占优势，这时发射区电子源源不断地越过发射结注入基区，形成电子注入电流 I_{EN}。与此同时，基区空穴也向发射区注入，形成空穴注入电流 I_{EP}。因为发射区相对基区是重掺杂，基区空穴浓度远低于发射区的电子浓度，所以满足 $I_{EP} \ll I_{EN}$，可忽略不计。因此，发射极电流 $I_E \approx I_{EN}$，其方向与电子注入方向相反。

② 电子在基区中边扩散边复合。

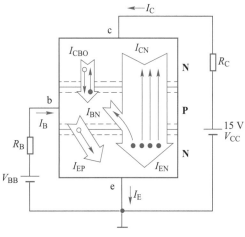

图 5-17　晶体管内载流子的运动和各极电流

注入基区的电子，成为基区中的非平衡少子，它在发射结处浓度最大，而在集电结处浓度最小（因集电结反偏，电子浓度近似为零）。因此，在基区中形成了非平衡电子的浓度差。在该浓度差作用下，注入基区的电子将继续向集电结扩散。在扩散过程中，非平衡电子会与基区中的空穴相遇，使部分电子因复合而失去。但由于基区很薄且空穴浓度又低，所以被复合的电子数极少，而绝大部分电子都能扩散到集电结边沿。基区中与电子复合的空穴由基极电源提供，形成基区复合电流 I_{BN}，它是基极电流 I_B 的主要部分。

③ 扩散到集电结的电子被集电区收集。

由于集电结反偏，在结内形成了较强的电场，因而，使扩散到集电结边沿的电子在该电场作用下漂移到集电区，形成集电区的收集电流 I_{CN}。该电流是构成集电极电流 I_C 的主要部分。另外，集电区和基区的少子在集电结反向电压作用下，向对方漂移形成集电结反向饱和电流 I_{CBO}，并流过集电极和基极支路，构成 I_C、I_B 的另一部分电流。

2. 晶体管的电流分配关系

由以上分析可知，晶体管三个电极上的电流与内部载流子传输形成的电流之间有如下关系：

$$\begin{cases} I_E \approx I_{EN} = I_{BN} + I_{CN} \\ I_B = I_{BN} - I_{CBO} \\ I_C = I_{CN} + I_{CBO} \end{cases} \tag{5-1}$$

式（5-1）表明，在发射结正偏、集电结反偏的条件下，晶体管三个电极上的电流不是孤立的，它们能够反映非平衡少子在基区扩散与复合的比例关系。这一比例关系主要由基区宽度、掺杂浓度等因素决定，管子做好后就基本确定了。反之，一旦知道了这个比例关系，就不难得到晶体管三个电极电流之间的关系，从而为定量分析晶体管电路提供方便。

为了反映扩散到集电区的电流 I_{CN} 与基区复合电流 I_{BN} 之间的比例关系，定义共发射极直流电流放大系数为

$$\bar{\beta} = \frac{I_{CN}}{I_{BN}} = \frac{I_C - I_{CBO}}{I_B + I_{CBO}} \tag{5-2}$$

教学课件
测试晶体管放大作用

微课
测试晶体管放大作用

视频
测试晶体管电流关系

动画
测试晶体管电流关系

其含义是:基区每复合一个电子,则有 $\overline{\beta}$ 个电子扩散到集电区去。$\overline{\beta}$ 值一般在 20 ~ 200 之间。

确定了 $\overline{\beta}$ 值之后,由式(5-1)、式(5-2)可得

$$\begin{cases} I_\mathrm{C} = \overline{\beta} I_\mathrm{B} + (1+\overline{\beta}) I_\mathrm{CBO} = \overline{\beta} I_\mathrm{B} + I_\mathrm{CEO} \\ I_\mathrm{E} = (1+\overline{\beta}) I_\mathrm{B} + (1+\overline{\beta}) I_\mathrm{CBO} = (1+\overline{\beta}) I_\mathrm{B} + I_\mathrm{CEO} \\ I_\mathrm{B} = I_\mathrm{E} - I_\mathrm{C} \end{cases} \tag{5-3}$$

式中:$I_\mathrm{CEO} = (1+\overline{\beta}) I_\mathrm{CBO}$ 称为穿透电流。因 I_CBO 很小,在忽略其影响时,则有

$$I_\mathrm{C} \approx \overline{\beta} I_\mathrm{B} \tag{5-4}$$

$$I_\mathrm{E} \approx (1+\overline{\beta}) I_\mathrm{B} \tag{5-5}$$

5.3.3　晶体管的特性及参数

晶体管有三个电极,通常用其中两个分别作输入、输出端,第三个作公共端,这样可以构成输入和输出两个回路,如图 5-18(a)所示。在实际放大电路中,晶体管的基本接法(组态)有三种,如图 5-18 所示,分别称为共发射极、共集电极和共基极接法。其中,共发射极接法更具代表性,所以这里主要讨论共发射极接法的特性曲线。

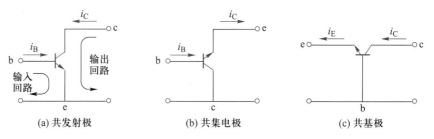

(a) 共发射极　　　(b) 共集电极　　　(c) 共基极

图 5-18　晶体管的三种基本接法

晶体管特性曲线包括输入和输出两组特性曲线。其测量电路见图 5-19 所示。

1. 输入特性曲线

共发射极输入特性曲线是以 u_CE 为参变量时,i_B 与 u_BE 间的关系曲线。典型的共发射极输入特性曲线如图 5-20 所示。

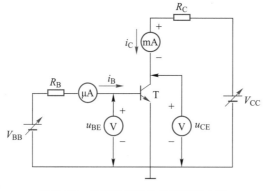

图 5-19　共发射极特性曲线测量电路

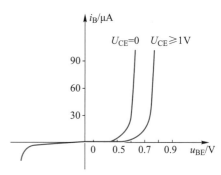

图 5-20　共发射极输入特性曲线

（1）在 $u_{CE} \geqslant 1$ V 的条件下，当 $u_{BE} < U_{BE(on)}$ 时，$i_B \approx 0$。$U_{BE(on)}$ 为晶体管的导通电压或死区电压，硅管约为 $0.5 \sim 0.6$ V，锗管约为 0.1 V。当 $u_{BE} > U_{BE(on)}$ 时，随着 u_{BE} 的增大，i_B 开始按指数规律增加，而后近似按直线上升。

（2）当 $u_{CE} = 0$ 时，晶体管相当于两个并联的二极管，所以 b、e 间加正向电压时，i_B 很大。对应的曲线明显左移，见图 5-20。

（3）当 u_{CE} 在 $0 \sim 1$ V 之间时，随着 u_{CE} 的增加，曲线右移。特别在 $0 < u_{CE} \leqslant U_{CE(sat)}$ 的范围内，即晶体管工作在饱和区时，移动量会更大些。

（4）当 $u_{BE} < 0$ 时，晶体管截止，i_B 为反向电流。若反向电压超过某一值，发射结也会发生反向击穿。

教学课件
测试晶体管输出特性曲线

微课
测试晶体管输出特性曲线

2. 输出特性曲线

共发射极输出特性曲线是以 i_B 为参变量时，i_C 与 u_{CE} 间的关系曲线，即

$$i_C = f(u_{CE}) \big|_{i_B = 常数}$$

典型的共发射极输出特性曲线如图 5-21 所示。由图可见，输出特性可以划分为三个区域，对应于三种工作状态。现分别讨论如下。

（1）放大区

发射结正偏、集电结反偏的工作区域为放大区。由图 5-21 可以看出，晶体管在放大区有以下两个特点。

① 基极电流 i_B 对集电极电流 i_C 有很强的控制作用，即 i_B 有很小的变化量 Δi_B 时，i_C 就会有很大的变化量 Δi_C。为此，用共发射极交流电流放大系数 β 来表示这种控制能力。β 定义为

$$\beta = \frac{\Delta i_C}{\Delta i_B} \big|_{u_E = 常数}$$

反映在特性曲线上，为两条不同 i_B 曲线的间隔。

② u_{CE} 变化对 i_C 的影响很小。在特性曲线上表现为，i_B 一定而 u_{CE} 增大时，曲线略有上翘（i_C 略有增大）。这是因为 u_{CE} 增大，集电结反向电压增大，使集电结展宽，所以

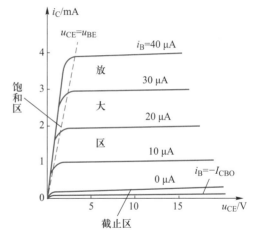

图 5-21　共发射极输出特性曲线

有效基区宽度变窄，这样基区中电子与空穴复合的机会减少，即 i_B 要减小。而要保持 i_B 不变，所以 i_C 将略有增大。这种现象称为基区宽度调制效应，或简称基调效应。从另一方面看，由于基调效应很微弱，u_{CE} 在很大范围内变化时 i_C 基本不变。因此，当 i_B 一定时，集电极电流具有恒流特性。

（2）饱和区

发射结和集电结均处于正偏的区域为饱和区。通常把 $u_{CE} = u_{BE}$（即集电结零偏）的情况称为临界饱和，对应点的轨迹为临界饱和线。

（3）截止区

发射结和集电结均处于反向偏置的区域为截止区，晶体管工作于截止状态。即 $i_B < 0$ 以下区域为截止区，有 $i_C \approx 0$。

注　意

温度对晶体管的 u_{BE}、I_{CBO} 和 β 有不容忽视的影响。其中，u_{BE}、I_{CBO} 随温度变化的规律与 PN 结相同，即温度每升高 1 ℃，u_{BE} 减小 2～2.5 mV；温度每升高 10 ℃，I_{CBO} 增大一倍。温度对 β 的影响表现为，β 随温度的升高而增大，变化规律是：温度每升高 1 ℃，β 值增大 0.5%～1%。

3. 晶体管的极限参数

（1）集电极最大允许电流 I_{CM}

β 与 i_C 的大小有关，随着 i_C 的增大，β 值会减小。I_{CM} 一般指 β 下降到正常值的 2/3 时所对应的集电极电流。当 $i_C > I_{CM}$ 时，虽然管子不致于损坏，但 β 值已经明显减小。因此，晶体管线性运用时，i_C 不应超过 I_{CM}。

（2）集电极最大允许耗散功率 P_{CM}

晶体管工作在放大状态时，集电结承受着较高的反向电压，同时流过较大的电流。因此，在集电结上要消耗一定的功率，从而导致集电结发热，结温升高。当结温过高时，管子的性能下降，甚至会烧坏管子，因此需要规定一个功率限额。

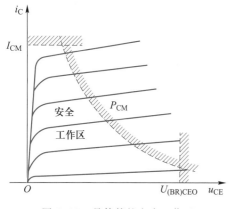

图 5-22　晶体管的安全工作区

P_{CM} 与管芯的材料、大小、散热条件及环境温度等因素有关。一个管子的 P_{CM} 如已确定，则由 $P_{CM} = I_C \cdot U_{CE}$ 可知，P_{CM} 在输出特性上为一条 I_C 与 U_{CE} 乘积为定值 P_{CM} 的双曲线，称为 P_{CM} 功耗线，如图 5-22 所示。

（3）击穿电压

$U_{(BR)CBO}$ 指发射极开路时，集电极-基极间的反向击穿电压。

$U_{(BR)CEO}$ 指基极开路时，集电极-发射极间的反向击穿电压。$U_{(BR)CEO} < U_{(BR)CBO}$。

$U_{(BR)EBO}$ 指集电极开路时，发射极-基极间的反向击穿电压。普通晶体管该电压值比较小，只有几伏。

5.4   半导体器件的检测

5.4.1   半导体二极管极性与好坏的判别

1. 普通二极管

根据二极管正向导通时导通电阻小，反向截止电阻大的特点，将万用表拨到电阻挡（一般用 $R \times 100$ 挡或 $R \times 1$ k 挡，不要用 $R \times 1$ 挡或 $R \times 10$ k 挡，因为 $R \times 1$ 挡的电流太大，容易烧毁管子，而 $R \times 10$ k 挡的电压太高，可能击穿管子），用万用表的表笔分别接二极管的两个电极，测出一个阻值，然后将两表笔对换，再测出一个阻值，则阻值小的那一次黑表笔所接一端为二极管的正极，另一端为负极。若两次测得电阻值都很小，则说明管子内部短路，若两次测得电阻值都很大，则说明管子内部断路。

2. 普通发光二极管

普通发光二极管工作在正偏状态。检测发光二极管,一般用万用表的 $R×10$ k 挡,方法和普通二极管一样,一般正向电阻 15 kΩ 左右,反向电阻为无穷大。

3. 红外线发光二极管

红外线发光二极管工作在正偏状态。用万用表的 $R×1$ k 挡检测,若正向阻值在30 kΩ左右,反向为无穷大,则表明正常,否则说明红外线发光二极管性能变差或损坏。

4. 光电二极管

光电二极管的检测方法和普通二极管一样,通常正向电阻为几千欧,反向电阻为无穷大,否则说明光电二极管质量变差或损坏。当受到光线照射时,反向电阻显著变化,正向电阻不变。

5.4.2 半导体晶体管极性与好坏的判别

1. 半导体晶体管极性的判别

(1) 基极与管型判别

测试时,假设某一管脚为基极,将万用电表的电阻挡拨到 $R×100$ 挡或 $R×1$ k 挡位。用黑表笔接触晶体管的某一管脚,用红表笔分别接触另外两管脚,若测得的阻值相差很大,则原先假设的基极可能不是基极,需另外假设。若两次测得的阻值都很大,则该极可能是基极,此时再将两表笔对换继续测试,若对换表笔后测得的阻值都较小,则说明该极是基极,且此晶体管为 PNP 型。同理,黑表笔接假设的基极,红表笔分别接触另外两管脚时,若测得的阻值都很小,则该晶体管为 NPN 型。

(2) 集电极与发射极的判别

① PNP 型管:基极与红表笔之间用手捏,阻值小的一次红表笔对应的是 PNP 型管的集电极,黑表笔对应的是发射极。

② NPN 型管:基极与黑表笔之间用手捏,阻值小的一次黑表笔对应的是 NPN 型管的集电极,红表笔对应的是发射极。

(3) 判断硅管与锗管

用 $R×1$ k 挡,测发射结(e–b)和集电结(c–b)的正向电阻,硅管大约为 3 ~ 10 kΩ,锗管大约为 500 ~ 1 000 Ω;两结的反向电阻,硅管一般大于 500 kΩ,锗管在 100 kΩ左右。

2. 半导体晶体管好坏的判别

(1) 检查晶体管的两个 PN 结

以 PNP 型管为例来说明,一只 PNP 型晶体管的结构相当于两只二极管,负极靠负极接在一起。首先用万用表 $R×100$ 挡或 $R×1$ k 挡测一下 e 与 b 之间和 e 与 c 之间的正反向电阻。当红表笔接 b 时,用黑表笔分别接 e 和 c,应出现两次阻值小的情况。然后把接 b 的红表笔换成黑表笔,再用红表笔分别接 e 和 c,将出现两次阻值大的情况。被测晶体管符合上述情况,说明这只晶体管是好的。

（2）检查晶体管的穿透电流

通常把测晶体管 c、e 之间的反向电阻称测穿透电流。用万用表红表笔接 PNP 型晶体管的集电极,黑表笔接发射极,看表的指示数值,这个阻值一般应大于几千欧,阻值越大越好,阻值越小说明这只晶体管的稳定性越差。

5.5 实训

5.5.1 常用电子仪器的使用

1. 实训目的

（1）学习电子电路实训中常用的电子仪器——示波器、函数信号发生器、直流稳压电源、交流毫伏表、频率计等的主要技术指标、性能及正确使用方法。

（2）初步掌握用双踪示波器观察正弦信号波形和读取波形参数的方法。

2. 实训原理

在模拟电子电路实训中,经常使用的电子仪器有示波器、函数信号发生器、直流稳压电源、交流毫伏表及频率计等。它们和万用表一起,可以完成对模拟电子电路的静态和动态工作情况的测试。

实训中要对各种电子仪器进行综合使用,可按照信号流向,以连线简捷、调节顺手、观察与读数方便等原则进行合理布局,各仪器与被测实训装置之间的布局与连接如图 5-23 所示。接线时应注意,为防止外界干扰,各仪器的公共接地端应连接在一起,称共地。信号源和交流毫伏表的引线通常用屏蔽线或专用电缆线,示波器接线用专用电缆线,直流电源的接线用普通导线。

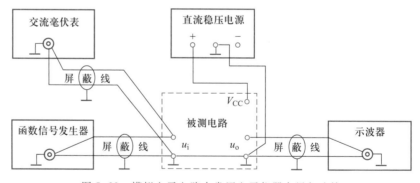

图 5-23 模拟电子电路中常用电子仪器布局与连接

（1）示波器

示波器是一种用途很广的电子测量仪器,它既能直接显示电信号的波形,又能对电信号进行各种参数的测量。现着重指出下列几点:

① 寻找扫描光迹。将示波器 Y 轴显示方式置“Y_1”或“Y_2”,输入耦合方式置“GND”,开机预热后,若在显示屏上不出现光点和扫描基线,可按下列操作去找到扫描线:适当调节亮度旋钮;触发方式开关置“自动”;适当调节垂直（↑↓）、水平（⇆）“位移”旋钮,使扫描光迹位于屏幕中央。（若示波器设有“寻迹”按键,可按下“寻迹”按

键,判断光迹偏移基线的方向。)

② 双踪示波器一般有五种显示方式,即"Y_1""Y_2""Y_1+Y_2"三种单踪显示方式和"交替""断续"两种双踪显示方式。"交替"显示一般适宜于输入信号频率较高时使用,"断续"显示一般适宜于输入信号频率较低时使用。

③ 为了显示稳定的被测信号波形,"触发源选择"开关一般选为"内"触发,使扫描触发信号取自示波器内部的 Y 通道。

④ 触发方式开关通常先置于"自动",调出波形后,若被显示的波形不稳定,可置触发方式开关于"常态",通过调节"触发电平"旋钮找到合适的触发电压,使被测试的波形稳定地显示在示波器屏幕上。

有时,由于选择了较慢的扫描速率,显示屏上将会出现闪烁的光迹,但被测信号的波形不在 X 轴方向左右移动,这样的现象仍属于稳定显示。

⑤ 适当调节"扫描速率"开关及"Y 轴灵敏度"开关,使屏幕上显示 1~2 个周期的被测信号波形。在测量幅值时,应注意将"Y 轴灵敏度微调"旋钮置于"校准"位置,即顺时针旋到底,且听到关的声音。在测量周期时,应注意将"X 轴扫速微调"旋钮置于"校准"位置,即顺时针旋到底,且听到关的声音。还要注意"扩展"旋钮的位置。

根据被测波形在屏幕坐标刻度上垂直方向所占的格数(div 或 cm)与"Y 轴灵敏度"开关指示值(V/div)的乘积,即可算得信号幅值的实测值。

根据被测信号波形一个周期在屏幕坐标刻度水平方向所占的格数(div 或 cm)与"扫速"开关指示值(t/div)的乘积,即可算得信号频率的实测值。

(2) 函数信号发生器

函数信号发生器按需要输出正弦波、方波、三角波三种信号波形,输出电压最大可达 20 V_{P-P}。通过输出衰减开关和输出幅度调节旋钮,可使输出电压在毫伏级到伏级范围内连续调节。函数信号发生器的输出信号频率可以通过频率分挡开关进行调节。

作为信号源,函数信号发生器的输出端不允许短路。

(3) 交流毫伏表

交流毫伏表只能在其工作频率范围之内,用来测量正弦交流电压的有效值。为了防止过载而损坏,测量前一般先把量程开关置于量程较大位置上,然后在测量中逐挡减小量程。

3. 实训设备与器件

① 函数信号发生器。

② 双踪示波器。

③ 交流毫伏表。

4. 实训内容

(1) 用机内校正信号对示波器进行自检

① 扫描基线调节。

将示波器的显示方式开关置于"单踪"显示(Y_1 或 Y_2),输入耦合方式开关置于"GND",触发方式开关置于"自动"。开启电源开关后,调节"辉度""聚焦""辅助聚焦"等旋钮,使荧光屏上显示一条细而且亮度适中的扫描基线。然后调节"X 轴位移"($\rightleftarrows$)和"Y 轴位移"($\uparrow\downarrow$)旋钮,使扫描线位于屏幕中央,并且能上下左右移动自如。

② 测试"校正信号"波形的幅度、频率。

将示波器的"校正信号"通过专用电缆线引入选定的 Y 通道(Y_1 或 Y_2),将 Y 轴输入耦合方式开关置于"AC"或"DC",触发源选择开关置于"内",内触发源选择开关置于"Y_1"或"Y_2"。调节 X 轴"扫描速率"开关(t/div)和 Y 轴"输入灵敏度"开关(V/div),使示波器显示屏上显示出一个或数个周期稳定的方波波形。

a. 校准"校正信号"幅度。将"Y 轴灵敏度微调"旋钮置于"校准"位置,"Y 轴灵敏度"开关置于适当位置,读取校正信号幅度,记入表 5–1。

表 5–1   结果(1)

物理量	标准值	实测值
幅度 $U_{\mathrm{P-P}}/\mathrm{V}$		
频率 f/kHz		
上升沿时间/μs		
下降沿时间/μs		

注:不同型号示波器的标准值有所不同,请按所使用示波器将标准值填入表格中。

b. 校准"校正信号"频率。将"扫速微调"旋钮置于"校准"位置,"扫速"开关置于适当位置,读取校正信号周期,记入表 5–1。

c. 测量"校正信号"的上升时间和下降时间。调节"Y 轴灵敏度"开关及微调旋钮,并移动波形,使方波波形在垂直方向上正好占据在中心轴上,且上、下对称,便于阅读。通过扫速开关逐级提高扫描速度,使波形在 X 轴方向扩展(必要时可以利用"扫速扩展"开关将波形再扩展 10 倍),并同时调节触发电平旋钮,从显示屏上清楚地读出上升时间和下降时间,记入表 5–1。

(2)用示波器和交流毫伏表测量信号参数

调节函数信号发生器有关旋钮,使其输出频率分别为 100 Hz、1 kHz、10 kHz、100 kHz,有效值均为 1 V(交流毫伏表测量值)的正弦波信号。

改变示波器"扫速"开关及"Y 轴灵敏度"开关等位置,测量信号源输出电压频率及峰–峰值,记入表 5–2。

表 5–2   结果(2)

信号电压频率	示波器测量值		信号电压毫伏表读数/V	示波器测量值	
	周期/ms	频率/Hz		峰峰值/V	有效值/V
100 Hz					
1 kHz					
10 kHz					
100 kHz					

(3)测量两波形间相位差

① 观察双踪显示波形"交替"与"断续"两种显示方式的特点。

Y_1、Y_2 均不加输入信号,输入耦合方式置于"GND",扫速开关置于扫速较低挡位(如 0.5 s/div 挡)和扫速较高挡位(如 5 μs/div 挡),把显示方式开关分别置于"交替"

和"断续"位置,观察两条扫描基线的显示特点,记录之。

② 用双踪显示测量两波形间相位差。

按图 5-24 所示连接实训电路,将函数信号发生器的输出电压调至频率为 1 kHz、幅值为 2 V 的正弦波,经 RC 移相网络获得频率相同但相位不同的两路信号 u_i 和 u_R,分别加到双踪示波器的 Y_1 和 Y_2 输入端。

为便于稳定波形,比较两波形相位差,应使内触发信号取自被设定作为测量基准的一路信号。

把显示方式开关置于"交替"挡位,将 Y_1 和 Y_2 输入耦合方式开关置于"⊥"挡位,调节 Y_1、Y_2 的"Y 轴位移"(↑↓)移位旋钮,使两条扫描基线重合。

将 Y_1、Y_2 输入耦合方式开关置于"AC"挡位,调节触发电平、扫速开关及 Y_1、Y_2 灵敏度开关位置,使在荧屏上显示出易于观察的两个相位不同的正弦波形 u_i 及 u_R,如图 5-25 所示。根据两波形在水平方向的差距 X 及信号周期 X_T,则可求得两波形相位差,有

$$\theta = \frac{X(\mathrm{div})}{X_T(\mathrm{div})} \times 360°$$

式中:X_T 为一周期所占格数;X 为两波形在 X 轴方向的差距格数。

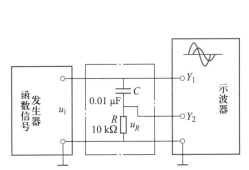

图 5-24　两波形间相位差测量电路

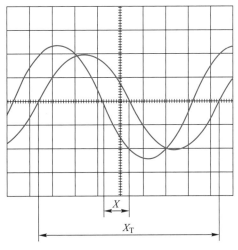

图 5-25　双踪示波器显示两相位不同的正弦波

记录两波形相位差于表 5-3。

表 5-3　结果(3)

一周期格数	两波形 X 轴差距格数	相位差	
		实测值	计算值
$X_T =$	$X =$	$\theta =$	$\theta =$

为读数和计算方便,可适当调节扫速开关及微调旋钮,使波形一周期占整数格。

5. 实训总结

(1)整理实训数据并进行分析。

(2)问题讨论。

① 如何操纵示波器有关旋钮，以便从示波器显示屏上观察到稳定、清晰的波形？

② 用双踪显示波形，并要求比较相位时，为在显示屏上得到稳定波形，应怎样选择下列开关的位置？

　　a. 显示方式选择（Y_1、Y_2、Y_1+Y_2、交替、断续）。

　　b. 触发方式（常态、自动）。

　　c. 触发源选择（内、外）。

　　d. 内触发源选择（Y_1、Y_2、交替）。

（3）函数信号发生器有哪几种输出波形？它的输出端能否短接？如用屏蔽线作为输出引线，则屏蔽层一端应该接在哪个接线柱上？

（4）交流毫伏表是用来测量正弦波电压还是非正弦波电压？它的表头指示值是被测信号的什么数值？它是否可以用来测量直流电压的大小？

习　题

一、填空题

1. 晶体管的输出特性有三个区域：_____、_____和_____。晶体管工作在_____时，相当于闭合的开关；工作在_____时，相当于断开的开关。

2. 已知一放大电路中某晶体管的三个管脚电位分别为① 3.5 V、② 2.8 V、③ 5 V，试判断：

　　a. ①脚是_____，②脚是_____，③脚是_____（e，b，c）；

　　b. 管型是_____（NPN 型，PNP 型）；

　　c. 材料是_____（硅，锗）。

3. 将一块本征半导体置于一定的环境温度和光线中，当环境温度逐渐变低时，电阻率变_____；当环境中光线强度逐渐变强时，电阻率变_____；当在这块半导体中掺入少量五价 P（磷）原子时，电阻率变_____；此时这块半导体已经由原来的本征半导体变为_____型半导体了。

4. 锗二极管的正向电压降为_____V；硅二极管的正向电压降为_____V；硅二极管的反向漏电流比锗二极管的反向漏电流_____。

5. 除了用于作普通整流的二极管以外，请再列举出三种用于其他功能的二极管：_____、_____、_____。

6. 要想让晶体管工作在放大状态，在制造时就必须保证发射区的载流子浓度要尽量_____，基区的宽度要尽量_____，集电区的面积要尽量_____。在具体使用时，还要保证集电结_____，发射结_____。晶体管的输出特性曲线大约可分为三个区域，在_____区工作的管子其 c、e 间的电压很小，就像开关的两个触点接通一样；在_____区工作的管子其 c、e 端不导通，就像开关的两个触点断开一样；只有在放大区，管子才具有放大作用。

7. PN 结形成后，若无外加电压，通过 PN 结的少数载流子的_____电流始终等于多数载流子的_____电流，而且方向_____，因此，流过 PN 结的总电流为_____。

8.稳压管是一种特殊的二极管，它工作在_____状态（A.正向导通；B.反向击穿）。

二、分析题

1.如题图5-1所示的两个晶体管都处于放大状态，请判定其是 NPN 型还是 PNP 型，标注三个电极名称（e、b、c），说明是锗管还是硅管。

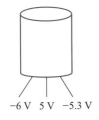
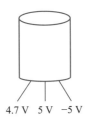

-6 V　5 V　-5.3 V　　　　　4.7 V　5 V　-5 V

题图 5-1

2.如题图5-2所示电路中 D$_1$、D$_2$ 为理想元件，已知 $u_i = 5\sin\omega t$ V，试对应 u_i 画出 u_o 的波形图。

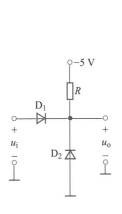
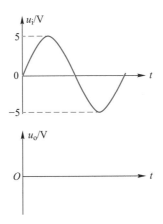

题图 5-2

3.测得电路中 NPN 型硅管的各级电位如题图5-3所示。试分析管子的工作状态（截止、饱和、放大）。

4.已知 BJT 管子两个电极的电流如题图5-4所示，求另一电极的电流，说明管子的类型（NPN 型或 PNP 型）并在圆圈中画出管子。

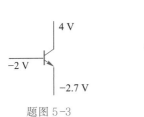
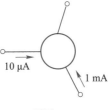

题图 5-3　　　　　　题图 5-4

第6章

晶体管放大电路分析

晶体管放大电路是放大电路中最基本的结构，是构成复杂放大电路的基本单元。 所谓放大电路，就是把微弱的电信号（电压或电流）不失真地放大到所需要的数值。 晶体管放大电路广泛地应用在通信、工业自动控制、测量等领域。

不同的负载对放大器的要求不同，有的要求放大电压，有的要求放大电流，有的则要求放大功率。 本章主要介绍交流电压放大电路的组成、工作原理及其分析方法。

教学目标

能力目标
- 能分析晶体管放大电路的静态工作点
- 能分析晶体管放大电路的动态电路

知识目标
- 理解晶体管放大电路的概念
- 掌握晶体管放大电路的静态分析方法
- 掌握晶体管放大电路的动态分析方法

6.1   共射基本放大电路

6.1.1   共射基本放大电路的组成

共射基本放大电路如图 6-1 所示。在该电路中,输入信号加在基极和发射极之间,耦合电容器 C_1 视为对交流信号短路。输出信号从集电极对地取出,经耦合电容器 C_2 隔除直流量,仅将交流信号加到负载电阻 R_L 之上。

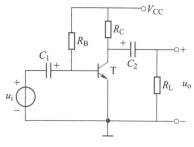

图 6-1   共射基本放大电路

共射基本放大电路中各元件的作用:

(1)晶体管 T:晶体管具有电流放大作用,它的基极输入小电流 i_b,在集电极可获得较大的电流 i_C。

(2)集电极电源 V_{CC}:V_{CC} 为放大电路提供工作电源,给晶体管放大信号提供能源,一般为几伏到几十伏;同时它又保证集电结为反向偏置,使晶体管处于放大状态。

(3)集电极负载电阻 R_C:R_C 将集电极电流变化转换为集电极电压的变化,以获得输出电压。R_C 的阻值一般为千欧姆到几十千欧姆。

(4)基极电源 u_i:u_i 保证晶体管发射结处于正向偏置,这是 u_i 通过偏流电阻 R_B 来实现的。

(5)基极偏流电阻 R_B:在 u_i 的大小确定后,调节 R_B 可使晶体管基极获得合适的直流偏置电流(简称偏流)I_B,同时使晶体管有合适的静态工作点。

(6)耦合电容 C_1 和 C_2:C_1 和 C_2 分别接在放大电路的输入和输出端,利用电容器对交、直流信号具有不同阻抗的特性,一方面隔断信号源与放大电路、放大电路与负载之间的直流通路,另一方面起到交流耦合作用,使输入输出交流信号畅通地传输。在低频放大电路中常采用电解电容,使用时应注意其极性。

6.1.2   共射基本放大电路的放大原理

教学课件
共射放大电路工作
原理

微课
共射放大电路工作
原理

在输入信号为零时,直流电源通过电阻为晶体管提供直流的基极电流和集电极电流,并在晶体管的三个极间形成一定的直流电压。由于耦合电容的隔直流作用,直流电压无法到达放大电路的输入端和输出端。

当输入交流信号通过耦合电容 C_1 和 C_2 加在晶体管的发射结上时,发射结上的电压变成交、直流的叠加。由于晶体管的电流放大作用,i_c 要比 i_b 大几十倍,一般来说,只要电路参数设置合适,输出电压可以比输入电压高许多倍。U_{CE} 中的交流量 u_{ce} 有一部分经过耦合电容到达负载电阻,形成输出电压,完成电路的放大作用。由此可见,放大电路中晶体管集电极的直流信号不随输入信号而改变,而交流信号随输入信号发生变化。在放大过程中,集电极交流信号是叠加在直流信号上的,经过耦合电容,从输出端提取的只是交流信号。

6.2   放大电路的分析方法

放大电路的工作状态分为交流和直流状态,分别称为"动态"和"静态"。分析放大电路的步骤是先静态、后动态。常用的分析方法有计算法、图解法及微变等效法等。本书重点通过计算法分析放大电路。

6.2.1　放大电路的工作状态

1. 静态和动态

要保证放大电路正常工作,在未加交流信号输入($u_i = 0$)时,必须使晶体管发射结处于正偏,集电结处于反偏,这种工作状态称为静态,也称直流工作状态。放大电路输入信号不等于 0 时的工作状态,则称为动态,也称交流工作状态。

分析放大电路必须要正确地区分静态和动态,放大电路建立正确的静态,是保证动态工作的前提,没有正确的静态就不可能有正确的动态。在进行放大电路动态分析之前,必须先进行静态分析,静止工作状态正确了,动态的分析才有意义。

2. 直流通路和交流通路

(1) 直流通路

当输入的交流信号为零,只在直流电源作用下,电流的流通路径称为直流通路,如图 6-2(b)所示。求一个电路的直流通路,要注意以下三点:

① 电容视为开路。

② 电感视为短路。

③ 信号源视为短路。

(2) 交流通路

只在交流信号作用下,电流的流通路径称为交流通路,如图 6-2(c)所示。求一个电路的交流通路,要注意以下三点:

① 容量大的电容(耦合电容)视为短路。

② 电感视为开路。

③ 无内阻的直流电源视为短路。

教学课件
直流通路的画法

微课
直流通路的画法

教学课件
交流通路的画法

微课
交流通路的画法

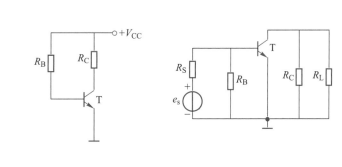

(a) 电路图　　　　　(b) 直流通路　　　　　(c) 交流通路

图 6-2　基本放大电路的直流通路和交流通路

6.2.2　放大电路的静态分析

1. 静态工作点的计算分析法

静态分析主要是指电路静态工作点的分析。所谓静态工作点,是指当放大电路处于静态时,电路所处的工作状态,此时,晶体管放大电路中电流、电压的数值可用晶体管特性曲线上一个确定的点表示,该点习惯上称为静态工作点 Q,如图 6-3 所示。若静态工作点设置的不合适,在对交流信号放大时就可能会出现饱和失真(静态工作点偏高)或截止失真(静态工作点偏低)。

教学课件
静态工作点图解分析

微课
静态工作点图解分析

视频
测试静态工作点

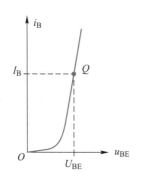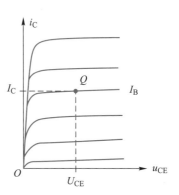

图 6-3   静态工作点

根据图 6-4,估算静态工作点 $Q(I_B、I_C、U_{CE})$ 的步骤如下:

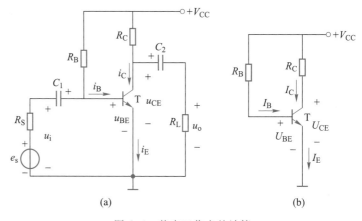

(a)   (b)

图 6-4   静态工作点的计算

(1)由直流通路估算 I_B

由图 6-4(b)可得:$V_{CC} = I_B R_B + U_{BE}$

所以

$$I_B = \frac{V_{CC} - U_{BE}}{R_B}$$

当 $U_{BE} \ll V_{CC}$ 时,有 $I_B \approx \dfrac{V_{CC}}{R_B}$ (6-1)

(2)由直流通路估算 $U_{CE}、I_C$

由图 6-4(b),根据电流放大作用可得

$$I_C \approx \bar{\beta} I_B \qquad (6-2)$$

由 KVL 可得 $V_{CC} = I_C R_C + U_{CE}$

所以
$$U_{CE} = V_{CC} - I_C R_C \qquad (6-3)$$

【例 6-1】 如图 6-4(b)所示,已知:$V_{CC} = 12$ V,$R_C = 4$ kΩ,$R_B = 300$ kΩ,$\beta = 37.5$。用估算法确定静态工作点。

解:$I_B \approx \dfrac{V_{CC}}{R_B} = \dfrac{12}{300}$ mA $= 0.04$ mA

$\quad I_C \approx \overline{\beta} I_B = 37.5 \times 0.04$ mA $= 1.5$ mA

$\quad U_{CE} = V_{CC} - I_C R_C$

$\qquad = (12 - 1.5 \times 4)$ V $= 6$ V

2. 静态工作点对波形失真的影响

若静态工作点设置合适,当输入正弦波信号幅值较小时,则电路中各动态电压和动态电流也为正弦波,且输出电压信号与输入信号电压相位相反。

（1）截止失真

当静态工作点较低时,在输入信号负半周靠近峰值的区域,晶体管发射结电压 U_{BE} 有可能小于开启电压 U_{on},晶体管截止,基极电流 i_B 将产生底部失真,集电极电流 i_C 随之产生失真,输出电压失真(顶部)。这种因静态工作点 Q 偏低而产生的失真称为截止失真。

消除方法:① 增大基极直流电源 V_{BB};② 减小基极偏置电阻 R_B。

（2）饱和失真

当静态工作点较高时,在输入信号正半周靠近峰值的区域,晶体管进入饱和区,导致集电极电流 i_C 产生失真,输出电压失真(底部),因 Q 点偏高而产生的失真称为饱和失真。

消除方法:增大 R_B,减小 R_C,减小 β,增大 V_{CC}。

3. 分压式偏置电路

因为晶体管是一种对温度非常敏感的半导体器件,温度变化将导致集电极电流的明显改变。温度升高,集电极电流增大;温度降低,集电极电流减小。这将造成静态工作点的移动,有可能使输出信号产生失真。在实际电路中,要求流过 R_{B1} 和 R_{B2} 串联支路的电流远大于基极电流 I_B。这样,由温度变化引起的 I_B 的变化,对基极电位就没有多大的影响了,就可以用 R_{B1} 和 R_{B2} 的分压来确定基极电位。因此,在实际电路中,常采用如图 6-5 所示的分压式偏置放大电路。

采用分压式偏置电路以后,基极电位提高,为了保证发射结压降正常,就要串入发射极电阻 R_E。R_E 的串入有稳定工作点的作用。如果集电极电流随温度升高而增大,则发射极对地电位升高,因基极电位基本不变,故 U_{BE} 减小。从输入特性曲线可知,U_{BE} 的减小基极电流将随之下降,根据晶体管的电流控制原理,集电极电流将下降,反之亦然。这就在一定程度上稳定了工作点。

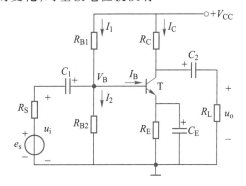

图 6-5　分压式偏置放大电路

6.2.3　放大电路的动态分析

放大电路加入输入信号的工作状态称为动态。动态时,电路中的电流和电压将在静态直流量的基础上叠加交流量。可以采用交、直流分开的分析方法,即人为地把直流和交流分量分开后单独分析,然后再把它们叠加起来。

1. 晶体管微变等效电路模型

教学课件
微变等效电路的画法

微课
微变等效电路的画法

常用放大电路的动态分析方法有图解法和微变等效电路法。由于图解法分析比较烦琐,在此仅介绍微变等效电路法。微变等效电路法的核心是在小信号条件下,可以认为晶体管是工作在线性区,于是可以把非线性的晶体管用一个线性等效电路来代替,使放大电路变成一个线性电路。这样,就可以利用线性电路的各种分析方法来解决放大电路的计算问题。因为在小信号的条件下,容易保证动态范围处于晶体管的线性区;即便达到非线性区,只要信号足够小,也可以认为是线性的,这就是"微变"的含义。

晶体管微变等效电路模型如图6-6所示。

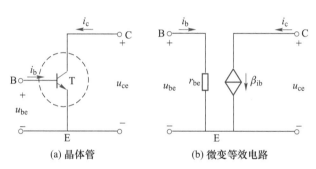

(a) 晶体管   (b) 微变等效电路

图6-6　晶体管微变等效电路模型

电阻r_{be}的数值估算公式为

$$r_{be} \approx 200 + (1+\beta)\frac{26}{I_E} \tag{6-4}$$

2. 放大电路的性能指标

放大电路动态分析的目的就是要通过分析计算求出放大电路的性能指标,即电压放大倍数A_u、输入电阻R_i、输出电阻R_o等。

（1）电压放大倍数

电压放大倍数是衡量放大电路的电压放大能力的指标。它定义为输出电压与输入电压之比,即

$$A_u = \frac{\dot{U}_o}{\dot{U}_i} \tag{6-5}$$

（2）输入电阻

放大电路对信号源(或对前级放大电路)来说,是一个负载,可用一个电阻来等效代替,如图6-7所示。这个电阻是信号源的负载电阻,也就是放大电路的输入电阻。输入电阻定义为

$$R_{\mathrm{i}} = \frac{\dot{U}_{\mathrm{i}}}{\dot{I}_{\mathrm{i}}} \tag{6-6}$$

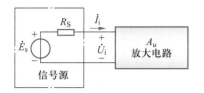 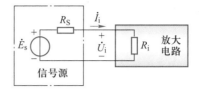

图 6-7   放大电路的输入电阻等效

  输入电阻是表明放大电路从信号源吸取电流大小的参数。电路的输入电阻越大，从信号源取得的电流越小，因此一般总是希望得到较大的输入电阻。

（3）输出电阻

  放大电路对负载（或对后级放大电路）来说，是一个信号源，可以将它进行戴维南等效，等效电源的内阻即为放大电路的输出电阻，如图 6-8 所示。它的定义为

$$R_{\mathrm{o}} = \frac{\dot{U}_{\mathrm{o}}}{\dot{I}_{\mathrm{o}}} \tag{6-7}$$

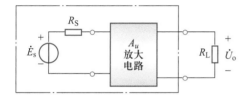 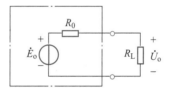

图 6-8   放大电路的输出电阻等效

  输出电阻是表明放大电路带负载能力的参数。电路的输出电阻越小，负载变化时输出电压的变化越小，因此一般总是希望得到较小的输出电阻。

3. 放大电路的性能分析

  由图 6-6 所示晶体管的微变等效模型及图 6-2（c）所示放大电路的交流通路，可得出如图 6-9 所示的放大电路的微变等效电路。

（1）电压放大倍数的计算 $u_{\mathrm{i}} = i_{\mathrm{b}} r_{\mathrm{be}}$

$$u_{\mathrm{o}} = -i_{\mathrm{c}} R_{\mathrm{L}}' = -\beta i_{\mathrm{b}} R_{\mathrm{L}}' \, (R_{\mathrm{L}}' = R_{\mathrm{C}} /\!/ R_{\mathrm{L}})$$

$$A_{u} = \frac{u_{\mathrm{o}}}{u_{\mathrm{i}}} = -\beta \frac{R_{\mathrm{L}}'}{r_{\mathrm{be}}} \tag{6-8}$$

  注：式（6-8）中的负号表示输出电压与输入电压的相位相反。当放大电路的输出端开路（即未接 R_{L} 时）

$$A_{u} = \frac{u_{\mathrm{o}}}{u_{\mathrm{i}}} = -\beta \frac{R_{\mathrm{C}}}{r_{\mathrm{be}}} \tag{6-9}$$

（2）输入电阻的计算

$$R_{\mathrm{i}} = \frac{u_{\mathrm{i}}}{i_{\mathrm{i}}} = R_{\mathrm{B}} /\!/ r_{\mathrm{be}} \tag{6-10}$$

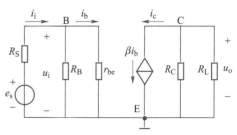

图 6-9   放大电路的微变等效电路

当 R_B 比 r_{be} 大很多时，$R_i \approx r_{be}$。它是对交流信号而言的一个动态电阻。

（3）输出电阻的计算

通常计算输出电阻时，可将信号源短路，在输出端加一交流电压 u_o，以产生一个电流 i_o，则放大电路的输出电阻为

$$R_o = \frac{u_o}{i_o} \tag{6-11}$$

【例 6-2】　在图 6-10（a）所示放大电路中，已知 $V_{CC} = 12$ V，$R_C = 6$ kΩ，$R_{E1} = 300$ Ω，$R_{E2} = 2.7$ kΩ，$R_{B1} = 60$ kΩ，$R_{B2} = 20$ kΩ，$R_L = 6$ kΩ，晶体管 $\beta = 50$，$U_{BE} = 0.6$V，试求：

（1）静态工作点 I_B、I_C 及 U_{CE}；

（2）画出微变等效电路；

（3）输入电阻 R_i、R_o 及 A_u。

解：（1）由直流通路求静态工作点，直流通路见图 6-10（b）。

$$V_B \approx \frac{R_{B2}}{R_{B1} + R_{B2}} V_{CC} = \frac{20}{60+20} \times 12 \text{ V} = 3 \text{ V}$$

$$I_C \approx I_E = \frac{V_B - U_{BE}}{R_E} = \frac{3-0.6}{3} \text{ mA} = 0.8 \text{ mA}$$

$$I_B \approx \frac{I_C}{\beta} = \frac{0.8}{50} \text{ mA} = 16 \text{ μA}$$

$$U_{CE} = V_{CC} - I_C R_C - I_E (R_{E1} + R_{E1})$$
$$= (12 - 0.8 \times 6 - 0.8 \times 3) \text{ V} = 4.8 \text{ V}$$

（2）画出微变等效电路如图 6-10（c）所示。

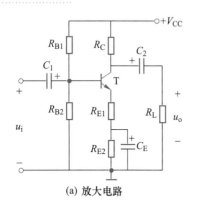

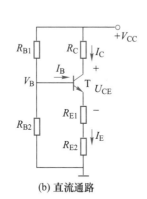

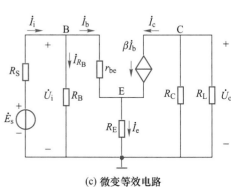

（a）放大电路　　　　　　（b）直流通路　　　　　　（c）微变等效电路

图 6-10　例 6-2 图

（3）由微变等效电路求 A_u、R_i、R_o。

其中　$R_B = R_{B1} /\!/ R_{B2} = 15$ kΩ

$$r_{be} = 200 + (1+\beta)\frac{26}{I_E} = \left(200 + 51 \times \frac{26}{0.8}\right) \text{ Ω} = 1.86 \text{ kΩ}$$

$$r_i = R_B /\!/ [r_{be} + (1+\beta) R_E] \approx 8.03 \text{ kΩ}$$

$$r_o = R_C \approx 6 \text{ kΩ}$$

$$A_u = -\frac{\beta R_L'}{r_{be} + (1+\beta) R_E} = -8.69$$

6.3　实训

6.3.1　晶体管共射极单管放大器

1. 实训目的

（1）学会放大器静态工作点的调试方法，分析静态工作点对放大器性能的影响。

（2）掌握放大器电压放大倍数、输入电阻、输出电阻及最大不失真输出电压的测试方法。

（3）熟悉常用电子仪器及模拟电路实训设备的使用。

2. 实训原理

图 6-11 所示为电阻分压式工作点稳定单管放大器实训电路图。它的偏置电路采用 R_{B1} 和 R_{B2} 组成的分压电路，并在发射极中接有电阻 R_E，以稳定放大器的静态工作点。当在放大器的输入端加入输入信号 u_i 后，在放大器的输出端便可得到一个与 u_i 相位相反，幅值被放大了的输出信号 u_o，从而实现了电压放大。

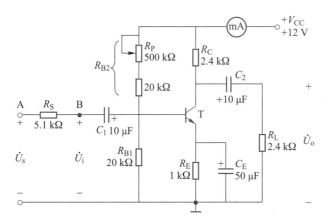

图 6-11　共射极单管放大器实训电路

3. 实训设备与器件

（1）+12 V 直流电源　　　（2）函数信号发生器

（3）双踪示波器　　　　　（4）交流毫伏表

（5）直流电压表　　　　　（6）直流毫安表

（7）晶体管 3DG6×1（$\beta = 50 \sim 100$）或 9011×1

（8）电阻器、电容器若干

4. 实训内容

实训电路如图 6-11 所示。为防止干扰，各仪器的公共端必须连在一起，同时信号源、交流毫伏表和示波器的引线应采用专用电缆线或屏蔽线，如使用屏蔽线，则屏蔽线的外包金属网应接在公共接地端上。

（1）调试静态工作点

接通直流电源前，先将 R_p 调至最大，函数信号发生器输出旋钮旋至零。接通 +12 V

电源、调节 R_P，使 $I_C = 2.0$ mA（即 $U_E = 2.0$ V），用直流电压表测量 U_B、U_E、U_C 及用万用表测量 R_{B2} 值。记入表 6-1。

表 6-1　测量与计算结果

测量值				计算值		
U_B/V	U_E/V	U_C/V	R_{B2}/kΩ	U_{BE}/V	U_{CE}/V	I_C/mA

（2）测量电压放大倍数

在放大器输入端加入频率为 1 kHz 的正弦信号 u_S，调节函数信号发生器的输出旋钮使放大器输入电压 $U_i \approx 10$ mV，同时用示波器观察放大器输出电压 u_o 波形，在波形不失真的条件下用交流毫伏表测量下述三种情况下的 U_o 值，并用双踪示波器观察 u_o 和 u_i 的相位关系，记入表 6-2。

$I_C = 2.0$ mA　　　　$U_i =$ 　　　mV

表 6-2　测 量 结 果

R_C/kΩ	R_L/kΩ	U_o/V	A_u	观察记录一组 u_o 和 u_i 波形
2.4	∞			
1.2	∞			
2.4	2.4			

（3）观察静态工作点对电压放大倍数的影响

置 $R_C = 2.4$ kΩ，$R_L = \infty$，U_i 适量，调节 R_P，用示波器监视输出电压波形，在 u_o 不失真的条件下，测量数组 I_C 和 U_o 值，记入表 6-3。

$R_C = 2.4$ kΩ　　　$R_L = \infty$　　　$U_i =$ 　　　mV

表 6-3　测 量 结 果

I_C/mA			2.0		
U_o/V					
A_u					

测量 I_C 时，要先将信号源输出旋钮旋至零（即使 $U_i = 0$）。

（4）观察静态工作点对输出波形失真的影响

置 $R_C = 2.4$ kΩ，$R_L = 2.4$ kΩ，$u_i = 0$，调节 R_P 使 $I_C = 2.0$ mA，测出 U_{CE} 值，再逐步加大输入信号，使输出电压 u_o 足够大但不失真。然后保持输入信号不变，分别增大和减小 R_P，使波形出现失真，绘出 u_o 的波形，并测出失真情况下的 I_C 和 U_{CE} 值，记入表 6-4中。每次测 I_C 和 U_{CE} 值时都要将信号源的输出旋钮旋至零。

$R_C = 2.4$ kΩ　　　$R_L = \infty$　　　$U_i =$ 　　　mV

表 6-4 测量结果

I_C/mA	U_{CE}/V	u_0 波形	失真情况	管子工作状态
2.0				

（5）测量最大不失真输出电压

置 $R_C = 2.4\ \text{k}\Omega$，$R_L = 2.4\ \text{k}\Omega$，按照实训原理中所述方法，同时调节输入信号的幅度和电位器 R_P，用示波器和交流毫伏表测量 U_{OPP} 及 U_o 值，记入表 6-5。

表 6-5 测量结果

I_C/mA	U_{im}/mV	U_{om}/V	U_{OPP}/V

5. 实训总结

（1）列表整理测量结果，并把实测的静态工作点、电压放大倍数、输入电阻、输出电阻之值与理论计算值进行比较（取一组数据进行比较），分析产生误差的原因。

（2）总结 R_C、R_L 及静态工作点对放大器电压放大倍数、输入电阻、输出电阻的影响。

（3）讨论静态工作点变化对放大器输出波形的影响。

（4）分析讨论在调试过程中出现的问题。

习　　题

1. 在题图 6-1 所示的电路中，$\beta = 30$，$r_{be} = 1\ \text{k}\Omega$，$R_B = 300\ \text{k}\Omega$，$R_C = R_L = 5\ \text{k}\Omega$，$R_E = 2\ \text{k}\Omega$，$U_{BE} = 0.7\ \text{V}$，$V_{CC} = 24\ \text{V}$。

（1）计算电路的静态工作点；

（2）画出该电路的微变等效电路；

（3）计算 A_u、R_i 和 R_o。

2. 在题图 6-2 所示的放大电路中，已知 $V_{CC} = 12\ \text{V}$，$R_E = 2\ \text{k}\Omega$，$R_B = 200\ \text{k}\Omega$，

$R_L = 2 \text{ k}\Omega$，晶体管 $\beta = 60$，$U_{BE} = 0.6 \text{ V}$，信号源内阻 $R_S = 100 \ \Omega$。 试求：

（1）静态工作点 I_B、I_E 及 U_{CE}；

（2）画出微变等效电路；

（3）计算 A_u、R_i 和 R_o。

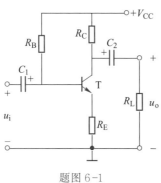

题图 6-1

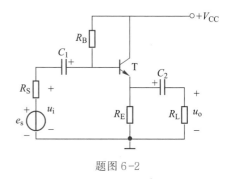

题图 6-2

第 **7** 章

集成运算放大器

　　模拟集成电路的品种很多，有集成运算放大器(简称运放)、集成功率放大器、模拟乘法器、集成稳压电源及其他通用的和专用的模拟集成电路等。 本章仅介绍集成运算放大器。

　　集成运算放大器实质上是高增益的直接耦合放大电路，它的应用十分广泛。 本章首先介绍模拟集成电路的基础——差分放大电路(也称差动放大器)，然后介绍集成运算放大器的组成、电路符号等，并重点介绍集成运算放大器的基本应用。

教学目标

能力目标
● 能分析集成运算放大器的基本应用电路
● 能根据需要选用合适的集成运算放大器

知识目标
● 理解集成运算放大器的组成
● 掌握集成运算放大器的特点
● 掌握集成运算放大器的基本应用电路的分析方法

7.1   基本差分放大电路

7.1.1   电路组成

图 7-1 所示为基本差分放大电路。它是由两个完全对称的共发射极放大电路组成的。输入信号 u_{i1} 和 u_{i2} 从两个晶体管的基极输入,称为双端输入。输出信号从两个集电极之间取出,称为双端输出。R_E 为差分放大电路的公共发射极电阻,用来决定晶体管的静态工作电流和抑制零点漂移。R_C 为集电极的负载电阻,电路采用 $+V_{CC}$ 和 $-V_{EE}$ 双电源供电。

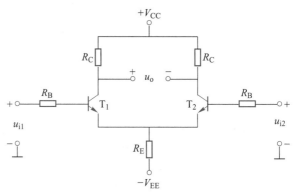

图 7-1   基本差分放大电路

7.1.2   输入信号分析

1. 差模信号输入

在放大器的两个输入端分别输入大小相等、相位相反的信号,即 $u_{i1} = -u_{i2}$ 时,这种输入方式称为差模输入方式,所输入的信号称为差模输入信号。差模输入信号用 u_{id} 来表示。图 7-2 所示的输入就是差模输入,信号加在两个晶体管的基极之间,由于电路对称,各晶体管基极对地之间的信号,就是大小相等、相位相反的信号。

由图 7-2 可知,$u_{i1} = -u_{i2} = \dfrac{1}{2} u_{id}$。由于两管的输入电压极性相反,因此流过两管的差模信号电流方向也是相反。若 T_1 管的电流增加,则 T_2 管的电流减小;T_1 管集电极的电位下降,T_2 管集电极的电位上升,$u_{od} \neq 0$。

2. 共模信号输入

在放大器的两输入端分别输入大小相等、极性相同的信号,即 $u_{i1} = u_{i2}$ 时,这种输入方式称为共模输入,所输入的信号称为共模输入信号。共模输入信号常用 u_{ic} 来表示。图 7-3 所示其输入就属于共模输入,因为两管基极连接在一起,两管基极对地的信号是完全相同的。

由图 7-3 可知,因为 $u_{i1} = u_{i2} = u_{ic}$,故两管的电流同时增加或减小;由于电路对称,两管集电极的电位同时降低或同时升高,降低量或升高量也相等,则 $u_{oc} = 0$。

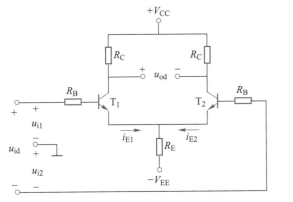

图 7-2 差模输入电路

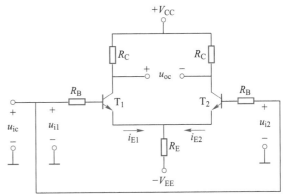

图 7-3 共模输入电路

3. 一般输入

对于图 7-1 所示电路,若两个输入的信号大小不等,则此时可认为差分放大电路既有差模信号输入,又有共模信号输入。

差模信号分量为两输入信号之差,用 u_{id} 表示,即

$$u_{id} = u_{i1} - u_{i2} \tag{7-1}$$

共模信号分量为两输入信号的算术平均值,用 u_{ic} 表示,即

$$u_{ic} = \frac{1}{2}(u_{i1} + u_{i2}) \tag{7-2}$$

于是,加在两输入端上的信号可分解为

$$u_{i1} = \frac{u_{id}}{2} + u_{ic} \tag{7-3}$$

$$u_{i2} = -\frac{u_{id}}{2} + u_{ic} \tag{7-4}$$

7.1.3 具有恒流源的差分放大电路

具有恒流源的差分放大电路如图 7-4(a)所示,T_3、R_1、R_2 及 R_3 组成恒流源,当 R_1、R_2 和 R_3 电阻选定后,I_{CQ3} 电流就是常数值,即具有恒流特性。由于 T_3 的 c 与 e 极间的动态电阻 r_{ce} 极大,T_3 对差分放大电路而言,可视为一个理想的恒流源 I,于是得到简化的电路如图 7-4(b)所示。

差分放大管的发射极接恒流源后,T_1 和 T_2 的静态电流为

$$I_{EQ1} = I_{EQ2} = \frac{1}{2}I \tag{7-5}$$

对于差模输入信号,两管电流一增一减,且增大量等于减小量,所以两管瞬时电流相加后仍等于恒流值 I。因此,恒流源对差模信号的放大不会产生负反馈。

对于共模输入信号,由于恒流源电流 I 恒定,所以两管电流同时增大或同时减小都是不可能的,故抑制共模信号输出十分理想。

7.1.4 共模抑制比

实际应用中,差分放大电路的两输入信号中既有有用的差模信号成分,又有无用

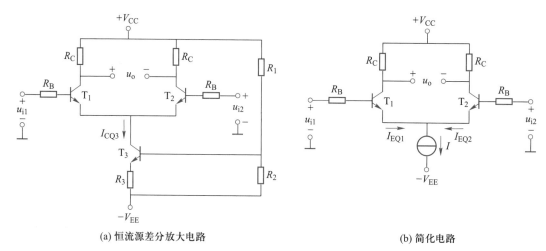

(a) 恒流源差分放大电路   (b) 简化电路

图 7-4   具有恒流源的差分放大电路

的共模信号成分,此时可利用叠加定理来求总的输出电压,即

$$u_o = A_{ud} \times u_{id} + A_{uc} \times u_{ic} \tag{7-6}$$

在差分放大电路的输出电压中,总希望差模输出电压越大越好,而共模输出电压越小越好。为了表明差分放大电路对差模信号的放大能力及对共模信号的抑制能力,常用共模抑制比 K_{CMR} 作为一项重要技术指标来衡量,其定义为放大电路对差模信号的电压放大倍数 A_{ud} 与对共模信号的电压放大倍数 A_{uc} 之比的绝对值,即

$$K_{CMR} = \left| \frac{A_{ud}}{A_{uc}} \right| \tag{7-7}$$

共模抑制比有时也用分贝(dB)来表示,即

$$K_{CMR} = 20 \lg \left| \frac{A_{ud}}{A_{uc}} \right| (\text{dB}) \tag{7-8}$$

显然,共模抑制比越大,差分放大电路分辨差模信号的能力就越强,受共模信号的影响就越小。对于双端输出的差分放大电路,若电路完全对称,则共模电压放大倍数 $A_{uc} = 0$, $K_{CMR} = \infty$。

7.2 集成运算放大器

7.2.1 集成运算放大器概述

利用常用的半导体晶体管硅平面制造工艺技术,把组成电路的电阻、二极管及晶体管等有源、无源器件及其内部连线同时制作在一块很小的硅基片上,便构成了具有特定功能的电子电路——集成电路。集成电路具有体积小、重量轻、耗电省及可靠性高等优点。

集成运算放大器实质上是高增益的直接耦合放大电路,它的应用十分广泛,且远远超出了运算的范围。常见的集成运算放大器的外形有圆形、扁平形、双列直插式等,有 8 引脚及 14 引脚等,如图 7-5 所示。

自 1964 年 FSC 公司研制出第一块集成运算放大器μA702 以来,发展飞速,目前已经历了四代产品。

第一代产品基本上沿用了分立元件放大电路的设计思想,构成以电流源为偏置电路的三级直接耦合放大电路,能满足一般应用的要求。其典型产品有μA709 和国产的 FC3、F003 及 5G23 等。

第二代产品以普遍采用有源负载为标志,简化了电路的设计,并使开环增益有了明显提高,各方面的性

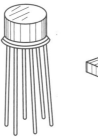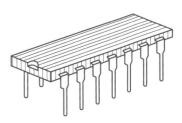

图 7-5   集成运算放大器外形

能指标比较均衡,属于通用型运算放大器。其典型产品有 μA741 和国产的 BG303、BG305、BG308、BG312、FC4、F007、F324 及 5G24 等。

第三代产品的输入级采用了超 β 管,β 值高达 1 000~5 000,而且版图设计上考虑了热效应的影响,从而减小了失调电压、失调电流及温度漂移,增大了共模抑制比和输入电阻。其典型产品有 AD508、MC1556 和国产的 F1556 及 F030 等。

第四代产品采用了斩波稳零的动态稳零技术,使各项性能指标和参数更加理想化,一般情况下不需调零就能正常工作,大大提高了精度。其典型产品有 HA2900、SN62088 和国产的 5G7650 等。

7.2.2 集成运算放大器内电路简介

1. 集成运算放大器内电路

集成运算放大器的内部实际上是一个高增益的直接耦合放大器,它一般由输入级、中间级、输出级和偏置电路四部分组成。现以图 7-6 所示的简单集成运算放大器内电路为例进行介绍。

（1）输入级

输入级由 T_1 和 T_2 组成,这是一个双端输入、单端输出的差分放大电路,T_7 是其发射极恒流源。输入级是提高运算放大器质量的关键部分,要求其输入电阻高。为了能减小零点漂移和抑制共模干扰信号,输入级都采用具有恒流源的差分放大电路,又称差动输入级。

（2）中间级

中间级由复合管 T_3 和 T_4 组成。中间级通常是共发射极放大电路,其主要作用是提供足够大的电压放大倍数,故又称电压放大级。为提高电压放大倍数,有时采用恒流源代替集电极负载电阻 R_3。

（3）输出级

输出级的主要作用是输出足够的电流以满足负载的需要,要求输出电阻小,带负载能力强。输出级由 T_5 和 T_6 组成,这是一个射极输出器,R_6 的作用是使直流电平平移,即通过 R_6 对直流的降压,以实现零输入时零输出。T_9 用做 T_5 发射极的恒流源负载。

（4）偏置电路

偏置电路的作用是为各级提供合适的工作电流,一般由各种恒流源电路组成。

T_7~T_9 组成恒流源形式的偏置电路。T_8 的基极与集电极相连,使 T_8 工作在临界

饱和状态,故仍有放大能力。由于 $T_7 \sim T_9$ 的基极电压及参数相同,因而 $T_7 \sim T_9$ 的电流相同。一般 $T_7 \sim T_9$ 的基极电流之和 $3I_B$ 可忽略不计,于是有 $I_{C7} = I_{C9} = I_{REF}$, $I_{REF} = (V_{CC} + V_{EE} - U_{BEQ})/R_3$,当 I_{REF} 确定后,I_{C7} 和 I_{C9} 就成为了恒流源。由于 I_{C7}、I_{C9} 与 I_{REF} 呈镜像关系,故称这种恒流源为镜像电流源。

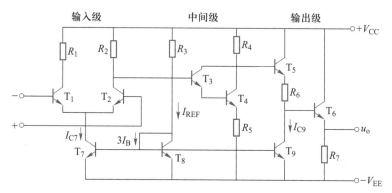

图 7-6　简单的集成运算放大器内电路

集成运算放大器采用正、负电源供电。其中,"+"为同相输入端,由此端输入信号,则输出信号与输入信号同相;"−"为反相输入端,由此端输入信号,则输出信号与输入信号反相。

2. 集成运算放大器的电路符号

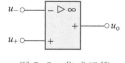

图 7-7　集成运算
放大器的符号

集成运算放大器的电路符号如图 7-7 所示,图中"▷"表示信号的传输方向,"∞"表示放大倍数为理想条件。两个输入端中,"−"号表示反相输入端,电压用"u_-"表示;符号"+"表示同相输入端,电压用"u_+"表示。输出端的"+"号表示输出电压为正极性,输出电压用"u_o"表示。

7.3　集成运算放大器的基本应用

集成运算放大器加上一定形式的外接电路可实现各种功能。例如,能对信号进行反相放大与同相放大,对信号进行加、减、微分和积分运算等。

7.3.1　理想运算放大器的特点

一般情况下,把在电路中的集成运算放大器看做理想集成运算放大器。

1. 理想运算放大器的主要性能指标

集成运算放大器的理想化性能指标包括:

① 开环电压放大倍数 $A_{ud} = \infty$。

② 输入电阻 $r_{id} = \infty$。

③ 输出电阻 $r_{od} = 0$。

④ 共模抑制比 $K_{CMR} = \infty$。

此外,没有失调,没有失调温度漂移等。尽管理想运算放大器并不存在,但由于集成运算放大器的技术指标都比较接近于理想值,在具体分析时将其理想化是允许的,这种分析所带来的误差一般比较小,可以忽略不计。

2. "虚短"和"虚断"概念

对于理想的集成运算放大器,由于其 $A_{ud} = \infty$,因而若两个输入端之间加无穷小电压,则输出电压将超出其线性范围。因此,只有引入负反馈,才能保证理想集成运算放大器工作在线性区。

理想集成运算放大器线性工作区的特点是存在着"虚短"和"虚断"两个概念。

(1) 虚短概念

当集成运算放大器工作在线性区时,输出电压在有限值之间变化,而集成运算放大器的 $A_{ud} \to \infty$,则 $u_{id} = u_{od}/A_{ud} \approx 0$。由 $u_{id} = u_{+} - u_{-} \approx 0$,得

$$u_{+} \approx u_{-} \tag{7-9}$$

即反相端与同相端的电压几乎相等,近似于短路又不是真正短路,我们将此称为虚短路,简称"虚短"。

另外,当同相端接地时,使 $u_{+} = 0$,则有 $u_{-} \approx 0$。这说明同相端接地时,反相端电位接近于地电位,所以反相端称为"虚地"。

(2) 虚断概念

由于集成运算放大器的输入电阻 $r_{id} \to \infty$,得两个输入端的电流 $i_{+} = i_{-} \approx 0$,这表明流入集成运算放大器同相端和反相端的电流几乎为零,所以称为虚断路,简称"虚断"。

7.3.2　反相放大与同相放大

1. 反相输入放大

图 7-8 所示为反相输入放大电路。输入信号 u_{i} 经过电阻 R_{1} 加到集成运算放大器的反相端,反馈电阻 R_{F} 接在输出端和反相输入端之间,集成运算放大器工作在线性区;同相端加平衡电阻 R_{2},主要是使同相端与反相端外接电阻相等,即 $R_{2} = R_{1} /\!/ R_{F}$,以保证运算放大器处于平衡对称的工作状态,从而消除输入偏置电流及其温度漂移的影响。

根据虚断的概念,$i_{+} = i_{-} \approx 0$,得 $u_{+} = 0$,$i_{i} = i_{f}$。又根据虚短的概念,$u_{-} \approx u_{+} = 0$,故称 A 点为虚地点。虚地是反相输入放大电路的一个重要特点。又因为有

$$i_{i} = \frac{u_{i} - u_{-}}{R_{1}} = \frac{u_{i}}{R_{1}}, \quad i_{f} = \frac{u_{-} - u_{o}}{R_{F}} = \frac{-u_{o}}{R_{F}}$$

所以有

$$u_{o} = -\frac{R_{F}}{R_{1}} u_{i} \tag{7-10}$$

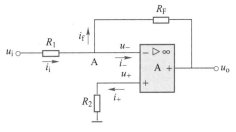

图 7-8　反相输入放大电路

移项后得电压放大倍数

$$A_{uf} = \frac{u_{o}}{u_{i}} = -\frac{R_{F}}{R_{1}} \tag{7-11}$$

上式表明,电压放大倍数与 R_{F} 成正比,与 R_{1} 成反比,式中负号表明输出电压与输入电压相位相反。当 $R_{1} = R_{F} = R$ 时,$u_{o} = -u_{i}$,输入电压与输出电压大小相等、相位相反,反相放大成为反相器。

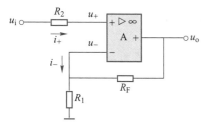

图 7-9　同相输入放大电路

2. 同相输入放大

在图 7-9 中,输入信号 u_i 经过电阻 R_2 接到集成运算放大器的同相端,反馈电阻接到其反相端,称为同相输入。

根据虚断概念,$i_+ \approx 0$,可得 $u_+ = u_i$。又根据虚短概念,有 $u_+ = u_-$,于是有

$$u_o = \left(1 + \frac{R_F}{R_1}\right) u_i \qquad (7\text{-}12)$$

移项后得电压放大倍数

$$A_{uf} = \frac{u_o}{u_i} = 1 + \frac{R_F}{R_1} \qquad (7\text{-}13)$$

当 $R_F = 0$ 或 $R_1 \to \infty$ 时,电路如图 7-10 所示,此时 $u_o = u_i$,即输出电压与输入电压大小相等、相位相同,该电路称为电压跟随器。

【例 7-1】　电路如图 7-11 所示,试求当 R_5 的阻值为多大时,才能使 $u_o = -55u_i$。

教学课件
同相比例电路的应用

微课
同相比例电路的应用

文本
同相比例电路的应用

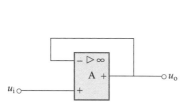

图 7-10　电压跟随器

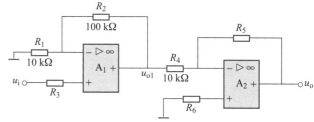

图 7-11　例 7-1 图

解:在图 7-11 所示的电路中,A_1 构成同相输入放大,A_2 构成反相输入放大,因此有

$$u_{o1} = \left(1 + \frac{R_2}{R_1}\right) u_i = \left(1 + \frac{100}{10}\right) u_i = 11u_i$$

$$u_o = -\frac{R_5}{R_4} u_{o1} = -\frac{R_5}{10} \times 11u_i = -55u_i$$

化简后得 $R_5 = 50\ \text{k}\Omega$。

教学课件
测试加法电路

7.3.3　加法运算与减法运算

1. 加法运算

在自动控制电路中,往往需要将多个采样信号按一定的比例叠加起来输入到放大电路中,这就需要用到加法运算电路,如图 7-12 所示。

因虚断,$i_- = 0$ 所以 $i_1 + i_2 = i_f$;从而

$$\frac{u_{i1} - u_-}{R_1} + \frac{u_{i2} - u_-}{R_2} = \frac{u_- - u_o}{R_F}$$

因虚短,$u_- = u_+ = 0$,故得

$$\frac{u_{i1}}{R_1} + \frac{u_{i2}}{R_2} = -\frac{u_o}{R_F}$$

即

视频
测试加法电路

文本
测试加法电路

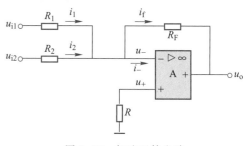

图 7-12　加法运算电路

$$u_o = -\left(\frac{R_F}{R_1}u_{i1} + \frac{R_F}{R_2}u_{i2}\right) \qquad (7-14)$$

2. 减法运算

电路如图 7-13 所示。u_{i1} 经 R_1 加到反相输入端，u_{i2} 经 R_2 加到同相输入端。

由虚断可得

$$u_+ = \frac{R_3}{R_2+R_3}u_{i2}$$

$$u_- = u_{i1} + u_{R1} = u_{i1} + \frac{u_o - u_{i1}}{R_1+R_F}R_1$$

由虚短可得：$u_+ \approx u_-$

故

$$u_o = \left(1+\frac{R_F}{R_1}\right)\frac{R_3}{R_2+R_3}u_{i2} - \frac{R_F}{R_1}u_1 \qquad (7-15)$$

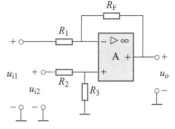

图 7-13　减法运算电路

于是实现了两信号的减法运算。

【例 7-2】　加减法运算电路如图 7-14 所示，求输出与各输入电压之间的关系。

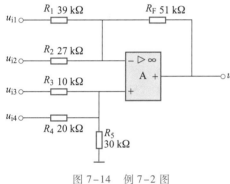

图 7-14　例 7-2 图

解：本题输入信号有四个，可利用叠加定理求解。

① 当 u_{i1} 单独输入、其他输入端接地时，有 $u_{o1} = -\frac{R_F}{R_1}u_{i1} \approx -1.3u_{i1}$

② 当 u_{i2} 单独输入、其他输入端接地时，有 $u_{o2} = -\frac{R_F}{R_2}u_{i2} \approx -1.9u_{i2}$

③ 当 u_{i3} 单独输入、其他输入端接地时，有

$$u_{o3} = \left(1+\frac{R_F}{R_1 /\!/ R_2}\right)\left(\frac{R_4 /\!/ R_5}{R_3 + R_4 /\!/ R_5}\right)u_{i3} \approx 2.3u_{i3}$$

④ 当 u_{i4} 单独输入、其他输入端接地时，有

$$u_{o4} = \left(1+\frac{R_F}{R_1 /\!/ R_2}\right)\left(\frac{R_3 /\!/ R_5}{R_4 + R_3 /\!/ R_5}\right)u_{i4} \approx 1.15u_{i4}$$

由此可得到 $u_o = u_{o1} + u_{o2} + u_{o3} + u_{o4} = -1.3u_{i1} - 1.9u_{i2} + 2.3u_{i3} + 1.15u_{i4}$

7.3.4　积分运算与微分运算

1. 积分运算

图 7-15 所示为积分运算电路。

根据虚地的概念，$u_A \approx 0$，$i_R = u_i/R$。再根据虚断的概念，有 $i_C \approx i_R$，即电容 C 以 $i_C = u_i/R$ 进行充电。

假设电容 C 的初始电压为零，那么

$$u_o = -\frac{1}{C}\int i_C \mathrm{d}t = -\frac{1}{C}\int \frac{u_i}{R}\mathrm{d}t = -\frac{1}{RC}\int u_i \mathrm{d}t \qquad (7-16)$$

教学课件
测试减法电路

视频
测试减法电路

文本
测试减法电路

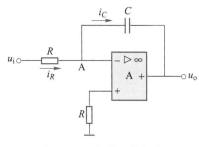

图 7-15   积分运算电路

式(7-16)表明,输出电压为输入电压对时间的积分,且相位相反。当求解 t_1 到 t_2 时间段的积分值时,有

$$u_o = -\frac{1}{RC}\int_{t_1}^{t_2} u_i \, dt + u_o(t_1) \tag{7-17}$$

式中,$u_o(t_1)$ 为积分起始时刻 t_1 的输出电压,即积分的起始值;积分的终值是 t_2 时刻的输出电压。当 u_i 为常量 U_i 时,有

$$u_o = -\frac{1}{RC} U_i (t_2 - t_1) + u_o(t_1) \tag{7-18}$$

积分电路的波形变换作用如图 7-16 所示。当输入为阶跃波时,若 t_0 时刻电容上的电压为零,则输出电压波形如图 7-16(a)所示。当输入为方波和正弦波时,输出电压波形分别如图 7-16(b)和(c)所示。

教学课件
测试积分电路

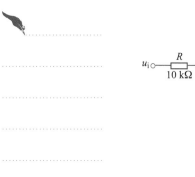
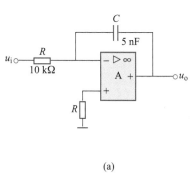
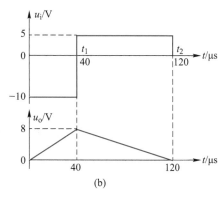

(a) 输入为阶跃波   (b) 输入为方波   (c) 输入为正弦波

图 7-16   积分运算在不同输入情况下的波形

视频
测试积分电路

文本
测试积分电路

【例 7-3】   电路及输入分别如图 7-17(a)和(b)所示,电容器 C 的初始电压 $u_C(0)=0$,试画出输出电压 u_o 稳态的波形,并标出 u_o 的幅值。

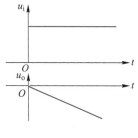
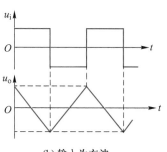
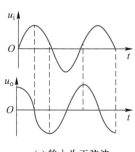

(a)

(b)

图 7-17   例 7-3 图

解:当 $t=t_1=40$ μs 时,有

$$u_o(t_1) = -\frac{u_i}{RC} t_1 = -\frac{-10 \text{ V} \times 40 \times 10^{-6} \text{ s}}{10 \times 10^3 \text{ } \Omega \times 5 \times 10^{-9} \text{ F}} = 8 \text{ V}$$

当 $t=t_2=120$ μs 时,有

$$u_o(t_2) = u_o(t_1) - \frac{u_i}{RC}(t_2 - t_1) = 8 \text{ V} - \frac{5 \text{ V} \times (120-40) \times 10^{-6} \text{ s}}{10 \times 10^3 \text{ } \Omega \times 5 \times 10^{-9} \text{ F}} = 0 \text{ V}$$

得输出波形如图7-17(b)所示。

2. 微分运算

将积分电路中的 R 和 C 位置互换，就可得到微分运算电路，如图7-18所示。

在这个电路中，A 点为虚地，即 $u_A \approx 0$。再根据虚断的概念，则有 $i_R \approx i_C$。假设电容 C 的初始电压为零，那么有 $i_C = C\dfrac{\mathrm{d}u_i}{\mathrm{d}t}$，则输出电压为

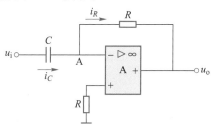

$$u_o = -i_R R = -RC\frac{\mathrm{d}u_i}{\mathrm{d}t} \qquad (7-19)$$

式(7-19)表明，输出电压为输入电压对时间的微分，且相位相反。

图7-18 微分运算电路

图7-18所示电路实用性差，当输入电压产生阶跃变化时，i_C 电流极大，会使集成运算放大器内部的放大管进入饱和或截止状态，即使输入信号消失，放大管仍不能恢复到放大状态，也就是电路不能正常工作。同时，由于反馈网络为滞后移相，它与集成运算放大器内部的滞后附加相移相加，易满足自激振荡条件，从而使电路不稳定。

实用微分电路如图7-19(a)所示，它在输入端串联了一个小电阻 R_1，以限制输入电流；同时在 R 上并联稳压二极管，以限制输出电压，这就保证了集成运算放大器中的放大管始终工作在放大区。另外，在 R 上并联小电容 C_1，起相位补偿作用。该电路的输出电压与输入电压近似为微分关系，当输入为方波，且 $RC \ll T/2$ 时，则输出为尖顶波，波形如图7-19(b)所示。

教学课件
测试微分电路

视频
测试微分电路

文本
测试微分电路

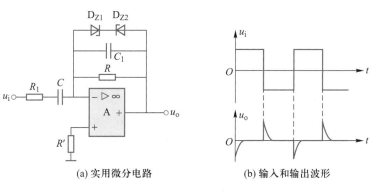

(a) 实用微分电路　　　　(b) 输入和输出波形

图7-19 实用微分电路及波形

7.4 集成运算放大器的选用

7.4.1 集成运算放大器的种类

1. 按其用途分类

（1）通用型集成运算放大器

通用型集成运算放大器的参数指标比较均衡全面，适用于一般的工程设计。一般

认为,在没有特殊参数要求情况下工作的集成运算放大器可列为通用型。由于通用型应用范围宽、产量大,因而价格便宜。

教学课件
集成运放的种类

微课
集成运放的种类

(2)专用型集成运算放大器

这类集成运算放大器是为满足某些特殊要求而设计的,其参数中往往有一项或几项非常突出。通常有低功耗或微耗、高速、宽带、高精度、高电压、功率型、高输入阻抗、电流型、跨导型、程控型及低噪声型等专用集成运算放大器。

2. 按其供电电源分类

集成运算放大器按其供电电源分类,可分为双电源和单电源两类。绝大部分运算放大器在设计中都是正、负对称的双电源供电,以保证运算放大器的优良性能。

3. 按其制作工艺分类

集成运算放大器按其制作工艺分类,可分为双极型、单极型及双极-单极兼容型集成运算放大器三类。

4. 按单片封装中的运算放大器数量分类

按单片封装中的运算放大器数量分类,集成运算放大器可分为单运算放大器、双运算放大器、三运算放大器及四运算放大器四类。

7.4.2　集成运算放大器的选用

1. 高输入阻抗型(低输入偏流型)

这类集成运算放大器的差模输入电阻 r_{id} 大于 $(10^9 \sim 10^{12})$ Ω,输入偏流 I_{IB} 为几皮安(pA)到几十皮安(pA)。实现这些指标的措施是采用场效应管作为输入级。

高输入阻抗型集成运算放大器广泛用于生物医学电信号测量的精密放大电路、有源滤波电路及取样保持放大电路等电路中。

此类集成运算放大器有 LF356、LF355、LF347、F3103、CA3130、AD515、LF0052、LFT356、OPA128 及 OPA604 等。

2. 高精度、低温漂型

此类集成运算放大器具有低失调、低温漂、低噪声及高增益等特点,要求 $dU_{IO}/dT < 2$ μV/℃,$dI_{IO}/dT < 200$ pA/℃ 及 $K_{CMR} \geqslant 110$ dB。一般用于毫伏量级或更低的微弱信号的精密检测、精密模拟计算、高精度稳压电源及自动控制仪表中。

此类集成运算放大器的型号有 AD508、OP-2A、ICL7650 及 F5037 等。

3. 高速型

单位增益带宽和转换速率高的运算放大器称为高速型运算放大器。此类运算放大器要求转换速率 $S_R > 30$ V/μs,最高可达几百 V/μs;单位增益带宽 $BW_G > 10$ MHz,有的高达千 MHz。一般用于快速模/数或数/模转换、有源滤波电路、高速取样保持、锁相环、精密比较器和视频放大器中。

此类集成运算放大器的型号有 μA715、LH0032、AD9618、F3554、AD5539、OPA603、OPA606、OPA660、AD603 及 AD849 等。

4. 低功耗型

此类运算放大器要求电源为±15 V 时,最大功耗不大于 6 mW;或要求工作在低电源电压(如 1.5 ~ 4 V)时,具有低的静态功耗和保持良好的电气性能。

低功耗运算放大器用于对能源有严格限制的遥测、遥感、生物医学和空间技术研究的设备中,并用于车载电话、蜂窝电话、耳机/扬声器驱动及计算机的音频放大。

此类运算放大器的型号有 MAX4165/4166/4167/4168/4169、μPC253、ICL7600、ICL7641、CA3078 及 TLC2252 等。

5. 高压型

为了得到高的输出电压或大的输出功率,此类运算放大器要求其内电路中的晶体管的耐压要高些、动态工作范围要宽些。

目前的产品有 D41(电源可达±150 V)、LM143 及 HA2645(电源为 48～80 V)等。

6. 大功率型

大功率型运算放大器应用于马达驱动、伺服放大器、程控电源、音频放大器及执行组件驱动器等。如运算放大器 OPA502,其输出电流达 10 A,电源电压范围为±15～±45 V。又如运算放大器 OPA541,其输出电流峰值达 10 A,电源电压可达±40 V。其他型号有 LM1900、LH0021 及 OPA2541 等。

7. 高保真型

此类运算放大器其失真度极低,用于专业音响设备、I/V 变换器、频谱分析仪、有源滤波器及传感放大器等。

例如,运算放大器 OPA604,其 1 kHz 的失真度为 0.000 3%,低噪声,转换速率高达 25 V/μs,增益带宽为 20 MHz,电源电压为±4.5～±24 V。

8. 可变增益型

可变增益型运算放大器有两类。一类是由外接的控制电压来调整开环差模增益,如 CA3080、LM13600、VCA610 及 AD603 等。其中,VCA610 当控制电压从 0 变到 -2 V 时,其开环差模电压增益从 -40 dB 连续变到 +40 dB。另一类是利用数字编码信号来控制开环差模增益,如 AD526。其控制变量为 A_2、A_1 及 A_0。当给定不同的二进制码时,其开环差模增益将不同。

此外,还有电压放大型 F007、F324 及 C14573;电流放大型 LM3900 和 F1900;互阻型 AD8009 和 AD8011;互导型 LM308 等。

7.5 实训

7.5.1 集成运算放大器的应用

1. 实训目的

(1) 研究由集成运算放大器组成的比例、加法、减法和积分等基本运算电路的功能。

(2) 了解运算放大器在实际应用时应考虑的一些问题。

2. 实训原理

集成运算放大器是一种具有高电压放大倍数的直接耦合多级放大电路。当外部接入不同的线性或非线性元器件组成输入和负反馈电路时,可以灵活地实现各种特定的函数关系。在线性应用方面,可组成比例、加法、减法、积分、微分、对数等模拟运算电路。

理想运放在线性应用时具有"虚短"和"虚断"两个重要特性。这两个特性是分析理想运放应用电路的基本原则,可简化运放电路的计算。

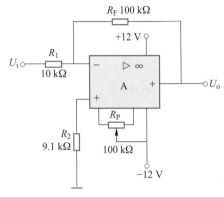

图 7-20 反相比例运算电路

3. 实训设备与器件

（1）±12 V 直流电源　　　（2）函数信号发生器

（3）交流毫伏表　　　　　（4）直流电压表

（5）集成运算放大器 μA741×1 （6）电阻器、电容器若干

4. 实训内容

实训前要看清运放组件各引脚的位置,切忌正、负电源极性接反和输出端短路,否则将会损坏集成块。

（1）反相比例运算电路

① 按图 7-20 连接实训电路,接通 ±12 V 电源,输入端对地短路,进行调零和消振。

② 输入 $f=100$ Hz,$U_i=0.5$ V 的正弦交流信号,测量相应的 U_o,并用示波器观察 u_o 和 u_i 的相位关系,记入表 7-1。

表 7-1　测 量 结 果 1

U_i/V	U_o/V	u_i 波形	u_o 波形	A_u	
				实测值	计算值

（2）同相比例运算电路

① 按图 7-21 连接实训电路。

② 输入 $f=100$ Hz,$U_i=0.5$ V 的正弦交流信号,测量相应的 U_o,并用示波器观察 u_o 和 u_i 的相位关系,记入表 7-2。

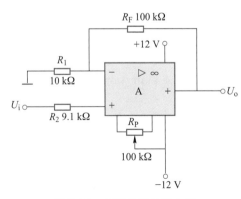

图 7-21 同相比例运算电路

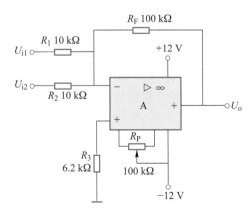

图 7-22 反相加法运算电路

表 7-2　测量结果 2

U_i/V	U_o/V	u_i 波形	u_o 波形	A_u	
				实测值	计算值
		(坐标图 u_i-t)	(坐标图 u_o-t)		

（3）反相加法运算电路

① 按图 7-22 连接实训电路。调零和消振。

② 输入信号采用直流信号，图 7-23 所示电路为简易直流信号源，由实训者自行完成。实训时要注意选择合适的直流信号幅度以确保集成运放工作在线性区。用直流电压表测量输入电压 U_{i1}、U_{i2} 及输出电压 U_o，记入表 7-3。

表 7-3　测量结果 3

U_{i1}/V				
U_{i2}/V				
U_o/V				

（4）减法运算电路

① 按图 7-24 连接实训电路。调零和消振。

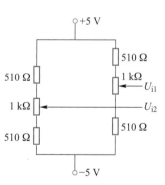

图 7-23　简易可调直流信号源

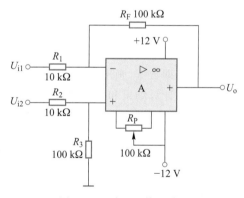

图 7-24　减法运算电路图

② 采用直流输入信号，实训步骤同内容 3，记入表 7-4。

表 7-4　测量结果 4

U_{i1}/V				
U_{i2}/V				
U_o/V				

（5）积分运算电路

实训电路如图 7-25 所示。

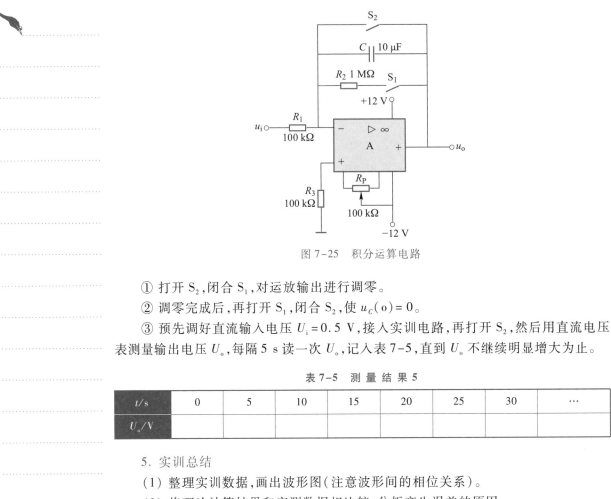

图 7-25　积分运算电路

① 打开 S_2,闭合 S_1,对运放输出进行调零。

② 调零完成后,再打开 S_1,闭合 S_2,使 $u_C(o) = 0$。

③ 预先调好直流输入电压 $U_i = 0.5$ V,接入实训电路,再打开 S_2,然后用直流电压表测量输出电压 U_o,每隔 5 s 读一次 U_o,记入表 7-5,直到 U_o 不继续明显增大为止。

表 7-5　测 量 结 果 5

t/s	0	5	10	15	20	25	30	…
U_o/V								

5. 实训总结

(1) 整理实训数据,画出波形图(注意波形间的相位关系)。

(2) 将理论计算结果和实测数据相比较,分析产生误差的原因。

(3) 分析讨论实训中出现的现象和问题。

习　题

一、填空题

1. 反相输入式的线性集成运放适合放大_____信号(电流、电压),同相输入式的线性集成运放适合放大_____信号。

2. 差分放大器是一种能够解决直接耦合放大器_____问题的比较理想的小信号电压放大器,它的输出电压正比于两个输入电压_____。因此它对_____信号具有放大作用,而对_____信号具有抑制作用。

3. 集成放大器的非线性应用电路有_____、_____等。

4. 集成运放内部一般包括四个组成部分,它们是_____,_____,_____和_____。(差放输入级、压放中间级、互补输出级、偏置电路)

二、判断题

1. 集成运放线性应用时，其输入端（N、P）不需要直流通路。　　　　（　　）

2. 集成运放作线性比例运算时（如反相输入放大电路），因其放大倍数只与外接电阻有关，因而其比值越大越好（反相输入时电压放大倍数为 $-R_F/R_1$），R_F 也越大越好。　　　　（　　）

3. 反相输入式集成运放的虚地可以直接接地。　　　　（　　）

三、计算题

1. 由理想运算放大器构成的三个电路如题图 7-1 所示，试计算输出电压 u_o 值。

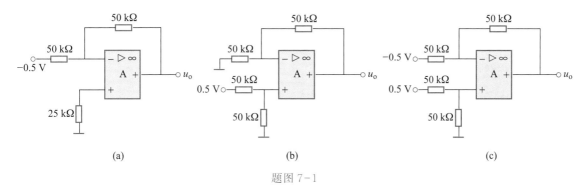

(a)　　　　　　　　　(b)　　　　　　　　　(c)

题图 7-1

2. 由理想运算放大器构成的两个电路如题图 7-2 所示，试计算输出电压 u_o 的值。

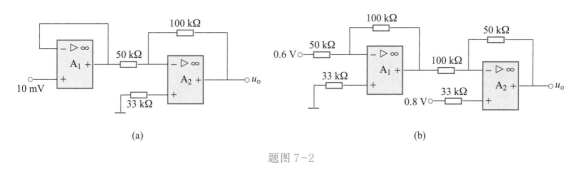

(a)　　　　　　　　　　　　　(b)

题图 7-2

3. 由理想运算放大器构成的两个电路如题图 7-3 所示，试计算输出电压 u_o 的值。

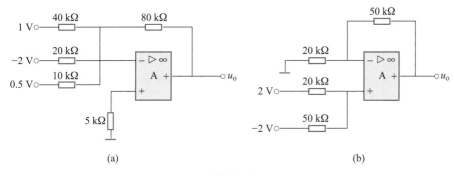

(a)　　　　　　　　　　　　　(b)

题图 7-3

4.积分电路及输入波形如题图 7-4 所示，已知 $t=0$ 时，$u_C=0$，试画出 u_o 波形。

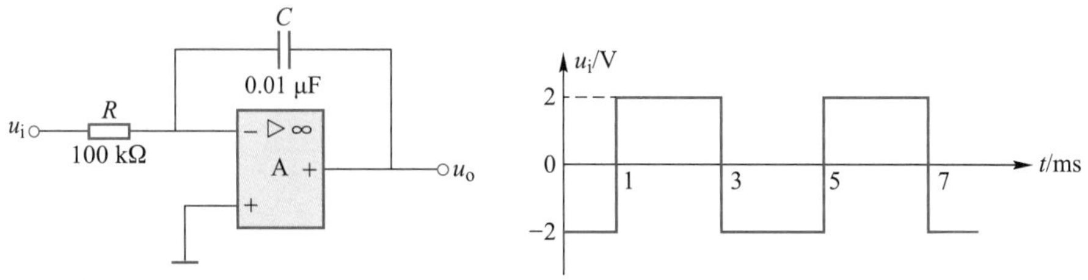

题图 7-4

5.电路如题图 7-5 所示，试写出输出电压与输入电压之间的关系式。

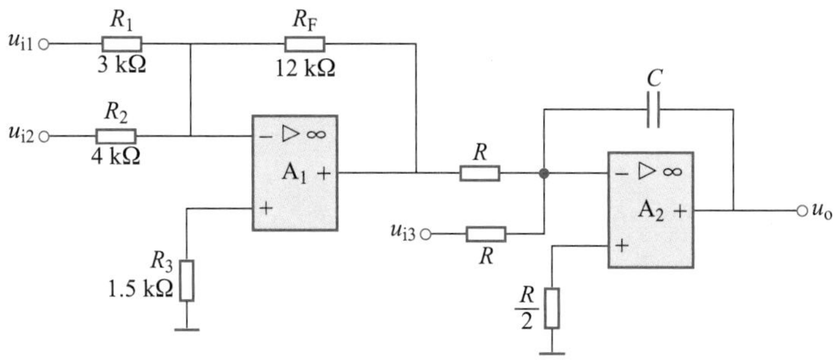

题图 7-5

第三篇

数字电路分析与实践

课程特点

　　数字电路分析与实践篇是一理论性、实践性较强的专业基础模块。 通过本篇的学习，为学生学习专业课程和从事专业技术工作奠定基础。

数字电路内容

- 数字电路概述
- 逻辑门电路的分析与实践
- 时序逻辑电路的分析与实践

学习重点

- 在具体的数字电路与分析和设计方法之间，以分析和设计方法为主
- 在具体的设计步骤与所依据的概念和原理之间，以概念和原理为主
- 在集成电路的内部工作原理和外部特性之间，以外部特性为主

第 **8** 章

数字电路概述

本章主要介绍数字电路的基本概念，包括数制与码制、逻辑运算的概念与基本公式、逻辑函数的表示方法与化简等。

教学目标

能力目标
- 能进行不同数制的转换
- 能化简逻辑函数

知识目标
- 理解数字电路的概念
- 理解几种常用的数制
- 掌握不同数制间的转换方法
- 掌握逻辑函数的化简方法

教学课件
模拟信号和数字信
号概念

微课
模拟信号和数字信
号概念

文本
模拟信号和数字信
号概念

动画
模拟信号和数字
信号

动画
水箱自动检测系统

拓展学习
"九章"量子计算机

8.1   概述

从信号处理的性质上看,现代电子电路可以分为模拟电路和数字电路两类。模拟电路所能处理的是模拟电压或电流信号;数字电路是指只能处理逻辑电平信号的电路,因此,数字电路又称作数字逻辑电路。

数字电路是组成数字逻辑系统的硬件基础。数字电路的基本性质是:

(1) 严格的逻辑性:数字电路实际上是一种逻辑运算电路,其系统描述的是动态逻辑函数,因此数字电路设计的基础和基本技术之一就是逻辑设计。

(2) 严格的时序性:为实现数字系统逻辑函数的动态特性,数字电路各部分之间的信号必须有着严格的时序关系。时序设计也是数字电路设计的基本技术之一。

(3) 基本信号只有高、低两种逻辑电平或脉冲:数字电路既然是一种动态的逻辑运算电路,因此其基本信号就只能是脉冲逻辑信号。脉冲信号的特征是:只有高电平和低电平两种状态,两种电平状态各有一定的持续时间。

从电子系统要实现的工程功能来看,任何一个工程系统都可以被看成是一个信号处理系统,而信号处理的基本概念实际上就是一种数学运算。数字电路的工程功能,就是用硬件实现所设计的计算功能。不难看出,用模拟电路可以实现连续函数的运算功能,但由于系统的运算功能比较复杂,因此模拟电路所能实现的系统功能是十分有限的。数字电路与模拟电路不同,数字电路可以实现基本的运算单元,用这些基本运算单元通过程序设计,可以直接进行各种公式的计算,所以数字电路可以实现各种复杂运算。目前,数字电路已经成为现代电子系统的核心和基本电路,因此掌握数字电路的基本工作特点和行为特性,是现代电子系统的基础之一。

由于数字电路所处理的是逻辑电平信号,因此从信号处理的角度看,数字电路系统比模拟电路具有更高的信号抗干扰能力。

8.2   数制与码制

教学课件
计数制概念

微课
计数制概念

文本
计数制概念

8.2.1   数制

数制也称计数制,是用一组固定的符号和统一的规则来表示数值的方法。人们通常采用的数制有十进制、二进制、八进制和十六进制。

1. 数制的几个概念

(1) 数码

数制中表示基本数值大小的不同数字符号。例如,十进制有 10 个数码:0、1、2、3、4、5、6、7、8、9。

(2) 基数

数制所使用数码的个数。例如,二进制的基数为 2;十进制的基数为 10。

(3) 位权

数制中某一位上的 1 所表示数值的大小(所处位置的价值)。例如,十进制数 123,

1 的位权是 100,2 的位权是 10,3 的位权是 1;二进制数 **1011**,第一个 1 的位权是 8,0 的位权是 4,第二个 1 的位权是 2,第三个 1 的位权是 1。

（4）数制

计数的规则。表示数时,仅用一位数码(0～9)往往不够用,必须用进位计数的方法组成多位数码,且多位数码每一位的构成及低位到高位的进位都要遵循一定的规则,这种计数制度就称为进位计数制,简称数制。

2. 几种常用数制

（1）十进制 D(decimal)

十进制是人们日常生活中最熟悉的进位计数制。在十进制中,数用 0,1,2,3,4,5,6,7,8,9 这十个数码来描述,其基数是 10。计数规则是逢十进一。

（2）二进制 B(binary)

二进制是在计算机系统中常采用的进位计数制。在二进制中,数用 **0** 和 **1** 两个数码来描述,其基数是 2。计数规则是逢二进一,借一当二。二进制数只有 **0** 和 **1** 两个数码,它的每一位都可以用电子元件来实现,且运算规则简单,相应的运算电路也容易实现。

（3）十六进制 H(hexadecimal)

十六进制是人们在计算机指令代码和数据的书写中经常使用的数制。在十六进制中,数用 0,1,…,9 和 A,B,…,F(或 a,b,…,f)16 个数码来描述,其基数是 16。计数规则是逢十六进一。

（4）八进制 O(octal)

八进制数和二进制数可以按位对应,因此常应用在计算机语言中。在八进制中,数用 0,1,2,3,4,5,6,7 八个数码来描述,其基数是 8。计数规则是逢八进一。

四种常用数制及各种进制数之间的对应关系如表 8-1 和表 8-2 所示。

教学课件
二进制代码概念

微课
二进制代码概念

文本
二进制代码概念

教学课件
十进制转换

文本
十进制转换

表 8-1 四种常用数制

类别	十进制 (Decimal)	二进制 (Binary)	八进制 (Octal)	十六进制 (Hexadecimal)
数码	0,1,…,9	**0,1**	0,1,…,7	0,1,…,9,A,…,F
基数	10	2	8	16
进位规则	逢 10 进 1	逢 2 进 1	逢 8 进 1	逢 16 进 1
右数第 i 位的权值	10^{i-1}	2^{i-1}	8^{i-1}	16^{i-1}

表 8-2 各种进制数之间的对应关系

十进制数	二进制数	八进制数	十六进制数
0	**00000**	0	0
1	**00001**	1	1
2	**00010**	2	2
3	**00011**	3	3
4	**00100**	4	4
5	**00101**	5	5

续表

十进制数	二进制数	八进制数	十六进制数
6	00110	6	6
7	00111	7	7
8	01000	10	8
9	01001	11	9
10	01010	12	A
11	01011	13	B
12	01100	14	C
13	01101	15	D
14	01110	16	E
15	01111	17	F

8.2.2 编码

数字系统只能识别 **0** 和 **1**,怎样才能表示更多的数码、符号和字母呢?用编码可以解决此问题。编码是信息从一种形式或格式转换为另一种形式的过程,也称为计算机编程语言的代码(简称编码)。在数字电路中,用一定位数的二进制数来表示十进制数码、字母、符号等信息称为编码。常见的编码有二—十进制码、格雷码、ASCII 码等。

1. 二—十进制码(BCD 码)

用 4 位二进制数 $b_3 b_2 b_1 b_0$ 来表示十进制数中的 $0 \sim 9$ 十个数码,简称 BCD 码。常见的 BCD 码有 8421 BCD 码、2421 码、余 3 码等。其中最常用的 8421 BCD 码是用四位自然二进制码中的前十个码字来表示十进制数码,因各位的权值依次为 8、4、2、1,故称 8421 BCD 码;余 3 码由 8421 码加 **0011** 得到。几种常见的 BCD 码如表 8-3 所示。

表 8-3   几种常见的 BCD 码

十进制数	8421 码	余 3 码	2421 码	5421 码	余 3 循环码
0	0000	0011	0000	0000	0010
1	0001	0100	0001	0001	0110
2	0010	0101	0010	0010	0111
3	0011	0110	0011	0011	0101
4	0100	0111	0100	0100	0100
5	0101	1000	1011	1000	1100
6	0110	1001	1100	1001	1101
7	0111	1010	1101	1010	1111
8	1000	1011	1110	1011	1110
9	1001	1100	1111	1100	1010
权	8421		2421	5421	

2. 格雷码

在一组数的编码中,若任意两个相邻的代码只有一位二进制数不同,则称这种编码为格雷码(Gray Code)。另外,由于最大数与最小数之间也仅一位数不同,即"首尾相连",因此又称循环码或反射码。格雷码的编码方式如表8-4所示。

表8-4 格雷码的编码方式

十进制数	二进制数	格雷码	十进制数	二进制数	格雷码
0	0000	0000	8	1000	1100
1	0001	0001	9	1001	1101
2	0010	0011	10	1010	1111
3	0011	0010	11	1011	1110
4	0100	0110	12	1100	1010
5	0101	0111	13	1101	1011
6	0110	0101	14	1110	1001
7	0111	0100	15	1111	1000

3. ASCII 码

ASCII 码使用指定的 7 位或 8 位二进制数组合来表示 128 或 256 种可能的字符。标准 ASCII 码也叫基础 ASCII 码,使用 7 位二进制数来表示所有的大写和小写字母,数字 0~9、标点符号,以及在美式英语中使用的特殊控制字符。

教学课件
基本门电路概念

微课
基本门电路概念

8.3 逻辑运算

8.3.1 逻辑代数

逻辑代数是分析和设计逻辑电路的数学基础。逻辑代数是英国数学家乔治·布尔(Geroge Boole)于 1847 年首先进行系统论述的,也称布尔代数,由于被用在开关电路的分析和设计上,所以又称开关代数。在逻辑代数中,其变量称为逻辑变量,用大写字母 A,B,…表示。逻辑变量的取值只有两种,即逻辑 **0** 和逻辑 **1**,**0** 和 **1** 并不表示数值的大小,而是表示两种对立的逻辑状态。

当 **0** 和 **1** 表示逻辑状态时,两个二进制数码按照某种指定的因果关系进行的运算称为逻辑运算。逻辑运算与算术运算完全不同,它所使用的数学工具是逻辑代数。逻辑运算有**与**、**或**、**非**三种基本运算,还有**与或**、**与非**、**与或非**、**异或**几种导出逻辑运算。逻辑运算可以用语句描述,也可以用逻辑表达式描述。还可以用以下两种方式描述。

1. 真值表

将自变量和因变量(输入变量和输出变量)的所有组合对应的值全部列出来形成的表格。

2. 逻辑符号

用规定的图形符号来表示。

动画
或门电路

动画
与门电路

文本
基本门电路概念实训

文本
基本门电路概念

8.3.2 基本逻辑运算

1. 与运算(逻辑乘)(AND)

与逻辑的定义:仅当决定事件(Y)发生的所有条件(A,B,C,…)均满足时,事件

(Y)才能发生。表达式为

$$Y = ABC\cdots$$

可以用图 8-1 所示的串联开关电路来加以说明:

在这个电路中,开关 A,B 同时接通时,灯泡 Y 亮,否则灭。开关 A、B 与灯泡 Y 的逻辑关系为

$$Y = A \cdot B = AB \qquad (8-1)$$

式(8-1)是**与逻辑**的逻辑表达式,式中"·"表示"**与**"的关系,在表达式中常被省略,读作"**与**"或"**逻辑乘**",但注意与数值运算中的"**乘**"含义不同。若用 **1** 来表示开关闭合和灯亮,**0** 来表示开关断开和灯灭,则可写出**与逻辑**对应的真值表,如表 8-5 所示。

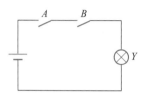

图 8-1   与逻辑电路

表 8-5   与运算真值表

A	B	Y
0	0	0
0	1	0
1	0	0
1	1	1

通过表 8-5 可知,**与逻辑**功能口诀可记为:有 **0** 出 **0**、全 **1** 出 **1**。为了方便以后逻辑电路的分析与设计,**与逻辑**还可以用逻辑符号表示,如图 8-2 所示。

2. 或运算(逻辑加)(OR)

或逻辑的定义:当决定事件(Y)发生的各种条件(A,B,C,$\cdots$)中,只要有一个或多个条件具备,事件(Y)就发生。表达式为

$$Y = A + B + C + \cdots$$

可以用图 8-3 所示的并联开关电路来加以说明。

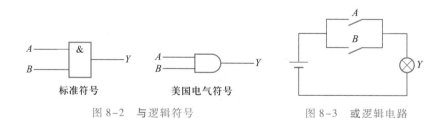

图 8-2   与逻辑符号   图 8-3   或逻辑电路

在图 8-3 所示电路中,开关 A,B 只要有一个接通时,灯泡 Y 就亮,否则灭。开关 A、B 与灯泡 Y 的逻辑关系是:

$$Y = A + B \qquad (8-2)$$

式(8-2)是**或逻辑**的逻辑表达式,式中"+"表示"**或**"的关系,在表达式中不能被省略,读作"**或**"或"**逻辑加**",但注意与数值运算中的"**加**"含义不同。若用 **1** 来表示开关闭合和灯亮,**0** 来表示开关断开和灯灭,则可写出**或逻辑**对应的真值表,如表 8-6 所示。

通过表 8-6 可知,**或逻辑**功能口诀可记为:有 **1** 出 **1**、全 **0** 出 **0**。为了方便以后逻辑电路的分析与设计,**或逻辑**还可以用逻辑符号表示,如图 8-4 所示。

3. 非运算(逻辑反)(NOT)

非逻辑指的是逻辑的否定。当决定事件(Y)发生的条件(A)满足时,事件不发生;条件不满足,事件反而发生。表达式为

$$Y = \overline{A}$$

可以用图 8-5 所示的典型电路来加以说明。

表 8-6　或运算真值表

A	B	Y
0	**0**	**0**
0	**1**	**1**
1	**0**	**1**
1	**1**	**1**

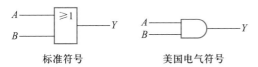

图 8-4　或逻辑符号　　　　　图 8-5　非逻辑电路

在图 8-5 所示电路中,当开关 A 接通时,灯泡 Y 灭;当开关 A 断开时,灯泡 Y 亮。开关 A 与灯泡 Y 的逻辑关系是

$$Y = \overline{A} \tag{8-3}$$

式(8-3)是**非逻辑**的逻辑表达式,式中"-"表示"非"的关系,读作"非"或"逻辑反"。若用 **1** 来表示开关闭合和灯亮,**0** 来表示开关断开和灯灭,则可写出**非逻辑**对应的真值表,如表 8-7 所示。

为了方便以后逻辑电路的分析与设计,**非逻辑**还可以用逻辑符号表示,如图 8-6 所示。

表 8-7　非运算真值表

A	Y
0	**1**
1	**0**

图 8-6　非逻辑符号

8.3.3　复合逻辑运算

复合逻辑运算可由**与**、**或**、**非**三种基本逻辑运算组成。在数字电路中被广泛采用的有:**与非**、**或非**、**与或非**、**异或**及**同或**等运算,所对应的表达式及逻辑符号如表 8-8 所示。

表 8-8　复合逻辑运算

逻辑运算	逻辑表达式	标准符号	美国电气图形符号
与非	$Y = \overline{AB}$	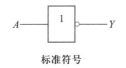	

续表

教学课件
复合门电路概念

微课
复合门电路概念

视频
或非门 Multisim 仿真

视频
同或门 Multisim 仿真

视频
异或门 Multisim 仿真

视频
与或非门 Multisim 仿真

动画
TTL 与非门电路

动画
与非门电路

文本
复合门电路概念实训 1

文本
复合门电路概念实训 2

逻辑运算	逻辑表达式	标准符号	美国电气图形符号
或非	$Y = \overline{A + B}$	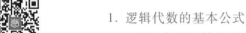	
与或非	$Y = \overline{AB + CD}$		
异或	$Y = A \oplus B = A\overline{B} + \overline{A}B$		
同或	$Y = \overline{A}\ \overline{B} + AB$		

8.3.4　逻辑代数的基本定律

1. 逻辑代数的基本公式

（1）逻辑常量运算公式如表 8-9 所示。

表 8-9　逻辑常量运算公式

与运算	或运算	非运算
$0 \cdot 0 = 0$	$0 + 0 = 0$	
$0 \cdot 1 = 0$	$0 + 1 = 1$	$\overline{1} = 0$
$1 \cdot 0 = 0$	$1 + 0 = 1$	$\overline{0} = 1$
$1 \cdot 1 = 1$	$1 + 1 = 1$	

（2）逻辑变量、常量运算公式如表 8-10 所示。

表 8-10　逻辑变量、常量运算公式

与运算	或运算	非运算
$A \cdot 0 = 0$	$A + 0 = A$	
$A \cdot 1 = A$	$A + 1 = 1$	$\overline{\overline{A}} = A$
$A \cdot A = A$	$A + A = A$	
$A \cdot \overline{A} = 0$	$A + \overline{A} = 1$	

注:变量 A 的取值只能为 **0** 或 **1**。

2. 逻辑代数的基本定律

逻辑代数的基本定律是分析、设计逻辑电路,化简和变换逻辑函数式的重要工具。

（1）与普通代数相似的定律——交换律、结合律、分配律如表 8–11 所示。

表 8–11 交换律、结合律、分配律

交换律	$A+B=B+A$
	$A \cdot B = B \cdot A$
结合律	$A+B+C=(A+B)+C=A+(B+C)$
	$A \cdot B \cdot C=(A \cdot B) \cdot C=A \cdot (B \cdot C)$
分配律	$A(B+C)=AB+AC$
	$A+BC=(A+B) \cdot (A+C)$

（2）吸收律如表 8–12 所示。

表 8–12 吸 收 律

吸收律	证明
① $AB+A\overline{B}=A$ ② $A+AB=A$ ③ $A+\overline{A}B=A+B$ ④ $AB+\overline{A}C+BC=AB+\overline{A}C$	$AB+A\overline{B}=A(B+\overline{B})=A \cdot 1=A$ $A+AB=A(1+B)=A \cdot 1=A$ $A+\overline{A}B=(A+\overline{A})(A+B)=1 \cdot (A+B)=A+B$ 原式 $=AB+\overline{A}C+BC(A+\overline{A})$ $=AB+\overline{A}C+ABC+\overline{A}BC$ $=AB(1+C)+\overline{A}C(1+B)$ $=AB+\overline{A}C$

第④式的推广：$AB+\overline{A}C+BCDE=AB+\overline{A}C$

由上式④可知,利用吸收律化简逻辑函数时,某些项或因子在化简中被吸收掉,使逻辑函数式变得更简单。

（3）摩根定律又称为:反演律,它有两种形式,如表 8–13 所示。

表 8–13 反 演 律

$\overline{A+B}=\overline{A} \cdot \overline{B}$ 的证明					$\overline{A \cdot B}=\overline{A}+\overline{B}$ 的证明			
A	B	$\overline{A+B}$	$\overline{A} \cdot \overline{B}$		A	B	$\overline{A \cdot B}$	$\overline{A}+\overline{B}$
0	**0**	**1**	**1**		**0**	**0**	**1**	**1**
0	**1**	**0**	**0**		**0**	**1**	**1**	**1**
1	**0**	**0**	**0**		**1**	**0**	**1**	**1**
1	**1**	**0**	**0**		**1**	**1**	**0**	**0**

（a）   （b）

文本
复合门电路概念

教学课件
逻辑代数公式和规则

微课
逻辑代数公式和规则

文本
逻辑代数公式和规则

8.4 逻辑函数

逻辑函数与普通代数中的函数相似,它是随自变量的变化而变化的因变量。因此,如果用自变量和因变量分别表示某一事件发生的条件和结果,那么该事件的因果关系就可以用逻辑函数来描述。

数字电路的输入、输出量一般用高、低电平来表示,高、低电平也可以用二值逻辑 **1** 和 **0** 来表示。同时数字电路的输出与输入之间的关系是一种因果关系,因此它可以用逻辑函数来描述,称为逻辑电路。对于任何一个电路,若输入逻辑变量 A、B、C、…的取值确定后,其输出逻辑变量 F 的值也被唯一地确定了,则可以称 F 是 A、B、C、…的逻辑函数,并记为:$F=f(A,B,C,\cdots)$

8.4.1 逻辑函数的表示方法

教学课件
逻辑 函 数 的 表 示
方法

微课
逻辑 函 数 的 表 示
方法

1. 真值表法

真值表法是采用列真值表的形式来表示逻辑函数的运算关系,其中输入部分列出输入逻辑变量的所有可能组合,输出部分给出相应的输出逻辑变量值。

【例 8-1】 已知电路如下图 8-7 所示,A、B、C 为输入变量,Y 为输出变量,**1** 表示开关闭合、灯亮,**0** 表示开关断开、灯不亮,试列出其真值表。

解:根据题意,可得其真值表如表 8-14 所示。

教学课件
逻辑函数的表示方
法之间的转换

微课
逻辑函数的表示方
法之间的转换

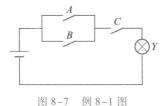

图 8-7 例 8-1 图

表 8-14 真 值 表

A	B	C	Y
0	0	0	0
0	0	1	0
0	1	0	0
0	1	1	1
1	0	0	0
1	0	1	1
1	1	0	0
1	1	1	1

文本
逻辑 函 数 的 表 示
方法

文本
逻辑函数的表示方
法之间的转换

2. 逻辑式法

（1）一般形式

任何一个逻辑函数式都可以通过逻辑变换写成以下五种形式:

$$F =AB+\overline{A}C \qquad \text{与或式}$$

$$=(\overline{A}+B)(A+C) \qquad \text{或与式}$$

$$=\overline{\overline{AB}\cdot\overline{\overline{A}C}} \qquad \text{与非-与非式}$$

$$= \overline{(\overline{A+B})+(\overline{A+C})} \qquad \text{或非-或非式}$$

$$= \overline{A\overline{B}+\overline{A}\,\overline{C}} \qquad \text{与或非式}$$

（2）逻辑式两种标准形式

① 最小项之和式——标准与或式

在 n 变量逻辑函数中，由所有 n 个变量以原变量或反变量的形式出现一次而组成的乘积项（与项），称为：最小项。n 变量逻辑函数的最小项有 2^n 个。最小项通常用符号 m_i 来表示。

下标 i 的确定：把最小项中的原变量记为 **1**，反变量记为 **0**，当变量顺序确定后，按顺序排列成一个二进制数，则与这个二进制数相对应的十进制数，就是这个最小项的下标 i。

在一个**与或**逻辑式中，若所有的乘积项均为最小项，则该逻辑式称为最小项之和式。

【例 8-2】 三变量逻辑函数的最小项如表 8-15 所示。

表 8-15 三变量逻辑函数的最小项

最小项	使最小项为 1 的变量取值			对应的十进制数	编号
	A	B	C		
$\overline{A}\,\overline{B}\,\overline{C}$	**0**	**0**	**0**	0	m_0
$\overline{A}\,\overline{B}C$	**0**	**0**	**1**	1	m_1
$\overline{A}B\overline{C}$	**0**	**1**	**0**	2	m_2
$\overline{A}BC$	**0**	**1**	**1**	3	m_3
$A\overline{B}\,\overline{C}$	**1**	**0**	**0**	4	m_4
$A\overline{B}C$	**1**	**0**	**1**	5	m_5
$AB\overline{C}$	**1**	**1**	**0**	6	m_6
ABC	**1**	**1**	**1**	7	m_7

注：只有一种输入组合使对应的最小项为 **1**，而其他的组合都使它为 **0**。

② 最大项之积式——标准或与式

在 n 变量逻辑函数中，由所有 n 个变量以原变量或反变量的形式出现一次而组成的或项（和项），称为：最大项。n 变量逻辑函数的最大项有 2^n 个。最大项通常用符号 M_i 来表示。

下标 i 的确定：把最大项中的原变量记为 **0**，反变量记为 **1**，当变量顺序确定后，按顺序排列成一个二进制数，则与这个二进制数相对应的十进制数，就是这个最大项的下标 i。

在一个或与逻辑式中，若所有的或项均为最大项，则该逻辑式称为最大项之积式。

【例 8-3】 三变量逻辑函数的最大项如表 8-16 所示。

表 8-16　三变量逻辑函数的最大项

最大项	使最大项为 0 的变量取值			对应的十进制数	编号
	A	B	C		
$A+B+C$	**0**	**0**	**0**	0	M_0
$A+B+\overline{C}$	**0**	**0**	**1**	1	M_1
$A+\overline{B}+C$	**0**	**1**	**0**	2	M_2
$A+\overline{B}+\overline{C}$	**0**	**1**	**1**	3	M_3
$\overline{A}+B+C$	**1**	**0**	**0**	4	M_4
$\overline{A}+B+\overline{C}$	**1**	**0**	**1**	5	M_5
$\overline{A}+\overline{B}+C$	**1**	**1**	**0**	6	M_6
$\overline{A}+\overline{B}+\overline{C}$	**1**	**1**	**1**	7	M_7

注:只有一种输入组合使对应的最大项为 **0**,而其他的组合都使它为 **1**。

3. 卡诺图法

（1）卡诺图的构成

将 n 变量的全部最小项各用一个小方块表示,并使具有逻辑相邻性的最小项在几何位置上也相邻地排列起来,所得到的图形称作 n 变量的卡诺图（Karnaugh Map）。

二变量卡诺图如图 8-8 所示。

教学课件
逻辑函数卡诺图表示

微课
逻辑函数卡诺图表示

文本
逻辑函数卡诺图表示

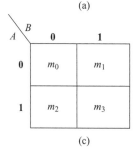

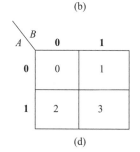

图 8-8　二变量卡诺图

建立多于二变量的卡诺图,则每增加一个逻辑变量就以原卡诺图的右边线（或底线）为对称轴作一对称图形,对称轴左面（或上面）原数字前增加一个 **0**,对称轴右面（或下面）原数字前增加一个 **1**。

三变量卡诺图如图 8-9 所示。

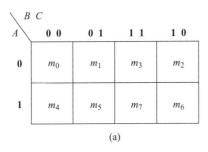

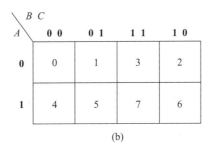

图 8-9　三变量卡诺图

四变量卡诺图如图 8-10 所示。

注:卡诺图是上下、左右闭合的图形。

（2）用卡诺图描述逻辑函数

【例 8-4】　用卡诺图分别描述下列逻辑函数。

（1）$Y_1(A,B,C) = \sum m(1,2,6,7)$

（2）$Y_2(A,B,C,D) = \sum m(0,2,4,7,9,10,12,15)$

解:（1）将逻辑函数的最小项在卡诺图上相应的方格中填 1,其余的方格填 0（或不填）。

（2）任何一个逻辑函数都等于其卡诺图上填 1 的那些最小项之和。

卡诺图如图 8-11 所示。

CD AB	00	01	11	10
00	0	1	3	2
01	4	5	7	6
11	12	13	15	14
10	8	9	11	10

图 8-10　四变量卡诺图

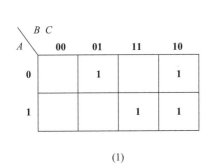

CD AB	00	01	11	10
00	1			1
01	1		1	
11	1		1	
10		1		1

(1) 　　　　(2)

图 8-11　卡诺图

4. 逻辑图描述

将逻辑函数中各变量之间的与、或、非等逻辑关系用图形符号表示出来,就可画出表示函数关系的逻辑图。

【例 8-5】　用逻辑图描述函数 $Y = AB + AC + BD$。

逻辑图如图 8-12 所示。

5. 各种描述方法间的相互转换

（1）从真值表、卡诺图列出逻辑函数式

① 找出真值表和卡诺图中取值为 1 的最小项。

② 各**与**项相**或**,即得**与或**逻辑函数式。

【例 8-6】   根据表 8-17 真值表写出逻辑函数式。

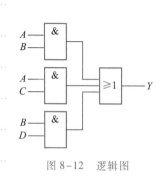

图 8-12   逻辑图

表 8-17   真 值 表

A	B	C	Y
0	0	0	0
0	0	1	0
0	1	0	1
0	1	1	0
1	0	0	0
1	0	1	1
1	1	0	1
1	1	1	1

解:由真值表可得

$$Y = \bar{A}B\bar{C} + A\bar{B}C + AB\bar{C} + ABC$$
$$= \sum m(2,5,6,7)$$

【例 8-7】   根据卡诺图 8-13 写出逻辑函数式。

解:由卡诺图可得

$$Y = \bar{A}B\bar{C} + A\bar{B} + AC$$

(2) 从逻辑函数式列出真值表

将输入变量取值的所有组合状态逐一代入逻辑式求出函数值,列成表。

【例 8-8】   用表 8-18 真值表描述逻辑函数 $Y = \bar{A}\bar{B}C + AB + A\bar{C}$。

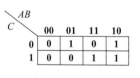

图 8-13   卡诺图

表 8-18   真 值 表

A	B	C	Y
0	0	0	0
0	0	1	1
0	1	0	0
0	1	1	0
1	0	0	1
1	0	1	0
1	1	0	1
1	1	1	1

（3）从逻辑函数式画出逻辑图

用图形符号代替逻辑式中的运算符号。

【例8-9】 用逻辑图描述逻辑函数 $Y = \overline{AB} + \overline{BC} + \overline{ABC}$。

逻辑图如图 8-14 所示。

（4）由逻辑图列出逻辑函数式

从输入端到输出端逐级写出每个图形符号对应的逻辑式，即可得到对应的逻辑式。

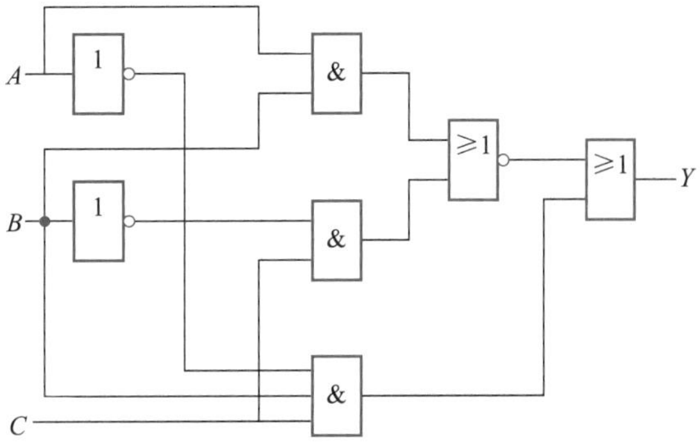

图 8-14 逻辑图

8.4.2 逻辑函数的化简

根据逻辑问题归纳出来的逻辑函数式往往不是最简逻辑函数式，对逻辑函数进行化简和变换，可以得到最简的逻辑函数式和所需要的形式，设计出最简洁的逻辑电路。这对于节省元器件，优化生产工艺，降低成本和提高系统的可靠性，提高产品在市场的竞争力是非常重要的。逻辑函数的化简主要有以下两种方法。

1. 公式法化简

（1）并项法

利用公式：$A \cdot B + A \cdot \overline{B} = A$ 将两项合并成一项，并消去互补因子。由代入规则可知，A 和 B 也可是复杂的逻辑式。

【例8-10】 用并项法化简下列逻辑函数

$$Y_1(A,B,C) = \overline{A}\overline{B}\overline{C} + \overline{A}BC + AB\overline{C} + ABC$$

解：

$$
\begin{aligned}
Y_1 &= \overline{A}\overline{B}\overline{C} + \overline{A}BC + AB\overline{C} + ABC \\
&= \overline{A}B(\overline{C}+C) + AB(\overline{C}+C) \\
&= \overline{A}B + AB \\
&= B(\overline{A}+A) \\
&= B
\end{aligned}
$$

（2）吸收法（消项法）

利用公式 $A + A \cdot B = A$、$A \cdot B + \overline{A} \cdot C + BC = A \cdot B + \overline{A}C$，将多余项吸收（消去）。

【例8-11】 用吸收法化简下列逻辑函数

$$Y_1 = A\overline{B} + A\overline{B}C(D+E)$$

解：

$$
\begin{aligned}
Y_1 &= A\overline{B} + A\overline{B}C(D+E) \\
&= A\overline{B}[\mathbf{1} + C(D+E)] \\
&= A\overline{B}
\end{aligned}
$$

教学课件
逻辑函数公式化简法

微课
逻辑函数公式化简法

文本
逻辑函数公式化简法

（3）消元法

利用公式 $A + \bar{A} \cdot B = A + B$，将多余因子吸收（消去）。

【例 8-12】　用消元法化简下列逻辑函数

$$Y_1 = A\bar{B} + \bar{A}\ \bar{C} + B\bar{C}$$

解：

$$\begin{aligned}
Y_1 &= A\bar{B} + \bar{A}\ \bar{C} + B\bar{C} \\
&= A\bar{B} + (\bar{A} + B)\bar{C} \\
&= A\bar{B} + \overline{A\bar{B}}\ \bar{C} \\
&= A\bar{B} + \bar{C}
\end{aligned}$$

（4）配项法

利用公式 $A \cdot B + \bar{A}C = A \cdot B + \bar{A} \cdot C + BC$、$1 = A + \bar{A}$、$A = A + A$，配项或增加多余项，再和其他项合并。

【例 8-13】　用配项法化简下列逻辑函数

$$Y_1 = \bar{A}\ \bar{B}C + A\bar{B}C + ABC$$

解：

$$\begin{aligned}
Y_1 &= \bar{A}\ \bar{B}C + A\bar{B}C + ABC \\
&= (\bar{A}\ \bar{B}C + A\bar{B}C) + (A\bar{B}C + ABC) \\
&= \bar{B}C(\bar{A} + A) + AC(\bar{B} + B) \\
&= \bar{B}C + AC
\end{aligned}$$

公式法化简不受变量数目的限制，但没有固定的步骤可循，需要熟练运用各种公式和定理，在化简一些较为复杂的逻辑函数时还需要一定的技巧和经验，有时很难判定化简结果是否最简，因此对于较为复杂的逻辑函数，往往采用卡诺图进行化简。

教学课件
逻辑函数卡诺图化简法

2. 卡诺图化简

（1）卡诺图中最小项合并规律

在卡诺图中，凡是几何位置相邻的最小项均可以合并。

① 任何一个合并圈（即卡诺圈）所含的方格数为 2^n 个。

② 必须按照相邻规则画卡诺圈，几何位置相邻包括三种情况：

一是相接，即紧挨着的方格相邻；

二是相对，即一行（或一列）的两头、两边、四角相邻；

三是相重，即以对称轴为中心对折起来重合的位置相邻。

微课
逻辑函数卡诺图化简法

③ 2^n 个方格合并，消去 n 个变量。

（2）用卡诺图化简逻辑函数

① 最简**与或**式的求法

首先，画出逻辑函数的卡诺图；其次，圈"**1**"合并相邻的最小项；最后将每一个圈对应的**与**项**或**，即得到最简**与或**式。

文本
逻辑函数卡诺图化简法

画圈原则：

尽量画大圈,但每个圈内只能含有 2^n ($n=0,1,2,3,\cdots$) 个相邻项,要特别注意对边相邻性和四角相邻性。圈的个数尽量少。卡诺图中所有取值为"**1**"的方格均要被圈过,即不能漏下取值为"**1**"的最小项。保证每个圈中至少有一个"**1**"格只被圈过一次,否则该圈是多余的。

【例 8-14】　用卡诺图将函数化为最简**与或**式。

（1）$Y=\overline{A}\overline{B}+\overline{A}B+\overline{B}\,\overline{C}+AC$

（2）$Y=\sum m(0,2,3,5,7,8,10,11,12,13,14,15)$

解:卡诺图如图 8-15 所示。

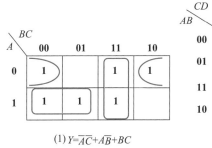 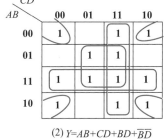

(1) $Y=\overline{AC}+A\overline{B}+BC$ 　　(2) $Y=AB+CD+BD+\overline{B}\overline{D}$

图 8-15　卡诺图 1

② 最简**或与**式的求法

首先,画出逻辑函数的卡诺图;其次,圈"**0**"合并相邻的最大项;最后,将每一个圈对应的**或**项相与,即得到最简**或与**式。

注:圈"**0**"合并与圈"**1**"合并类同;**或**项由卡诺圈对应的没有变化的那些变量组成,当变量取值为"**0**"时写原变量,取值为"**1**"时写反变量。

【例 8-15】　用卡诺图将函数化为最简**或与**式。

$Y=\sum m(0,2,5,6,12,13)$

解:卡诺图如图 8-16 所示,有

$$Y=(\overline{A}+B)(\overline{A}+\overline{C})(B+C+\overline{D})(A+\overline{C}+\overline{D})(A+\overline{B}+C+D)$$

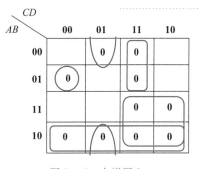

图 8-16　卡诺图 2

习　题

一、填空题

1.有一数码 **10010011**,作为自然二进制数时,它相当于十进制数＿＿＿＿＿＿。

2.逻辑函数的表达形式主要有＿＿＿＿＿,＿＿＿＿＿,＿＿＿＿＿,逻辑图等四种。

3.数制转换（DC）H = （　　　　）D = （　　　　　　　）B = （　　　　）O。

二、用**与或**门实现以下逻辑关系,并画出逻辑简图。

1. $Y=\overline{A}C+AB$

2. $Y = A + B + \bar{C}$

3. $Y = A + \bar{B} + C$

4. $Y = \overline{A + B + C}$

三、将下列逻辑函数展开成最小项表达式。

1. $Y(A, B, C) = \bar{A}B + AB\bar{C} + AC$

2. $Y(A, B, C) = (\bar{A} + B)(A + C)$

四、用公式法化简以下逻辑函数。

1. $Y = \bar{A}B + AB\bar{C} + ABC$

2. $Y = \bar{A} + \bar{B} + \bar{C} + ABC$

3. $Y = (A + B + \bar{C})(A + B + C)$

4. $Y = \overline{AC + \bar{A}BC + \bar{B}C + AB\bar{C}}$

五、用卡诺图化简以下逻辑函数。

1. $Y = \bar{A}BC + \bar{A}B\bar{C} + AB$

2. $Y = A + A\bar{B} + \bar{A}BC + \bar{A}\bar{B}\bar{C}D$

3. $Y(A, B, C, D) = \sum m(1, 2, 6, 7, 10, 11, 13, 15)$

4. $Y(A, B, C, D) = \sum m(2, 6, 7, 8, 9, 10, 11, 13, 14, 15)$

第**9**章

逻辑门电路的分析与实践

本章主要介绍时序逻辑电路的概念、组成及应用，时序逻辑电路的分析与设计方法。

教学目标

能力目标
- 能分析时序逻辑电路
- 能设计时序逻辑电路

知识目标
- 理解时序逻辑电路的概念
- 理解各种触发器的功能特点
- 掌握时序逻辑电路的分析方法
- 掌握时序逻辑电路的设计方法

9.1   逻辑门电路概述

实现基本和常用逻辑运算的电子电路,称为逻辑门电路,是构成集成电路的基本组件。所谓门就是一种开关,它能按照一定的条件去控制信号的通过或不通过。门电路的输入和输出之间存在一定的逻辑关系(因果关系),所以门电路又称为逻辑门电路。在数字电路中,最基本的逻辑关系是**与**、**或**、**非**三种,最基本的逻辑门是**与门**、**或门**和**非门**。

实现"与"运算的称为**与门**;实现"**或**"运算的称为**或门**;实现"**非**"运算的称为**非门**,也称为反相器。

逻辑门电路按其内部有源器件的不同可以分为三大类。第一类为双极型晶体管逻辑门电路,包括 TTL、ECL 电路等几种类型;第二类为单极型 MOS 逻辑门电路,包括 CMOS、PMOS、LDMOS、VDMOS、VVMOS、IGT 等几种类型;第三类则是二者的组合 BIC-MOS 门电路。

1. TTL 逻辑门电路

TTL(全称 Transistor-Transistor Logic)即 BJT-BJT 逻辑门电路,是数字电子技术中常用的一种逻辑门电路,应用较早,技术已比较成熟。TTL 主要由 BJT(Bipolar Junction Transistor 即双极结型晶体管,晶体三极管)和电阻构成,具有速度快的特点。最早的 TTL 门电路是 74 系列,后来出现了 74H 系列,74L 系列,74LS,74AS,74ALS 等系列。但是由于 TTL 功耗大等缺点,正逐渐被 CMOS 电路取代。

2. CMOS 逻辑门电路

CMOS 逻辑门电路功耗极低,成本低,电源电压范围宽,集成度高,抗干扰能力强,输入阻抗高,扇出能力强。常用的 MOS 门电路有 NMOS,PMOS,CMOS,LDMOS,VD-MOS 等 5 种。用 N 沟通增强型场效应管构成的逻辑电路称为 NMOS 电路;用 P 沟道场效应管构成的逻辑电路称为 PMOS 电路;CMOS 电路则是 NMOS 和 PMOS 的互补型电路,用横向双扩散 MOS 管构成的逻辑电路称为 LDMOS 电路;用垂直双扩散 MOS 管构成的逻辑电路称为 VDMOS 电路。

3. ECL 逻辑门电路

ECL(Emitter Coupled Logic)即发射极耦合逻辑电路,也称电流开关型逻辑电路。它是利用运放原理通过晶体管射极耦合实现的门电路。在所有数字电路中,它工作速度最高,其平均延迟时间可小至 1 ns。ECL 电路输入阻抗大,输出阻抗小,驱动能力强,信号检测能力高,差分输出,抗共模干扰能力强。但是由于单元门的开关管对是轮流导通的,对整个电路来讲没有"截止"状态,所以电路的功耗较大。

逻辑门电路按其集成度又可分为:SSI(小规模集成电路,每片组件包含 10~20 个等效门)。MSI(中规模集成电路,每片组件包含 20~100 个等效门)。LSI(大规模集成电路,每片组件内含 100~1 000 个等效门)。VLSI(超大规模集成电路,每片组件内含 1 000 个以上等效门)。

9.2   TTL 门电路

TTL 门电路有 74(商用)和 54(军用)两个系列,每个系列又有若干个子系列。TTL

电平信号被利用的最多是因为通常数据表示采用二进制规定,+5 V 等价于逻辑"**1**",0 V 等价于逻辑"**0**",这被称作 TTL(晶体管–晶体管逻辑电平)信号系统,这是计算机处理器控制的设备内部各部分之间通信的标准技术。

下面以 TTL **与非门**为例,来分析 TTL 门电路的组成。

9.2.1 TTL 与非门电路的组成

典型的 TTL **与非门**电路如图 9-1 所示,它由输入级、中间放大级和输出级三部分组成。

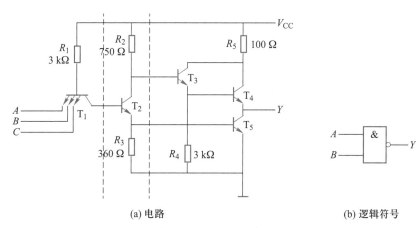

(a) 电路　　　　　　　　　(b) 逻辑符号

图 9-1　典型 TTL 与非门电路及逻辑符号

1. 输入级

输入级由多发射极三极管 T_1 和电阻 R_1 组成,实现**与**逻辑功能。

2. 中间放大级

中间放大级由 T_2、R_2 和 R_3 组成。从 T_2 管的集电极和发射极输出两个相位相反的信号,作为 T_3 和 T_5 的驱动信号。

3. 输出级

输出级由 T_3、T_4、T_5 和 R_4、R_5 组成,这种电路形式称为推拉式电路。其中 T_5 构成反相器,实现**非**逻辑功能,T_3、T_4 组成复合管,作为 T_5 的有源负载。

9.2.2 TTL 与非门集成电路

TTL **与非门**的外形多数为双列直插式,也有做成扁平式的。如图 9-2(a)所示为双列直插式,图 9-2(b)所示为扁平式。

图 9-2(c)、(d)分别是 74LS00 和 74LS20 的引脚排列图。74LS00 内含 4 个 2 输入**与非门**,74LS20 内含 2 个 4 输入**与非门**。一片集成电路内的各个逻辑门互相独立,可以单独使用,但它们共用一根电源线和一根地线。74LS20 的 3 脚和 11 脚为空脚。

9.2.3 TTL 集成电路系列

根据工作温度和电源电压允许工作范围不同,TTL 集成电路分为 54 系列和 74 系

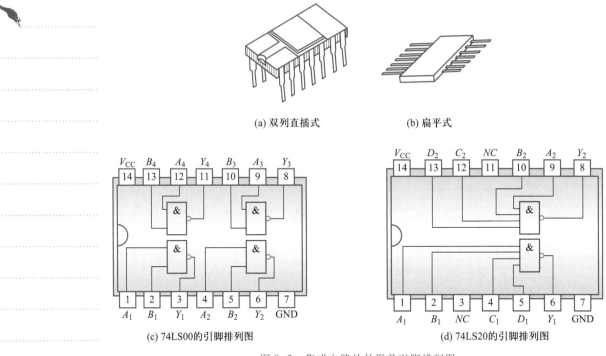

(a) 双列直插式   (b) 扁平式

(c) 74LS00的引脚排列图   (d) 74LS20的引脚排列图

图 9-2   集成电路的外形及引脚排列图

列两大类。54 系列和 74 系列具有完全相同的电路结构和电气性能参数,所不同的是它们的工作条件不同,54 系列更适合在温度条件恶劣、供电电源变化大的环境中工作,常用于军品;而 74 系列则适合在常规条件下工作,常用于民品。

54 系列和 74 系列又分几个子系列。它们分别是 54/74 标准系列、54/74H 高速系列、54/74S 肖特基系列、54/74LS 低功耗肖特基系列、54/74AS 先进肖特基系列、54/74ALS 先进低功耗肖特基系列等。54 系列和 74 系列的几个子系列的主要区别反映在平均传输延迟时间和平均功耗这两个参数上,其他电参数和引脚排列图基本上是彼此相容的。所谓肖特基系列,是在集成电路中生成抗饱和二极管(或称肖特基二极管)以避免三极管进入饱和状态,使传输延迟时间大幅度减小,用以提高 54/74 系列门电路的速度。下面以 74 系列为例来说明它的各子系列的主要区别。

1. 74 标准系列

74 标准系列又称标准 TTL 系列,和 CT1000 系列相对应,是 TTL 集成电路的早期产品,属中速 TTL 器件。由于电路中三极管的基极驱动电流过大,三极管则工作在深饱和状态,故工作速度不高,每门功耗约为 10 mW,平均传输延迟时间约为 10 ns。

2. 74H 高速系列

74H 高速系列又称 HTTL 系列,和 CT2000 系列相对应。它的特点是工作速度较标准系列高,平均传输延迟时间约为 6 ns,但每门功耗比较大,约为 20 mW。

3. 74S 肖特基系列

74S 肖特基系列又称 STTL 系列,和 CT3000 系列相对应。它的电路结构采用抗饱和三极管和有源泄放电路,使电路的工作速度和抗干扰能力都得到提高。平均传输延迟时间约为 3 ns,每门功耗约为 19 mW。

4. 74LS 低功耗肖特基系列

74LS 低功耗肖特基系列又称 LSTTL 系列,和 CT4000 系列相对应。它的电路结构是在 STTL 的基础上,加大了电阻阻值,这样既提高了工作速度,又降低了功耗。LSTTL 与非门的每门功耗约为 2 mW,平均传输延迟时间约为 5 ns,这是 TTL 门电路中功耗-延迟积最小的系列。

5. 74AS 先进肖特基系列

74AS 先进肖特基系列又称 ASTTL 系列,它是 74S 系列的后继产品,是在 74S 系列的基础上大大降低了电路中的电阻阻值,从而提高了工作速度。其平均传输延迟时间约为 1.5 ns,但每门功耗比较大,约为 20 mW。

6. 74ALS 先进低功耗肖特基系列

74ALS 先进低功耗肖特基系列又称 ALSTTL 系列,它是 74LS 系列的后继产品,是在 74LS 系列的基础上通过增大电路中的电阻阻值、改进生产工艺和缩小内部器件的尺寸等措施,降低了电路的平均功耗、提高了工作速度。其平均传输延迟时间约为 4 ns,每门功耗约为 1 mW。

74LS 系列常用芯片如图 9-3 所示。

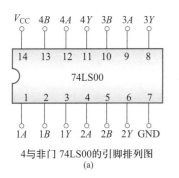

4与非门 74LS00的引脚排列图
(a)

6反相器 74LS04的引脚排列图
(b)

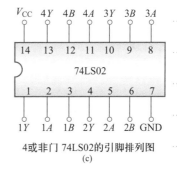

4或非门 74LS02的引脚排列图
(c)

图 9-3　74LS 系列常用芯片

9.3　逻辑门电路的应用

数字电路根据逻辑功能的不同特点,可以分成两大类,一类称为组合逻辑电路(简称组合电路),另一类称为时序逻辑电路(简称时序电路)。组合逻辑电路在逻辑功能上的特点是任意时刻的输出仅仅取决于该时刻的输入,与电路原来的状态无关。而时序逻辑电路在逻辑功能上的特点是任意时刻的输出不仅取决于当时的输入信号,而且还取决于电路原来的状态,或者说,还与以前的输入有关。而从结构上看,组合电路都是单纯由逻辑门组成,且输出不存在反馈路径。

9.3.1　组合逻辑电路的分析与设计

1. 组合逻辑电路的分析

所谓逻辑电路的分析,就是找出给定逻辑电路输出和输入之间的逻辑关系,并确定电路的逻辑功能。分析过程一般按下列步骤进行:

教学课件
组合逻辑电路分析

① 根据给定的逻辑电路,从输入端开始,逐级推导出输出端的逻辑函数表达式。

② 通过化简,将逻辑函数表达式变换成最简表达式。

③ 根据输出函数表达式列出真值表。

④ 用文字概括出电路的逻辑功能。

【例 9-1】　组合电路如图 9-4 所示,分析该电路的逻辑功能。

解:(1) 由逻辑图逐级写出逻辑表达式。为了写表达式方便,借助中间变量 P。

$$P = \overline{ABC}$$

$$L = AP + BP + CP$$

$$= A\,\overline{ABC} + B\,\overline{ABC} + C\,\overline{ABC}$$

(2) 化简与变换: $L = \overline{\overline{ABC}(A+B+C)} = \overline{\overline{ABC}} + \overline{A+B+C} = ABC + \overline{A}\,\overline{B}\,\overline{C}$

(3) 由表达式列出真值表,如表 9-1 所示。

表 9-1　真　值　表

A	B	C	L
0	0	0	0
0	0	1	1
0	1	0	1
0	1	1	1
1	0	0	1
1	0	1	1
1	1	0	1
1	1	1	0

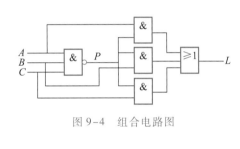

图 9-4　组合电路图

(4) 分析逻辑功能:当 A、B、C 三个变量不一致时,电路输出为"1",所以这个电路称为"不一致电路"。

2. 组合逻辑电路的设计

所谓组合逻辑电路的设计,就是根据给出的实际逻辑问题,求出实现这一逻辑功能的最佳逻辑电路。

(1) 工程上的最佳设计,通常需要用多个指标去衡量,主要考虑的问题有以下几个方面:

① 所用的逻辑器件数目最少,器件的种类最少,且器件之间的连线最少。这样的电路称"最小化"电路。

② 满足速度要求,应使级数最少,以减少门电路的延迟。

③ 功耗小,工作稳定可靠。

(2) 组合逻辑电路的设计一般可按以下步骤进行:

① 逻辑抽象。将文字描述的逻辑命题转换成真值表叫逻辑抽象。首先要分析逻辑命题,确定输入、输出变量;然后用二值逻辑的 **0**、**1** 两种状态分别对输入、输出变量进行逻辑赋值,即确定 **0**、**1** 的具体含义;最后根据输出与输入之间的逻辑关系列出真

值表。

　　② 根据真值表,写出相应的逻辑函数表达式。

　　③ 将逻辑函数表达式化简,并变换为与门电路相对应的最简式。

　　④ 根据化简的逻辑函数表达式画出逻辑电路图。

　　【9-2】　设计一个三人表决电路,结果按"少数服从多数"的原则决定。

　　解:(1)列真值表,如表9-2所示。

表9-2　真　值　表

A	B	C	L
0	0	0	0
0	0	1	0
0	1	0	0
0	1	1	1
1	0	0	0
1	0	1	1
1	1	0	1
1	1	1	1

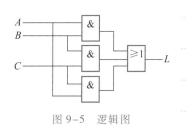

图9-5　逻辑图

　　(2)由真值表写出逻辑表达式:

$$L=\overline{A}BC+A\overline{B}C+AB\overline{C}+ABC$$

　　(3)化简得最简**与或**表达式:

$$L=AB+BC+AC$$

　　(4)画出逻辑图,如图9-5所示。

9.3.2　常用组合逻辑电路

　　1. 算术运算电路

　　(1)半加器

　　两个数 A、B 相加,只求本位之和,暂不管低位送来的进位数,称之为"半加"。完成半加功能的逻辑电路称为半加器。实际作二进制加法时,两个加数一般都不会是一位,因而不考虑低位进位的半加器是不能解决问题的。

　　① 半加器真值表

　　半加器真值表如表9-3所示。

表9-3　半加器真值表

加数 A	被加数 B	和数 S	进位数 CO
0	0	0	0
0	1	1	0
1	0	1	0
1	1	0	1

② 逻辑表达式

由真值表可得半加器的逻辑表达式为

$$S = A\overline{B} + \overline{A}B = A \oplus B$$
$$CO = AB$$

③ 逻辑图

半加器逻辑图和逻辑符号如图 9-6 所示。

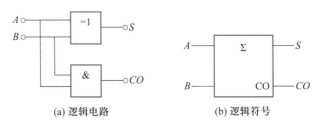

(a) 逻辑电路   (b) 逻辑符号

图 9-6   半加器逻辑图和逻辑符号

（2）全加器

两数相加，不仅考虑本位之和，而且也考虑低位来的进位数，称为"全加"。实现这一功能的逻辑电路称为全加器。

① 真值表

全加器真值表如表 9-4 所示。

表 9-4   全加器真值表

输入			输出	
加数 A	被加数 B	来自低位的进位数 C_i	和数 S	向高位的进位数 CO
0	0	0	0	0
0	0	1	1	0
0	1	0	1	0
0	1	1	0	1
1	0	0	1	0
1	0	1	0	1
1	1	0	0	1
1	1	1	1	1

② 逻辑表达式

由真值表可得全加器的逻辑表达式为

$$
\begin{aligned}
S &= \overline{A}B\overline{C_i} + A\overline{B}\,\overline{C_i} + \overline{A}\,\overline{B}C_i + ABC_i \\
&= (\overline{A}B + A\overline{B})\overline{C_i} + (\overline{A}\,\overline{B} + AB)C_i \\
&= (A \oplus B)\overline{C_i} + (\overline{A \oplus B})C_i \\
&= A \oplus B \oplus C_i
\end{aligned}
$$

$$CO = AB\,\overline{C_i} + \overline{A}BC_i + A\overline{B}C_i + ABC_i$$
$$= AB + AC_i + BC_i$$
$$= AB + (A+B)\,C_i$$

③ 逻辑图

全加器逻辑图和逻辑符号如图 9-7 所示。

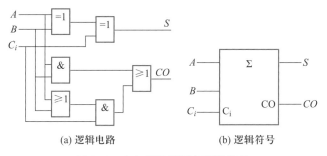

(a) 逻辑电路　　　　　(b) 逻辑符号

图 9-7　全加器逻辑图和逻辑符号

教学课件
编码器使用

微课
编码器使用

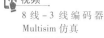
视频
8 线 - 3 线编码器
Multisim 仿真

文本
编码器使用

文本
编码器仿真实训

2. 编码器

用文字、符号或数码表示特定对象的过程称为编码。在数字电路中用二进制代码表示有关的信号称为二进制编码。实现编码操作的电路就是编码器。按照被编码信号的不同特点和要求,有普通编码器、优先编码器、二-十进制编码器之分。普通编码器中,任一时刻只允许输入一个编码信号,否则会发生混乱;优先编码器允许输入两个以上的编码信号,但它只对其中优先级最高的进行编码,常用的编码器有 8 线-3 线优先编码器 74148。

(1) 普通编码器

用 n 位二进制代码可对 $N \leqslant 2^n$ 个输入信号进行编码,输出相应的 n 位二进制代码。普通编码器在任何时刻只允许输入一个有效编码请求信号,否则输出将发生混乱。

【例 9-3】　3 位二进制普通编码器如图 9-8 所示,输入有 8 个高电平信号:$I_0 \sim I_7$;输出:3 位二进制代码 $Y_2 Y_1 Y_0$,故也称为 8 线-3 线编码器。

分析:在该编码器中,输入 $I_0 \sim I_7$ 中只允许一个输入变量有效,即取值为 **1**(高电平有效)。

① 3 位二进制编码器的真值表如表 9-5 所示。

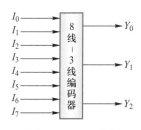

图 9-8　3 位二进制
普通编码器

表 9-5　真 值 表

输入								输出		
I_0	I_1	I_2	I_3	I_4	I_5	I_6	I_7	Y_2	Y_1	Y_0
1	**0**	**0**	**0**	**0**	**0**	**0**	**0**	**0**	**0**	**0**
0	**1**	**0**	**0**	**0**	**0**	**0**	**0**	**0**	**0**	**1**
0	**0**	**1**	**0**	**0**	**0**	**0**	**0**	**0**	**1**	**0**
0	**0**	**0**	**1**	**0**	**0**	**0**	**0**	**0**	**1**	**1**
0	**0**	**0**	**0**	**1**	**0**	**0**	**0**	**1**	**0**	**0**

续表

输入								输出		
I_0	I_1	I_2	I_3	I_4	I_5	I_6	I_7	Y_2	Y_1	Y_0
0	0	0	0	0	1	0	0	1	0	1
0	0	0	0	0	0	1	0	1	1	0
0	0	0	0	0	0	0	1	1	1	1

② 逻辑表达式：

$$Y_2 = I_4 + I_5 + I_6 + I_7$$
$$Y_1 = I_2 + I_3 + I_6 + I_7$$
$$Y_0 = I_1 + I_3 + I_5 + I_7$$

③ 逻辑电路图如图 9-9 所示。

（2）二进制优先编码器

在优先编码器中，允许同时输入两个以上的有效编码请求信号。当几个输入信号同时出现时，只对其中优先权最高的一个进行编码。优先级别的高低由设计者根据输入信号的轻重缓急情况而定。

【例 9-4】　8 线—3 线优先编码器 74LS148，引脚如图 9-10 所示，功能表如表 9-6所示。

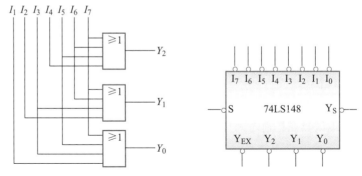

图 9-9　三位二进制普通编码器逻辑电路图　　　图 9-10　74LS148 引脚

表 9-6　74LS148 功能表

输入									输出				
S	I_0	I_1	I_2	I_3	I_4	I_5	I_6	I_7	Y_2	Y_1	Y_0	Y_S	Y_{EX}
1	×	×	×	×	×	×	×	×	1	1	1	1	1
0	1	1	1	1	1	1	1	1	1	1	1	0	1
0	×	×	×	×	×	×	×	0	0	0	0	1	0
0	×	×	×	×	×	×	0	1	0	0	1	1	0
0	×	×	×	×	×	0	1	1	0	1	0	1	0
0	×	×	×	×	0	1	1	1	0	1	1	1	0
0	×	×	×	0	1	1	1	1	1	0	0	1	0
0	×	×	0	1	1	1	1	1	1	0	1	1	0
0	×	0	1	1	1	1	1	1	1	1	0	1	0
0	0	1	1	1	1	1	1	1	1	1	1	1	0

说明：

设 I_7 的优先级别最高，I_6 次之，依此类推，I_0 最低。

扩展电路功能：

① S—选通输入端，低电平有效。

② Y_S—选通输出端，低电平表示"电路工作，无编码信号输入"。

③ Y_{EX}—扩展输出端，低电平表示"电路工作，有编码信号输入"。

3. 译码器

译码是编码的逆过程，它的作用是把给定的代码进行"翻译"，变成相应的状态，使输出通道中相应的一路有信号输出。译码器在数字电路中有广泛的用途，不仅用于代码的转换、终端的数字显示，还用于数据分配，存储器寻址和组合控制信号等。不同的功能可选用不同种类的译码器。在数字电路中常用的译码器有二进制译码器和显示译码器等。

（1）二进制译码器

用以表示输入变量的状态，如 2 线–4 线、3 线–8 线和 4 线–16 线译码器。若有 n 个输入变量，则有 2^n 个不同的组合状态，就有 2^n 个输出端供其使用。而每一个输出所代表的函数对应于 n 个输入变量的最小项。

下面以 3 线–8 线译码器 74LS138 为例进行分析，图 9–11（a）、（b）分别为其逻辑图及引脚排列，表 9–7 为 74LS138 功能表。

教学课件
译码器使用

微课
译码器使用

文本
译码器使用

文本
译码器仿真实训 1

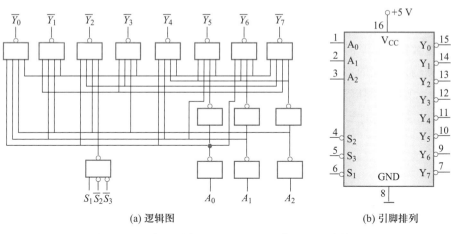

(a) 逻辑图　　(b) 引脚排列

图 9–11　3 线–8 线译码器 74LS138 逻辑图及引脚排列

表 9–7　74LS138 功能表

输入					输出							
S_1	$\overline{S_2}+\overline{S_3}$	A_2	A_1	A_0	$\overline{Y_0}$	$\overline{Y_1}$	$\overline{Y_2}$	$\overline{Y_3}$	$\overline{Y_4}$	$\overline{Y_5}$	$\overline{Y_6}$	$\overline{Y_7}$
1	0	0	0	0	0	1	1	1	1	1	1	1
1	0	0	0	1	1	0	1	1	1	1	1	1
1	0	0	1	0	1	1	0	1	1	1	1	1
1	0	0	1	1	1	1	1	0	1	1	1	1
1	0	1	0	0	1	1	1	1	0	1	1	1

续表

输入					输出							
S_1	$\overline{S_2}+\overline{S_3}$	A_2	A_1	A_0	$\overline{Y_0}$	$\overline{Y_1}$	$\overline{Y_2}$	$\overline{Y_3}$	$\overline{Y_4}$	$\overline{Y_5}$	$\overline{Y_6}$	$\overline{Y_7}$
1	**0**	**1**	**0**	**1**	**1**	**1**	**1**	**1**	**1**	**0**	**1**	**1**
1	**0**	**1**	**1**	**0**	**1**	**1**	**1**	**1**	**1**	**1**	**0**	**1**
1	**0**	**1**	**1**	**1**	**1**	**1**	**1**	**1**	**1**	**1**	**1**	**0**
0	**×**	**×**	**×**	**×**	**1**	**1**	**1**	**1**	**1**	**1**	**1**	**1**
×	**1**	**×**	**×**	**×**	**1**	**1**	**1**	**1**	**1**	**1**	**1**	**1**

说明：

其中 A_2、A_1、A_0 为地址输入端，$\overline{Y_0} \sim \overline{Y_7}$ 为译码输出端，S_1、$\overline{S_2}$、$\overline{S_3}$ 为使能端。

当 $S_1=1$，$\overline{S_2}+\overline{S_3}=0$ 时，器件使能，地址码所指定的输出端有信号（为 **0**）输出，其他所有输出端均无信号（全为 **1**）输出。当 $S_1=0$，$\overline{S_2}+\overline{S_3}=\times$ 时，或 $S_1=\times$，$\overline{S_2}+\overline{S_3}=1$ 时，译码器被禁止，所有输出同时为 **1**。

二进制译码器实际上也是负脉冲输出的脉冲分配器。若利用使能端中的一个输入端输入数据信息，器件就成为一个数据分配器（又称多路分配器），如图 9-12 所示。若在 S_1 输入端输入数据信息，$\overline{S_2}=\overline{S_3}=0$，地址码所对应的输出是 S_1 数据信息的反码；若从 $\overline{S_2}$ 端输入数据信息，令 $S_1=1$，$\overline{S_3}=0$，地址码所对应的输出就是 $\overline{S_2}$ 端数据信息的原码。若数据信息是时钟脉冲，则数据分配器便成为时钟脉冲分配器。

根据输入地址的不同组合译出唯一地址，故可用作地址译码器。接成多路分配器，可将一个信号源的数据信息传输到不同的地点。

【例 9-5】 利用二进制译码器实现逻辑函数 $Z=\overline{A}\,\overline{B}\,\overline{C}+\overline{A}BC+A\overline{B}\,\overline{C}+ABC$，如图 9-13 所示。

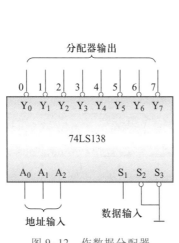

图 9-12   作数据分配器

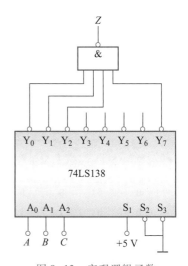

图 9-13   实现逻辑函数

【例 9-6】 利用二进制译码器使能端能将两个 3 线-8 线译码器组合成一个 4 线-16 线译码器,如图 9-14 所示。

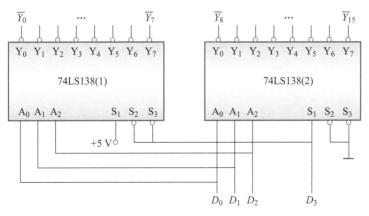

图 9-14 用两片 74LS138 组合成 4 线-16 线译码器

（2）显示译码器

驱动各种显示器件,从而将用二进制代码表示的数字、文字、符号等翻译成人们习惯的形式,并直观地显示出来的电路,称为显示译码器,包括:七段发光二极管（LED）数码管及 BCD 码七段译码驱动器。

① 七段发光二极管（LED）数码管

LED 数码管是目前最常用的数字显示器,如图 9-15 所示。

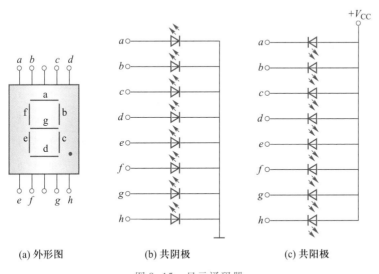

(a) 外形图   (b) 共阴极   (c) 共阳极

图 9-15 显示译码器

一个 LED 数码管可用来显示一位 0~9 十进制数和一个小数点。小型数码管(0.5 寸和 0.36 寸)每段发光二极管的正向压降,随显示光(通常为红、绿、黄、橙色)的颜色不同略有差别,通常为 2~2.5 V,每个发光二极管的点亮电流在 5~10 mA。LED 数码管要显示 BCD 码所表示的十进制数字就需要有一个专门的译码器,该译码器不但要完成译码功能,还要有相当的驱动能力。

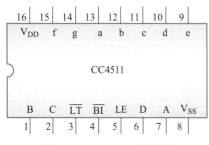

图 9-16　CC4511 引脚排列

② BCD 码七段译码驱动器

此类译码器型号有 74LS47（共阳）,74LS48（共阴）,CC4511（共阴）等。图 9-16 所示为 CC4511 译码器。

其中：

A、B、C、D—BCD 码输入端。

a、b、c、d、e、f、g—译码输出端,输出"**1**"有效,用来驱动共阴极 LED 数码管。

$\overline{LT}$—测试输入端,$\overline{LT}$ = "**0**"时,译码输出全为"**1**"。

$\overline{BI}$—消隐输入端,$\overline{BI}$ = "**0**"时,译码输出全为"**0**"。

LE—锁定端,LE = "**1**"时译码器处于锁定（保持）状态,译码输出保持在 LE = 0 时的数值,LE = **0** 为正常译码。

文本
译码器仿真实训 2

表 9-8 为 CC4511 功能表。译码器还有拒伪码功能,当输入码超过 **1001** 时,输出全为"**0**",数码管熄灭。

表 9-8　CC4511 功能表

输入							输出							显示字形
LE	$\overline{BI}$	$\overline{LT}$	D	C	B	A	a	b	c	d	e	f	g	
×	×	**0**	×	×	×	×	**1**	**1**	**1**	**1**	**1**	**1**	**1**	8
×	**0**	**1**	×	×	×	×	**0**	**0**	**0**	**0**	**0**	**0**	**0**	消隐
0	**1**	**1**	**0**	**0**	**0**	**0**	**1**	**1**	**1**	**1**	**1**	**1**	**0**	0
0	**1**	**1**	**0**	**0**	**0**	**1**	**0**	**1**	**1**	**0**	**0**	**0**	**0**	1
0	**1**	**1**	**0**	**0**	**1**	**0**	**1**	**1**	**0**	**1**	**1**	**0**	**1**	2
0	**1**	**1**	**0**	**0**	**1**	**1**	**1**	**1**	**1**	**1**	**0**	**0**	**1**	3
0	**1**	**1**	**0**	**1**	**0**	**0**	**0**	**1**	**1**	**0**	**0**	**1**	**1**	4
0	**1**	**1**	**0**	**1**	**0**	**1**	**1**	**0**	**1**	**1**	**0**	**1**	**1**	5
0	**1**	**1**	**0**	**1**	**1**	**0**	**0**	**0**	**1**	**1**	**1**	**1**	**1**	6
0	**1**	**1**	**0**	**1**	**1**	**1**	**1**	**1**	**1**	**0**	**0**	**0**	**0**	7
0	**1**	**1**	**1**	**0**	**0**	**0**	**1**	**1**	**1**	**1**	**1**	**1**	**1**	8
0	**1**	**1**	**1**	**0**	**0**	**1**	**1**	**1**	**1**	**0**	**0**	**1**	**1**	9
0	**1**	**1**	**1**	**0**	**1**	**0**	**0**	**0**	**0**	**0**	**0**	**0**	**0**	消隐
0	**1**	**1**	**1**	**0**	**1**	**1**	**0**	**0**	**0**	**0**	**0**	**0**	**0**	消隐
0	**1**	**1**	**1**	**1**	**0**	**0**	**0**	**0**	**0**	**0**	**0**	**0**	**0**	消隐
0	**1**	**1**	**1**	**1**	**0**	**1**	**0**	**0**	**0**	**0**	**0**	**0**	**0**	消隐
0	**1**	**1**	**1**	**1**	**1**	**0**	**0**	**0**	**0**	**0**	**0**	**0**	**0**	消隐
0	**1**	**1**	**1**	**1**	**1**	**1**	**0**	**0**	**0**	**0**	**0**	**0**	**0**	消隐
1	**1**	**1**	×	×	×	×	锁存							锁存

9.4　实训

9.4.1　组合逻辑电路的设计与测试

1. 实训目的

掌握组合逻辑电路的设计与测试方法。

2. 实训原理

使用中、小规模集成电路来设计的组合逻辑电路是最常见的逻辑电路。设计组合逻辑电路的一般步骤如图 9-17 所示。

根据设计任务的要求建立输入、输出变量，并列出真值表。然后用逻辑代数或卡诺图化简法求出简化的逻辑表达式。并按实际选用逻辑门的类型修改逻辑表达式。根据简化后的逻辑表达式，画出逻辑图，用标准器件构成逻辑电路。最后，用实训来验证设计的正确性。

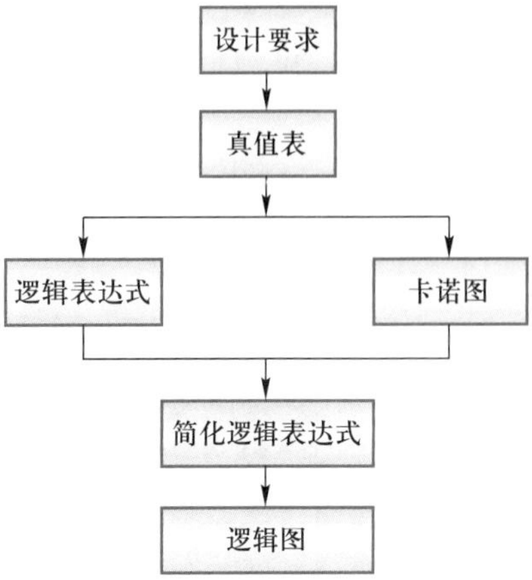

图 9-17　组合逻辑电路设计流程图

3. 实训设备与器件

（1）+5 V 直流电源　　　（2）逻辑电平开关

（3）逻辑电平显示器　　　（4）直流数字电压表

（5）CC4011×2（74LS00）　　CC4012×3（74LS20）　　CC4030（74LS86）

　　　CC4081（74LS08）　　　74LS54×2（CC4085）　　CC4001（74LS02）

4. 实训内容

用**与非**门设计一个表决电路。

9.4.2　译码器及其应用

1. 实训目的

（1）掌握中规模集成译码器的逻辑功能和使用方法。

（2）熟悉数码管的使用。

2. 实训原理

译码器是一个多输入、多输出的组合逻辑电路。它的作用是把给定的代码进行"翻译"，变成相应的状态，使输出通道中相应的一路有信号输出。译码器在数字系统中有广泛的用途，不仅用于代码的转换、终端的数字显示，还用于数据分配，存储器寻址和组合控制信号等。不同的功能可选用不同种类的译码器。

3. 实训设备与器件

（1）+5 V 直流电源　　　（2）双踪示波器

（3）连续脉冲源　　　　　（4）逻辑电平开关

（5）逻辑电平显示器　　　（6）拨码开关组

（7）译码显示器

（8）74LS138×2　　　CC4511

图 9-18 CC4511 引脚排列

4．实训内容

（1）数据拨码开关的使用

将实训装置上的四组拨码开关的输出 A_i、B_i、C_i、D_i 分别接至 4 组显示译码/驱动器 CC4511 的对应输入口，引脚排列如图 9-18 所示。LE、$\overline{BI}$、$\overline{LT}$ 接至 3 个逻辑开关的输出插口，接上 +5 V 显示器的电源，然后按表 9-9 功能表输入的要求撤动 4 个数码的增减键（"+"与"-"键）和操作与 LE、$\overline{BI}$、$\overline{LT}$ 对应的 3 个逻辑开关，观测拨码盘上的四位数与 LED 数码管显示的对应数字是否一致，及译码显示是否正常。

表 9-9　功　能　表

输入							输出							显示字形
LE	$\overline{BI}$	$\overline{LT}$	D	C	B	A	a	b	c	d	e	f	g	
×	×	0	×	×	×	×	1	1	1	1	1	1	1	8
×	0	1	×	×	×	×	0	0	0	0	0	0	0	消隐
0	1	1	0	0	0	0	1	1	1	1	1	1	0	0
0	1	1	0	0	0	1	0	1	1	0	0	0	0	1
0	1	1	0	0	1	0	1	1	0	1	1	0	1	2
0	1	1	0	0	1	1	1	1	1	1	0	0	1	3
0	1	1	0	1	0	0	0	1	1	0	0	1	1	4
0	1	1	0	1	0	1	1	0	1	1	0	1	1	5
0	1	1	0	1	1	0	0	0	1	1	1	1	1	6
0	1	1	0	1	1	1	1	1	1	0	0	0	0	7
0	1	1	1	0	0	0	1	1	1	1	1	1	1	8
0	1	1	1	0	0	1	1	1	1	0	0	1	1	9
0	1	1	1	0	1	0	0	0	0	0	0	0	0	消隐
0	1	1	1	0	1	1	0	0	0	0	0	0	0	消隐
0	1	1	1	1	0	0	0	0	0	0	0	0	0	消隐
0	1	1	1	1	0	1	0	0	0	0	0	0	0	消隐
0	1	1	1	1	1	0	0	0	0	0	0	0	0	消隐
0	1	1	1	1	1	1	0	0	0	0	0	0	0	消隐
1	1	1	×	×	×	×	锁存							锁存

（2）74LS138 译码器逻辑功能测试

74LS138 译码器逻辑功能测试，引脚排列如图 9-19 所示。将译码器使能端 S_1、$\overline{S_2}$、$\overline{S_3}$ 及地址端 A_2、A_1、A_0 分别接至逻辑电平开关输出口，8 个输出端 $\overline{Y_7}$、…、$\overline{Y_0}$ 依次连接

在逻辑电平显示器的 8 个输入口上,拨动逻辑电平开关,按表 9-10 功能表逐项测试 74LS138 的逻辑功能。

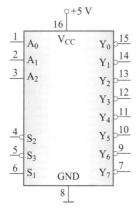

图 9-19　3 线-8 线译码器 74LS138 引脚排列

表 9-10　功　能　表

输入					输出							
S_1	$\overline{S_2}+\overline{S_3}$	A_2	A_1	A_0	$\overline{Y_0}$	$\overline{Y_1}$	$\overline{Y_2}$	$\overline{Y_3}$	$\overline{Y_4}$	$\overline{Y_5}$	$\overline{Y_6}$	$\overline{Y_7}$
1	0	0	0	0	0	1	1	1	1	1	1	1
1	0	0	0	1	1	0	1	1	1	1	1	1
1	0	0	1	0	1	1	0	1	1	1	1	1
1	0	0	1	1	1	1	1	0	1	1	1	1
1	0	1	0	0	1	1	1	1	0	1	1	1
1	0	1	0	1	1	1	1	1	1	0	1	1
1	0	1	1	0	1	1	1	1	1	1	0	1
1	0	1	1	1	1	1	1	1	1	1	1	0
0	×	×	×	×	1	1	1	1	1	1	1	1
×	1	×	×	×	1	1	1	1	1	1	1	1

(3) 4 线-16 线译码器的构建

用两片 74LS138 组合成一个 4 线-16 线译码器,并进行实训。

5. 实训总结

(1) 画出实训线路,把观察到的波形画在坐标纸上,并标上对应的地址码。

(2) 对实训结果进行分析、讨论。

习　题

1. 逻辑电路如题图 9-1 所示,试写出逻辑表达式并化简之。

2. 逻辑电路如题图 9-2 所示，试写出逻辑表达式并化简，列出状态表，分析逻辑功能。

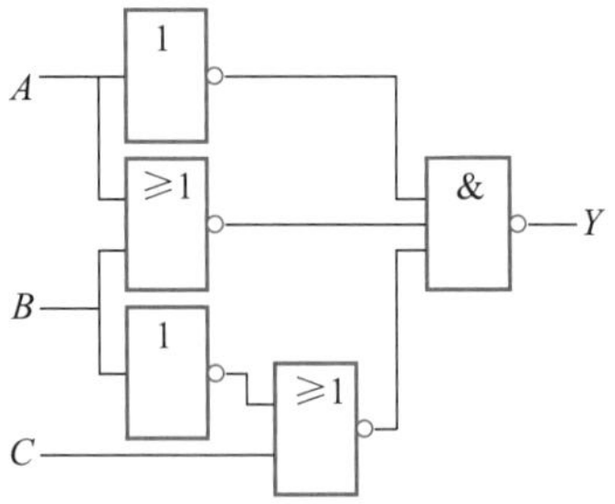

题图 9-1 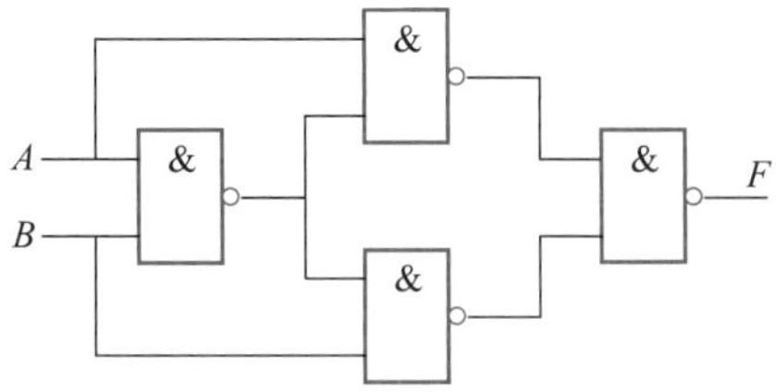　　　　　　　　　　　题图 9-2

3. 已知逻辑图及输入 A 的波形如题图 9-3 所示，试画出 F_1，F_2，F_3 的波形。

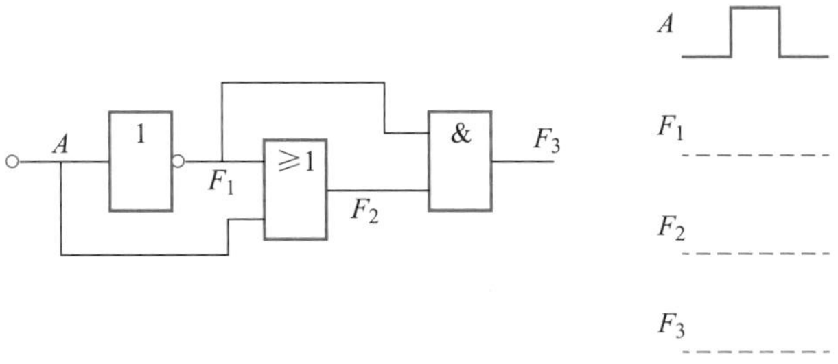

题图 9-3

4. 已知某逻辑要求的真值表见表 9-11，试写出输出变量 F 与输入变量 A、B、C 之间的逻辑表达式，并画出逻辑电路（要求用**与非门**实现）。

表 9-11　真　值　表

A	B	C	F
0	0	0	0
0	0	1	0
0	1	0	0
0	1	1	1
1	0	0	0
1	0	1	0
1	1	0	1
1	1	1	0

第 **10** 章

时序逻辑电路的分析与实践

组合逻辑电路的输出状态只取决于当时的输入状态，而时序逻辑电路有两个互补输出端，其输出状态不仅取决于当时的输入状态，还与电路的原来状态有关，这说明时序逻辑电路具有记忆功能。

在数字系统中，既有能够进行逻辑运算和算术运算的组合逻辑电路，也需要具有记忆功能的时序逻辑电路。组合逻辑电路的基本单元是门电路，而时序逻辑电路的基本单元是触发器，触发器再加上组合逻辑电路就组成了时序逻辑电路。

本章主要介绍逻辑门电路的概念与分类，组合逻辑电路的分析与设计方法。

教学目标

能力目标
● 能识别集成门电路器件
● 能分析、设计组合逻辑电路

知识目标
● 理解逻辑门电路的概念与分类
● 掌握组合逻辑电路的分析方法
● 掌握组合逻辑电路的设计方法

10.1　触发器概述

10.1.1　触发器基本概念

在实际的数字系统中往往包含大量的存储单元,而且经常要求它们在同一时刻同步动作,为达到这个目的,在每个存储单元电路上引入一个时钟脉冲(CP)作为控制信号,只有当 CP 到来时电路才被"触发"而动作,并根据输入信号改变输出状态。这种存储单元称为触发器,它是一种具有记忆功能,能储存 1 位二进制信息的逻辑电路。与其他逻辑电路相比,触发器具有如下显著特点:

(1) 具有两个稳定的状态,用来表示电路的两个逻辑状态。

(2) 在输入信号作用下,可以被置成"**0**"态或"**1**"态。

(3) 当输入信号撤销后,所置成的状态能够保持不变。

通常,我们把输入信号作用前的触发器状态称为现在状态("现态"),用 Q^n 和 $\overline{Q^n}$ 表示;把在输入信号作用后触发器的状态称为下一状态("次态"),用 Q^{n+1} 和 $\overline{Q^{n+1}}$ 表示。

10.1.2　触发器的分类

触发器按以下三种方式分类:

(1) 根据有无时钟脉冲触发可分为两类:基本无时钟触发器与时钟控制触发器。

(2) 根据电路结构不同可分为四种:同步 RS 触发器、主从触发器、维持阻塞触发器和边沿触发器。

(3) 根据逻辑功能不同可分为五种:RS 触发器、JK 触发器、D 触发器、T 触发器、T' 触发器。

10.1.3　触发器的触发方式

(1) 电平触发:直接电平触发(低电平有效/高电平有效),无时钟脉冲控制。

(2) 脉冲触发:在 CP 的(高/低)电平期间触发,即在整个电平期间接收信号、在整个电平期间状态相应更新。

(3) 边沿触发:只在 CP 的 ↑ 或 ↓ 边沿触发,即只在 CP 的 ↑ 或 ↓ 边沿接收信号 $RS/JK/D/T$,只在 CP 的 ↑ 或 ↓ 边沿状态更新。在逻辑符号中输入端处有">"标记时表示边沿触发,下降沿触发再加小圆圈表示。

(4) 主从触发:有主、从两个触发器,在 CP 的高/低电平期间交替工作、封锁。即只在 CP 的高电平期间(或低电平期间)接收信号,在 CP 的 ↑ 或 ↓ 边沿总的输出状态更新。

本书在分析触发器的功能时,一般采用真值表、特征方程、状态图和波形图来描述其功能。研究触发方式时,主要是分析输入信号的加入与触发脉冲之间的时间关系。

10.2 常见触发器

教学课件
RS 触发器使用

微课
RS 触发器使用

文本
RS 触发器使用

文本
RS 触发器仿真实训 1

文本
RS 触发器仿真实训 2

10.2.1 RS 触发器

1. 基本 RS 触发器

基本 RS 触发器又称 RS 锁存器,它是构成各种触发器最简单的基本单元。

基本 RS 触发器可以用两个**与非**门交叉连接而成。图 10-1(a)是基本 RS 触发器逻辑电路图,图 10-1(b)是其逻辑符号。

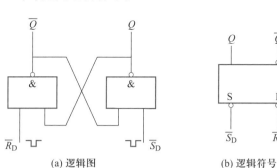

(a) 逻辑图　　　　　　　　(b) 逻辑符号

图 10-1　基本 RS 触发器

（1）基本 RS 触发器的结构与工作原理

基本触发器有两个互补的输出端 Q 与 $\overline{Q}$,两者的逻辑状态在正常条件下保持反相。一般用 Q 端的状态表示触发器状态。$\overline{R}_D$、$\overline{S}_D$ 为触发器的两个输入端,根据输入信号 $\overline{R}_D$、$\overline{S}_D$ 状态不同,输入信号有 4 种不同的组合。

① $\overline{S}_D = 1$、$\overline{R}_D = 0$ 时:不论触发器原来处于什么状态,次态都将变成 **0** 态,这种情况称将触发器置 **0** 或复位。$\overline{R}_D$ 端称为触发器的置 **0** 端或复位端(低电平有效)。

② 当 $\overline{S}_D = 0$、$\overline{R}_D = 1$ 时,不论触发器原来处于什么状态,次态都将变成 **1** 态,这种情况称将触发器置 **1** 或置位。$\overline{S}_D$ 端称为触发器的置 **1** 端或置位端(低电平有效)。

③ 当 $\overline{S}_D$、$\overline{R}_D = 1$ 时,两个**与非**门原工作状态不受影响,触发器输出保持不变,相当于把 $\overline{S}_D$ 端某一时刻的电平信号存储起来了,这就是它具有的记忆功能。

④ 当 $\overline{S}_D$、$\overline{R}_D = 0$ 时,两个**与非**门输出都为 **1**,达不到 Q 与 $\overline{Q}$ 状态反相的逻辑要求,并且当两个输入信号负脉冲同时撤去(回到 **1**)后,触发器状态将不能确定是 **1** 还是 **0**,因此,使用时应禁止该情况的发生。

（2）基本 RS 触发器的功能描述

① 状态转移真值表

将触发器的次态 Q^{n+1} 与现态 Q^n,以及输入信号之间的逻辑关系用表格的形式表示出来,称为状态转移真值表,简称状态表或真值表。根据以上工作原理分析,可得出基本 RS 触发器的状态转移真值表如表 10-1 所示。

表 10-1　基本 RS 触发器真值表

$\overline{R}_D$	$\overline{S}_D$	Q^n	Q^{n+1}	功能
0	0	0	×	不允许
0	0	1	×	
0	1	0	0	$Q^{n+1}=0$
0	1	1	0	置 0
1	0	0	1	$Q^{n+1}=1$
1	0	1	1	置 1
1	1	0	0	$Q^{n+1}=Q^n$
1	1	1	1	保持

② 特征方程

描述触发器逻辑功能的函数表达式称为特征方程,又称状态方程或次态方程。根据基本 RS 触发器的真值表,可得其特征方程为

$$\begin{cases} Q^{n+1}=\overline{\overline{S}_D+\overline{R}_D Q^n}=S_D+\overline{R}_D Q^n \\ \overline{R}_D+\overline{S}_D=1\,(约束条件) \end{cases} \tag{10-1}$$

③ 状态转移图(状态图)

描述触发器的状态转换关系及转换条件的图形称为状态转移图,简称状态图。根据基本 RS 触发器的真值表,可得其状态转移图如图 10-2 所示。它以图形的方式形象化地表示了触发器状态转换的规律。图中的两个圆圈分别代表触发器的两个状态,箭头表示状态转换的方向,箭头旁边所标注的是转换条件。

④ 波形图

工作波形图又称为时序图,是描述触发器的输出状态随时间和输入信号变化的规律的图形。根据基本 RS 触发器的真值表,可得其波形图如图 10-3 所示。

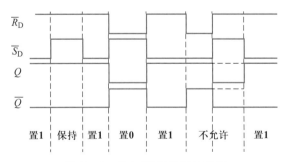

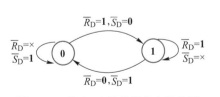

图 10-2　基本 RS 触发器状态转移图

图 10-3　基本 RS 触发器波形图

2. 同步 RS 触发器

基本 RS 触发器属于异步或无时钟触发器,它的特点是:只要输入信号发生变化,触发器的状态就会立即发生变化。但在实际使用中,常常要求系统中的各触发器按一

定的时间节拍动作,即受时钟脉冲 CP 的控制,这种触发器我们称为可控触发器或同步触发器。

（1）同步 RS 触发器的结构与工作原理

图 10-4（a）、（b）分别为同步 RS 触发器的逻辑图和逻辑符号。它是在基本 RS 触发器基础上加入了一个由控制门 G_3、G_4 构成的导引电路。其中 CP 是时钟脉冲。控制端 R、S 为信号输入端。$\overline{R}_D$、$\overline{S}_D$ 是直接复位端和直接置位端,它们不受时钟脉冲及 G_3、G_4 门的控制,一般在工作之初,首先使触发器处于某一给定状态,在工作过程中 $\overline{R}_D$、$\overline{S}_D$ 处于"**1**"态。

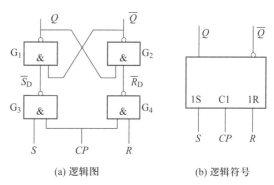

(a) 逻辑图　　　　(b) 逻辑符号

图 10-4　同步 RS 触发器的逻辑图和逻辑符号

由图 10-4（a）可知,当 $CP=\mathbf{0}$ 时,G_3、G_4 门被封锁,输入信号 R、S 不起作用,G_3、G_4 门输出均为 **1**。又因 $\overline{R}_D=\mathbf{1}$、$\overline{S}_D=\mathbf{1}$,输出不变,即 $Q^{n+1}=Q^n$,其中 Q^n 表示时钟正脉冲到来之前的状态称为现态,Q^{n+1} 表示时钟脉冲到来之后的状态,称为次态。

当 $CP=\mathbf{1}$ 时,G_3、G_4 门打开,输入信号 R、S 起作用,经与非门 G_3、G_4 将 R、S 端的信号传送到基本 RS 触发器的输入端,触发器触发翻转。由于当 $R=S=\mathbf{1}$ 时,触发器为不定状态,因此在实际使用中应当避免出现这种情况。

（2）同步 RS 触发器的功能描述

① 状态转移真值表

用类似于基本 RS 触发器的分析,可得同步 RS 触发器的功能如表 10-2 所示。

表 10-2　状态转移真值表（$CP=\mathbf{1}$ 时）

R	S	Q^{n+1}
0	**0**	Q^n
0	**1**	**1**
1	**0**	**0**
1	**1**	不定

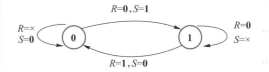

图 10-5　同步 RS 触发器状态转移图

② 特征方程

根据真值表,同步 RS 触发器的逻辑功能可用如下特征方程表示:

$$\begin{cases} Q^{n+1}=S+\overline{R}Q^n \\ RS=\mathbf{0}（约束条件） \end{cases} \qquad (10-2)$$

③ 状态转移图（$CP=\mathbf{1}$）如图 10-5 所示。

④ 波形图（设初态为 **0**）如图 10-6 所示。

10.2.2　JK 触发器

在输入信号为双端的情况下,JK 触发器是功能完善、使用灵活和通用性较强的一

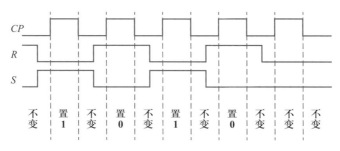

图 10-6 同步 RS 触发器波形图

种触发器。在实际应用中,它不仅有很强的通用性,而且能灵活地转换其他类型的触发器。通常 JK 触发器以边沿触发为主。

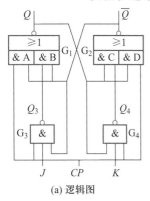

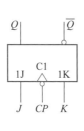

(a) 逻辑图 (b) 逻辑符号

图 10-7 下降沿 JK 触发器的逻辑图和逻辑符号

教学课件
JK 触发器使用

微课
JK 触发器使用

微课
JK 触发器 Multisim
仿真

动画
JK 触发器

文本
JK 触发器使用

文本
JK 触发器使用实训

1. 边沿 JK 触发器

(1) 下降沿 JK 触发器的结构与工作原理

下降沿 JK 触发器的逻辑图和逻辑符号如图 10-7 所示。

由图 10-7 可知,$CP=0$ 或 1 及 $CP\uparrow$ 期间,触发器无法接受输入信号,保持原态,输入信号无效。当 $CP\downarrow$ 到来时,触发器被打开,接受输入信号 J 和 K 的值:

① 当 $J=1,K=0$ 时,输出 $Q^{n+1}=1$,$\overline{Q^{n+1}}=0$,即触发器处于 1 态,具有置 1 功能。

② 当 $J=0,K=1$ 时,输出 $Q^{n+1}=0$,$\overline{Q^{n+1}}=1$,即触发器处于 0 态,具有置 0 功能。

③ 当 $J=1,K=1$ 时,输出 Q^{n+1} 和 $\overline{Q^{n+1}}$ 的状态是对前一个输出的 Q^n 和 $\overline{Q^n}$ 的状态取反,即触发器具有翻转功能。

④ 当 $J=0,K=0$ 时,触发器保持初态,具有保持功能。

(2) JK 触发器的功能描述

① 状态转移真值表。下降沿 JK 触发器的功能如表 10-3 所示。

表 10-3 状态转移真值表($CP=\downarrow$ 时)

J	K	Q^n	Q^{n+1}	功能
0	0	0	0	$Q^{n+1}=Q^n$
0	0	1	1	保持
0	1	0	0	$Q^{n+1}=0$
0	1	1	0	置 0
1	0	0	1	$Q^{n+1}=1$
1	0	1	1	置 1
1	1	0	1	$Q^{n+1}=\overline{Q^n}$
1	1	1	0	翻转

② 特征方程。根据真值表,下降沿触发的 JK 触发器逻辑功能可用如下特征方程表示:

$$Q^{n+1} = J\overline{Q^n} + \overline{K}Q^n \quad (CP = \downarrow) \qquad (10\text{-}3)$$

③ 状态转移图如图 10-8 所示。

④ 波形图如图 10-9 所示。

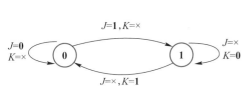

图 10-8 下降沿 JK 触发器状态转移图

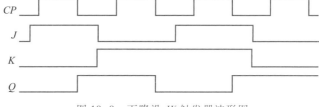

图 10-9 下降沿 JK 触发器波形图

由波形图可见,边沿 JK 触发器是在 CP 从 **1** 跳变为 **0** 时翻转的,称时钟脉冲下降沿触发。

2. 主从 JK 触发器

通常在 JK 触发器中还有一种常见的触发方式——主从触发。主从触发结构的 JK 触发器称为主从 JK 触发器,其逻辑图和逻辑符号如图 10-10 所示。

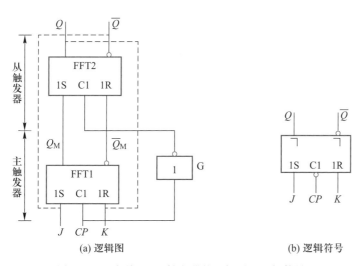

(a) 逻辑图   (b) 逻辑符号

图 10-10 主从型 JK 触发器的逻辑图和逻辑符号

由图 10-10 可知,它是由两个可控 RS 触发器改接组成,分别称为主触发器和从触发器。主从 JK 触发器的工作分两步完成:

(1) 当 $CP=1$ 时,主触发器接收输入信号,J、K 变化一次,从触发器被封锁,输出状态保持不变。

(2) 当 $CP=0$ 时,主触发器被封锁,保持不变;从触发器接收主触发器的状态送往输出端。

注意主从 JK 触发器与下降沿 JK 触发器的区别。

【例10-1】 已知主从 JK 触发器 J、K 的波形如图 10-11 所示,画出输出 Q 的波形(设初始状态为 **0**)。

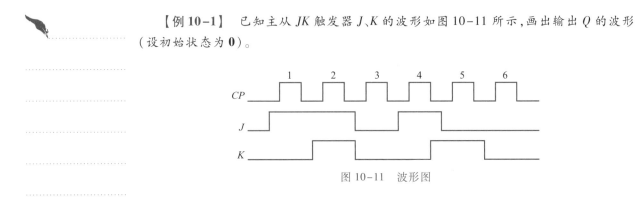

图 10-11   波形图

分析:根据主从 JK 触发器的状态转换真值表可知,在第 1 个 CP 高电平期间,$J=$ **1**,$K=$ **0**,Q^{n+1} 为 **1**;在第 2 个 CP 高电平期间,$J=$ **1**,$K=$ **1**,Q^{n+1} 翻转为 **0**;在第 3 个 CP 高电平期间,$J=$ **0**,$K=$ **0**,Q^{n+1} 保持不变,仍为 **0**;在第 4 个 CP 高电平期间,$J=$ **1**,$K=$ **0**,Q^{n+1} 为 **1**;在第 5 个 CP 高电平期间,$J=$ **0**,$K=$ **1**,Q^{n+1} 为 **0**;在第 6 个 CP 高电平期间,$J=$ **0**,$K=$ **0**,Q^{n+1} 保持不变,仍为 **0**。最后得到输出波形如图 10-12 所示。

教学课件
　　D 触发器使用

微课
　　D 触发器使用

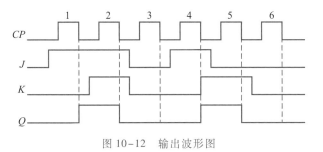

图 10-12   输出波形图

10.2.3 触发器之间的相互转换

视频
　　D 触发器 Multisim 仿真

在触发器中,除了 RS 触发器和 JK 触发器外,根据电路结构和工作原理的不同,还有众多具有不同逻辑功能的触发器。根据实际需要,可将某种逻辑功能的触发器经过改接或附加一些门电路后,转换为另一种逻辑功能的触发器。

1. JK 触发器→D 触发器

(1) D 触发器的真值表

动画
　　D 触发器

D 触发器的逻辑功能为:在时钟脉冲 CP 的控制下,$D=$ **0** 时触发器置 **0**,$D=$ **1** 时触发器置 **1**,如表 10-4 所示。

(2) D 触发器的构成及其逻辑符号

文本
　　D 触发器使用

D 触发器的构成及其逻辑符号如图 10-13 所示。

2. JK 触发器→T 触发器

(1) T 触发器的真值表

T 触发器的逻辑功能为:在时钟脉冲 CP 的控制下,$T=$ **0** 时触发器的状态保持不变 $Q^{n+1}=Q^{n}$,$T=$ **1** 时触发器翻转,如表 10-5 所示。

文本
　　D 触发器使用实训

表 10-4　状态转移真值表

D	Q^{n+1}	功能
0	**0**	置 **0**
1	**1**	置 **1**

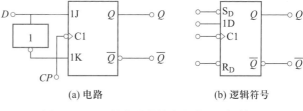

(a) 电路　　　　　(b) 逻辑符号

图 10-13　D 触发器的构成电路和逻辑符号

表 10-5　状态转移真值表

T	Q^{n+1}	功能
0	Q^n	保持
1	$\overline{Q}^n$	翻转

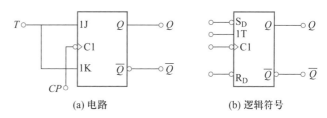

(a) 电路　　　　　(b) 逻辑符号

图 10-14　T 触发器的构成电路和逻辑符号

（2）T 触发器的构成及其逻辑符号

T 触发器的构成及其逻辑符号如图 10-14 所示。

3. D 触发器→T' 触发器，JK 触发器→T' 触发器

T' 触发器的逻辑功能：每来一个时钟脉冲翻转一次。即：$Q^{n+1} = \overline{Q^n}$。

（1）D 触发器→T' 触发器

由 D 触发器的逻辑功能可知，将 D 触发器的 $\overline{Q}$ 端反馈连接到 D 端，则 $Q^{n+1} = D = \overline{Q^n}$，即可将 D 触发器→T' 触发器，如图 10-15 所示。

（2）JK 触发器→T' 触发器

由 JK 触发器的逻辑功能可知，当 JK 触发器的 J、K 端同时为 **1** 时，每来一个时钟脉冲 CP 触发器的状态将翻转一次，所以将 JK 触发器的 J、K 端都接高电平 **1** 或悬空时，即成为 T' 触发器，如图 10-16 所示。

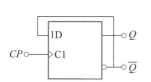

图 10-15　由 D 触发器构成的 T' 触发器

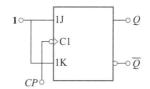

图 10-16　由 JK 触发器构成的 T' 触发器

教学课件
T 触发器使用

微课
T 触发器使用

视频
T 触发器 Multisim 仿真

动画
T 触发器

文本
T 触发器使用

文本
T 触发器使用实训

10.3　时序逻辑电路

时序逻辑电路简称时序电路，由于其基本单元是触发器，因此时序逻辑电路任一时刻的输出状态不仅与当前的输入信号有关，还与电路原来的状态有关。故其电路结构具有以下特点：

（1）时序电路由组合逻辑电路和存储电路组成。

（2）存储电路输出的状态必须反馈到输入端，与输入信号一起共同控制组合电路的输出。

根据电路中触发器的状态变化特点，时序逻辑电路可分为同步时序逻辑电路和异步时序电路两大类。

同步时序逻辑电路是指所有触发器的状态变化都是在同一时钟信号作用下同时发生的，如图 10-17 所示。

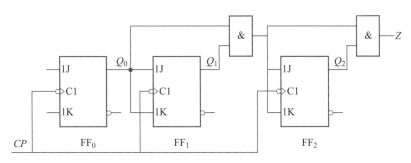

图 10-17　同步时序逻辑电路

异步时序逻辑电路是指没有统一的时钟脉冲信号，各触发器状态的变化不是同时发生，而是有先有后，如图 10-18 所示。

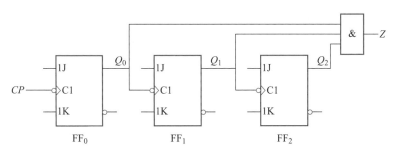

图 10-18　异步时序逻辑电路

教学课件
时序逻辑电路概念

10.3.1　时序逻辑电路的分析

1. 时序逻辑电路分析步骤

时序逻辑电路的分析，就是根据给定的时序逻辑电路图，找出该时序逻辑电路在输入信号及时钟信号作用下，电路的状态及输出的变化规律，从而了解该时序逻辑电路的逻辑功能。时序逻辑电路分析的一般按以下步骤进行：

（1）根据给定的时序电路图写出下列各逻辑方程；

① 各触发器的时钟信号 CP 的逻辑方程。

② 时序电路的输出方程。

③ 各触发器的驱动方程。

（2）将驱动方程代入相应的触发器的特征方程，求得各触发器的次态方程，即逻辑电路的状态方程。

微课
时序逻辑电路概念

文本
时序逻辑电路概念

（3）根据状态方程和输出方程，列出该时序电路的状态表，画出状态图或时序图。

（4）用文字描述给定时序逻辑电路的逻辑功能。

以上步骤在实际应用中，可根据具体情况加以取舍。

2. 同步时序逻辑电路的分析举例

【例10-2】　分析图10-19(a)所示同步时序电路的逻辑功能。

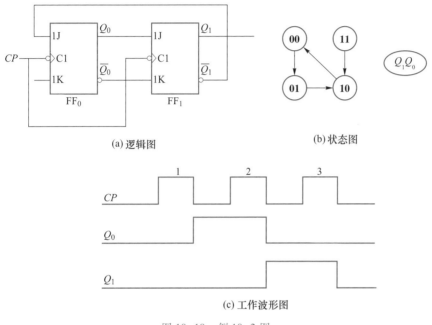

(a) 逻辑图　　　　　　　　　　　　　(b)状态图

(c) 工作波形图

图 10-19　例 10-2 图

解：① 求驱动方程

$$J_0 = \overline{Q_1^n} \qquad K_0 = 1$$
$$J_1 = Q_0^n \qquad K_1 = \overline{Q_0^n}$$

② 求状态方程

$$Q_0^{n+1} = J_0\,\overline{Q_0^n} + \overline{K_0}Q_0^n = \overline{Q_1^n}\,\overline{Q_0^n} + \overline{1}\,Q_0^n = \overline{Q_1^n} \cdot \overline{Q_0^n}$$
$$Q_1^{n+1} = J_1\,\overline{Q_1^n} + \overline{K_1}Q_1^n = Q_0^n\,\overline{Q_1^n} + Q_0^n Q_1^n = Q_0^n$$

③ 列状态表如表10-6所示。

表 10-6　状　态　表

CP	Q_1^n	Q_0^n	Q_1^{n+1}	Q_0^{n+1}
1	0	0	0	1
2	0	1	1	0
3	1	0	0	0
	1	1	1	0

④ 画状态图,如图 10-19(b)所示。

⑤ 画工作波形图(设 Q_1Q_0 的初始状态为 **00**),如图 10-19(c)所示。

⑥ 逻辑功能分析。从状态转换图可以看出,该电路是同步三进制加法计数器。

3. 异步时序逻辑电路的分析举例

【**例 10-3**】   分析图 10-20(a)所示异步时序电路的逻辑功能。

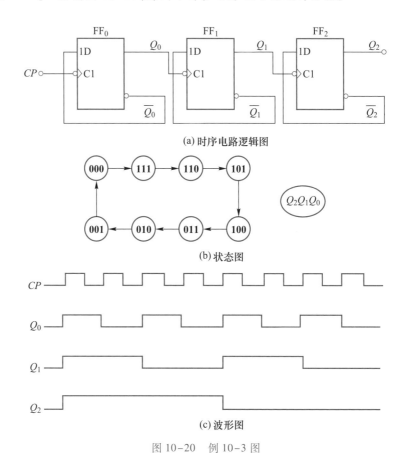

(a)时序电路逻辑图

(b)状态图

(c)波形图

图 10-20   例 10-3 图

解:① 求驱动方程

$$D_2 = \overline{Q}_2^n, D_1 = \overline{Q}_1^n, D_0 = \overline{Q}_0^n$$

② 求状态方程

$$Q_2^{n+1} = D_2 = \overline{Q}_2^n \qquad Q_1 \uparrow$$

$$Q_1^{n+1} = D_1 = \overline{Q}_1^n \qquad Q_0 \uparrow$$

$$Q_0^{n+1} = D_0 = \overline{Q}_0^n \qquad CP \uparrow$$

③ 画状态图,如图 10-20(b)所示。

④ 画波形图(设 $Q_2Q_1Q_0$ 的初始状态为 **000**)如图 10-20(c)所示。

⑤ 逻辑功能分析:

由状态图可以看出,在时钟脉冲 CP 的作用下,电路的 8 个状态按递减规律循环变化,即:**000→111→110→101→100→011→010→001→000→** ···

电路具有递减计数功能,是一个 3 位二进制异步减法计数器,且具有自启动功能。

10.3.2 计数器

计数器是一个用以实现计数功能的时序部件,它不仅可用来计脉冲数,还常用作数字系统的定时、分频和执行数字运算以及其他特定的逻辑功能。

计数器种类很多。按构成计数器中的各触发器是否使用一个时钟脉冲源来分,有同步计数器和异步计数器。根据计数制的不同,分为二进制计数器,十进制计数器和任意进制计数器。根据计数的增减趋势,又可分为加法、减法和可逆计数器。还有可预置数和可编程序功能计数器等。目前,无论是 TTL 还是 CMOS 集成电路,都有品种较齐全的中规模集成计数器。使用者只要借助于器件手册提供的功能表和工作波形图以及引出端的排列,就能正确地运用这些器件。

1. 二进制计数器

(1) 3 位二进制同步加法计数器

如图 10-21(a)所示选用 3 个 CP 下降沿触发的 JK 触发器,分别用 FF_0、FF_1、FF_2 表示,构成 3 位二进制同步加法计数器。

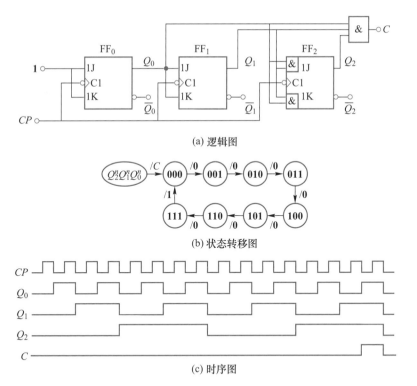

图 10-21 3 位二进制同步加法计数器

时钟方程:$CP_0 = CP_1 = CP_2 = CP$

输出方程:$C = Q_2^n Q_1^n Q_0^n$

驱动方程:$J_0 = K_0 = 1$

$$J_1 = K_1 = Q_0^n$$

$$J_2 = K_2 = Q_1^n Q_0^n$$

状态转移图如图 10-21(b)所示。

时序图如图 10-21(c)所示。

由时序图及状态转移图可知:FF₀ 每输入一个时钟脉冲翻转一次;FF₁ 在 $Q_0 = 1$ 时,在下一个 CP 触发沿到来时翻转;FF₂ 在 $Q_0 = Q_1 = 1$ 时,在下一个 CP 触发沿到来时翻转。由于没有无效状态,电路能自启动。

(2) 3 位二进制同步减法计数器

如图 10-22(a)所示选用 3 个 CP 下降沿触发的 JK 触发器,分别用 FF₀、FF₁、FF₂ 表示,构成 3 位二进制同步减法计数器。

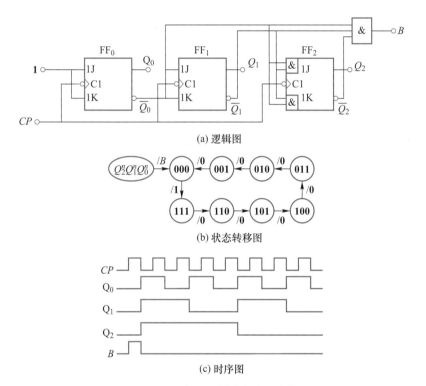

图 10-22　3 位二进制同步减法计数器

时钟方程: $CP_0 = CP_1 = CP_2 = CP$

输出方程: $B = \overline{Q_2^n}\,\overline{Q_1^n}\,\overline{Q_0^n}$

驱动方程: $J_0 = K_0 = 1$

$$J_1 = K_1 = \overline{Q_0^n}$$

$$J_2 = K_2 = \overline{Q_1^n}\,\overline{Q_0^n}$$

状态转移图如图 10-22(b)所示。

时序图如图 10-22(c)所示。

由时序图及状态转移图可知:FF₀ 每输入一个时钟脉冲翻转一次;FF₁ 在 $Q_0 = 0$ 时,

在下一个 CP 触发沿到来时翻转；FF_2 在 $Q_0 = Q_1 = \mathbf{0}$ 时，在下一个 CP 触发沿到来时翻转。由于没有无效状态，电路能自启动。

2. 中规模集成计数器

（1）十进制计数器

CC40192 是同步十进制可逆计数器，具有双时钟输入，并具有清除和置数等功能，其引脚排列及逻辑符号如图 10-23 所示。

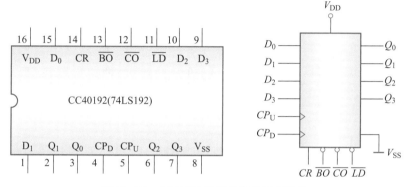

图 10-23　CC40192 引脚排列及逻辑符号

图中：$\overline{LD}$—置数端　　　CP_U—加计数端　　　CP_D—减计数端

$\overline{CO}$—非同步进位输出端　　　　$\overline{BO}$—非同步借位输出端

D_0、D_1、D_2、D_3—计数器输入端

Q_0、Q_1、Q_2、Q_3—数据输出端　　　CR—清除端

CC40192 的功能表如表 10-7 所示。

表 10-7　功　能　表

输入								输出			
CR	$\overline{LD}$	CP_U	CP_D	D_3	D_2	D_1	D_0	Q_3	Q_2	Q_1	Q_0
1	×	×	×	×	×	×	×	**0**	**0**	**0**	**0**
0	**0**	×	×	d	c	b	a	d	c	b	a
0	**1**	↑	**1**	×	×	×	×	加计数			
0	**1**	**1**	↑	×	×	×	×	减计数			

说明如下：

当清除端 CR 为高电平 **1** 时，计数器直接清零；CR 置低电平则执行其他功能。

当 CR 为低电平，置数端 $\overline{LD}$ 也为低电平时，数据直接从置数端 D_0、D_1、D_2、D_3 置入计数器。

当 CR 为低电平，$\overline{LD}$ 为高电平时，执行计数功能。执行加计数时，减计数端 CP_D 接高电平，计数脉冲由 CP_U 输入；在计数脉冲上升沿进行 **8421** 码十进制加法计数。执行减计数时,加计数端 CP_U 接高电平,计数脉冲由减计数端 CP_D 输入,表 10-8 为 **8421** 码十进制加、减计数器的状态转换表。

加法计数 ⟶

表 10-8   状态转换表

输入脉冲数		0	1	2	3	4	5	6	7	8	9
输出	Q_3	**0**	**0**	**0**	**0**	**0**	**0**	**0**	**0**	**1**	**1**
	Q_2	**0**	**0**	**0**	**0**	**1**	**1**	**1**	**1**	**0**	**0**
	Q_1	**0**	**0**	**1**	**1**	**0**	**0**	**1**	**1**	**0**	**0**
	Q_0	**0**	**1**	**0**	**1**	**0**	**1**	**0**	**1**	**0**	**1**

⟵ 减法计数

（2）二进制计数器

74LS161 为中规模同步二进制加法计算器,其引脚排列图及逻辑功能示意图如图 10-24 所示。

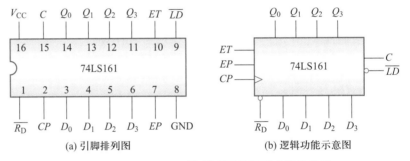

(a) 引脚排列图   (b) 逻辑功能示意图

图 10-24   74LS161 引脚排列图及逻辑功能示意图

74LS161 功能表如表 10-9 所示。

表 10-9   功 能 表

清零	预置	时钟	使能		预置数据输入				输出				工作模式
$\overline{R_D}$	$\overline{LD}$	CP	EP	ET	D_3	D_2	D_1	D_0	Q_3	Q_2	Q_1	Q_0	
0	×	×	×	×	×	×	×	×	0	0	0	0	异步清零
1	**0**	↑	×	×	D_3	D_2	D_1	D_0	D_3	D_2	D_1	D_0	同步预置
1	**1**	×	**0**	×	×	×	×	×	保持				数据保持
1	**1**	×	×	**0**	×	×	×	×	保持($C=0$)				数据保持
1	**1**	↑	**1**	**1**	×	×	×	×	计数				加法计数

从功能表的第一行可知,当 $\overline{R_D} = \mathbf{0}$（输入低电平）,则不管其他输入端（包括 CP 端）状态如何,四个数据输出端 Q_3、Q_2、Q_1、Q_0 全部清零。由于这一清零操作不需要时钟脉

冲 CP 配合(即不管 CP 是什么状态都行),所以 $\overline{R}_D$ 为异步清零端,且低电平有效,也可以说该计数器具有"异步清零"功能。

从功能表的第二行可知,当 $\overline{R}_D=1$ 且 $\overline{LD}=0$ 时,时钟脉冲 CP 上升沿到达,四个数据输出端 Q_3、Q_2、Q_1、Q_0 同时分别接收并行数据输入信号 D_3、D_2、D_1、D_0。由于这个置数操作必须有 CP 上升沿配合,并与 CP 上升沿同步,所以称该芯片具有"同步预置"功能。

从功能表的第五行可知,当 $\overline{R}_D=\overline{LD}=1$,$EP=ET=1$ 时,则对计数脉冲 CP 实现同步十进制加计数;而从功能表的第三、四行又知道,当 $\overline{R}_D=\overline{LD}=1$ 时,只要 EP 和 ET 中有一个为 0,则不管 CP 状态如何(包括上升沿),计数器所有数据输出都保持原状态不变。因此,EP 和 ET 称为计数控制端,当它们同时为 1 时,计数器执行正常同步计数功能;而当它们有一个为 0 时,计数器执行保持功能。

另外,进位输出 $C=ET\cdot Q_0\cdot Q_1\cdot Q_2\cdot Q_3$ 表明,进位输出端仅当计数控制端 $ET=1$ 且计数器状态为 15 时它才为 1,否则为 0。

3. 计数器的级联使用

一个十进制计数器只能表示 $0\sim9$ 十个数,为了扩大计数器范围,常用多个十进制计数器级联使用。同步计数器往往设有进位(或借位)输出端,故可选用其进位(或借位)输出信号驱动下一级计数器。

图 10-25 是由 CC40192 利用进位输出 $\overline{CO}$ 控制高一位的 CP_U 端构成的加数级联图。

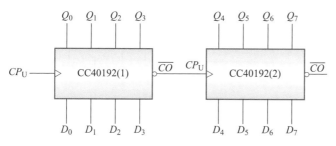

图 10-25　CC40192 级联电路

4. 实现任意进制计数

(1)用复位法获得任意进制计数器

假定已有 N 进制计数器,而需要得到一个 M 进制计数器时,只要 $M<N$,用复位法使计数器计数到 M 时置 0,即获得 M 进制计数器。如图 10-26 所示为一个由 CC40192 十进制计数器接成的 6 进制计数器。

(2)利用预置功能获得 M 进制计数器

图 10-27 为用 3 个 CC40192 组成的 421 进制计数器。外加的由**与非门**构成的锁存器可以克服器件计数速度的离散性,保证在反馈置 0 信号作用下计数器可靠置 0。

图 10-28 是一个特殊十二进制的计数器电路方案。在数字钟里,对时位的计数序列是 1、2、$\cdots$、12,1、$\cdots$、12 是十二进制的,且无 0 数。如图所示,当计数到 13 时,通过**与非**

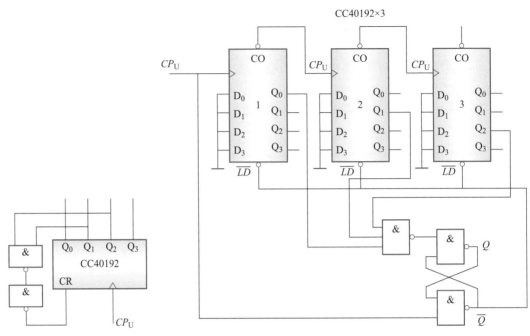

图 10-26 六进制计数器   图 10-27 421 进制计数器

门产生一个复位信号,使 CC40192(2)〔时十位〕直接置成 **0000**,而 CC40192(1),即时的个位直接置成 **0001**,从而实现了 1-12 计数。

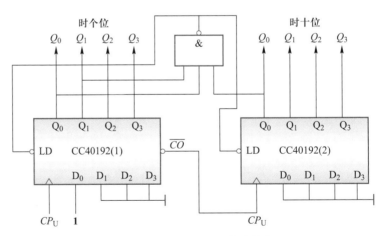

图 10-28 特殊十二进制计数器

【**例 10-4**】 用 74LS161 实现十二进制计数器。

解:74LS161 是具有异步清 **0** 和同步置数功能的加法计时器,因此,可分别采用异步清 **0** 法和同步置数法来构成十二进制计数器。

① 异步清 **0** 法

接线前必须令 $ET=EP=1$,预置端 $\overline{LD}=1$,这样计数器才有可能正常计数。而预置输入端 D_3、D_2、D_1、D_0 的四个数据对其构成十二进制计数器没有影响,因此,可输入任意信号,如图 10-29 所示。当计数器开始计数时,在输入第 12 个脉冲时,$Q_3Q_2Q_1Q_0 = \mathbf{1100}$,通过**与非门**使 $\overline{R}_\mathrm{D} = \mathbf{0}$,使触发器复位,完成一个十二进制计数循环。

② 同步置数法

接线前必须令 $ET = EP = \mathbf{1}, \overline{R}_\mathrm{D} = \mathbf{1}$,这样计数器才有可能正常计数。输出端从 $Q_3Q_2Q_1Q_0 = \mathbf{0000}$ 开始计数,当计到第 11 个脉冲时 $Q_3Q_2Q_1Q_0 = \mathbf{1011}$,通过**与非门**使 $\overline{LD} = \mathbf{0}$,而在下一个脉冲也就是第 12 个脉冲到达时,将预置数 $D_3、D_2、D_1、D_0$ 的 4 个数据送入到输出端,$Q_3Q_2Q_1Q_0 = D_3D_2D_1D_0$,完成一个十二进制计数循环,如图 10-30 所示。

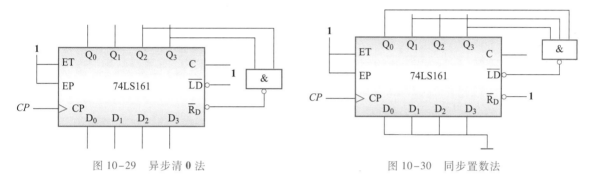

图 10-29　异步清 **0** 法　　　　　　　　图 10-30　同步置数法

10.4　实训

10.4.1　触发器及其应用

1. 实训目的

（1）掌握基本 RS、JK 等触发器的逻辑功能。

（2）掌握集成触发器的逻辑功能及使用方法。

2. 实训原理

触发器具有两个稳定状态,用以表示逻辑状态 **1** 和 **0**,在一定的外界信号作用下,可以从一个稳定状态翻转到另一个稳定状态,它是一个具有记忆功能的二进制信息存储器件,是构成各种时序逻辑电路的最基本逻辑单元。

3. 实训设备与器件

（1）+5 V 直流电源　　　　　（2）双踪示波器

（3）连续脉冲源　　　　　　　（4）单次脉冲源

（5）逻辑电平开关　　　　　　（6）逻辑电平显示器

（7）74LS112（或 CC4027）

　　　74LS00（或 CC4011）

4. 实训内容

（1）测试基本 RS 触发器的逻辑功能

按图 10-31,用两个**与非门**组成基本 RS 触发器,输入端 $\overline{R}$、$\overline{S}$ 接逻辑开关的输出插口,输出端 Q、$\overline{Q}$ 接逻辑电平显示输入插口,按表 10-10 要求测试,记录之。

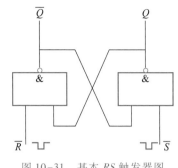

图 10-31　基本 RS 触发器图

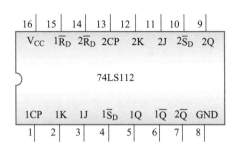

图 10-32　74LS112 双 JK 触发器引脚排列

表 10-10　功　能　表

$\overline{R}$	$\overline{S}$	Q	$\overline{Q}$
1	1→0		
	0→1		
1→0	1		
0→1			
0	0		

（2）测试双 JK 触发器 74LS112 逻辑功能

图 10-32 中，按表 10-11 要求改变 J、K、CP 端状态，观察 Q、$\overline{Q}$ 状态变化，观察触发器状态更新是否发生在 CP 脉冲的下降沿（即 CP 由 1→0），记录之。

表 10-11　功　能　表

J	K	CP	Q^{n+1}	
			$Q^n = 0$	$Q^n = 1$
0	0	0→1		
		1→0		
0	1	0→1		
		1→0		
1	0	0→1		
		1→0		
1	1	0→1		
		1→0		

（3）双相时钟脉冲电路

用 JK 触发器及与非门构成的双相时钟脉冲电路如图 10-33 所示，此电路是用来将时钟脉冲 CP 转换成两相时钟脉冲 CP_A 及 CP_B，其频率相同、相位不同。用双踪示波器同时观察 CP、CP_A；CP、CP_B 及 CP_A、CP_B 波形，并描绘之。

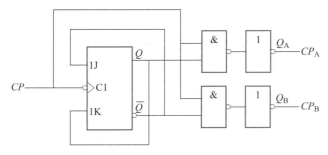

图 10-33　双相时钟脉冲电路

5. 实训总结

（1）列表整理各类触发器的逻辑功能。

（2）总结观察到的波形，说明触发器的触发方式。

（3）体会触发器的应用。

（4）利用普通机械开关组成的数据开关所产生的信号是否可作为触发器的时钟脉冲信号？为什么？是否可以用作触发器的其他输入端的信号？又是为什么？

10.4.2　计数器及其应用

1. 实训目的

（1）学习用集成触发器构成计数器的方法。

（2）掌握中规模集成计数器的使用及功能测试方法。

2. 实训原理

计数器是一个用以实现计数功能的时序部件，它不仅可用来计脉冲数，还常用作数字系统的定时、分频和执行数字运算以及其他特定的逻辑功能。

计数器种类很多。按构成计数器中的各触发器是否使用一个时钟脉冲源来分，有同步计数器和异步计数器。根据计数制的不同，分为二进制计数器，十进制计数器和任意进制计数器。根据计数的增减趋势，又分为加法、减法和可逆计数器。还有可预置数和可编程序功能计数器等。目前，无论是 TTL 还是 CMOS 集成电路，都有品种较齐全的中规模集成计数器。使用者只要借助于器件手册提供的功能表和工作波形图以及引出端的排列，就能正确地运用这些器件。

3. 实训设备与器件

（1）+5 V 直流电源　　　　（2）双踪示波器

（3）连续脉冲源　　　　　　（4）单次脉冲源

（5）逻辑电平开关　　　　　（6）逻辑电平显示器

（7）译码显示器

（8）CC4013×2（74LS74）

　　 CC40192×3（74LS192）

　　 CC4011（74LS00）

　　 CC4012（74LS20）

4. 实训内容

（1）用 CC4013 或 74LS74 D 触发器构成 4 位二进制异步加法计数器。

① 按图 10-34 接线，$\overline{R}_D$ 接至逻辑开关输出插口，将低位 CP_0 端接单次脉冲源，输出端 Q_3、Q_2、Q_3、Q_0 接逻辑电平显示输入插口，各 $\overline{S}_D$ 接高电平"**1**"。

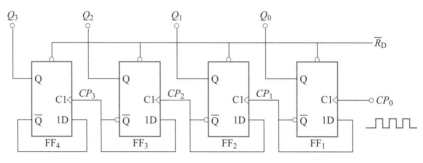

图 10-34 4 位二进制异步加法计数器

② 清零后，逐个送入单次脉冲，观察并列表记录 $Q_3 \sim Q_0$ 状态。

③ 将单次脉冲改为 1 Hz 的连续脉冲，观察 $Q_3 \sim Q_0$ 的状态。

④ 将 1 Hz 的连续脉冲改为 1 kHz，用双踪示波器观察 CP、Q_3、Q_2、Q_1、Q_0 端波形，描绘之。

⑤ 将图 10-34 电路中的低位触发器的 Q 端与高一位的 CP 端相连接，构成减法计数器，按实训内容②，③，④进行实训，观察并列表记录 $Q_3 \sim Q_0$ 的状态。

（2）测试 CC40192 或 74LS192 同步十进制可逆计数器的逻辑功能。

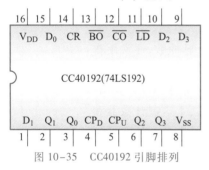

图 10-35 CC40192 引脚排列

CC40192 是同步十进制可逆计数器，具有双时钟输入，并具有清除和置数等功能，其引脚排列如图 10-35 所示。

计数脉冲由单次脉冲源提供，清除端 CR、置数端 $\overline{LD}$、数据输入端 D_3、D_2、D_1、D_0 分别接逻辑开关，输出端 Q_3、Q_2、Q_1、Q_0 接实训设备的一个译码显示输入相应插口 A、B、C、D；$\overline{CO}$ 和 $\overline{BO}$ 接逻辑电平显示插口。按表 10-12 所示逐项测试并判断该集成块的功能是否正常。

表 10-12 状 态 表

输入								输出			
CR	$\overline{LD}$	CP_U	CP_D	D_3	D_2	D_1	D_0	Q_3	Q_2	Q_1	Q_0
1	×	×	×	×	×	×	×	**0**	**0**	**0**	**0**
0	**0**	×	×	d	c	b	a	d	c	b	a
0	**1**	↑	**1**	×	×	×	×	加计数			
0	**1**	**1**	↑	×	×	×	×	减计数			

① 清除

令 $CR = 1$，其他输入为任意态，这时 $Q_3Q_2Q_1Q_0 = 0000$，译码数字显示为 **0**。清除功能完成后，置 $CR = 0$。

② 置数

$CR = 0, CP_U, CP_D$ 任意,数据输入端输入任意一组二进制数,令 $\overline{LD} = 0$,观察计数译码显示输出,预置功能是否完成,此后置 $\overline{LD} = 1$。

③ 加计数

$CR = 0, \overline{LD} = CP_D = 1, CP_U$ 接单次脉冲源。清零后送入 10 个单次脉冲,观察译码数字显示是否按 8421 码十进制状态转换表进行;输出状态变化是否发生在 CP_U 的上升沿。

④ 减计数

$CR = 0, \overline{LD} = CP_U = 1, CP_D$ 接单次脉冲源。参照③进行实训。

(3) 设计一个数字钟移位 60 进制计数器并进行实训。

5. 实训总结

(1) 画出实训线路图,记录、整理实训现象及实训所得的有关波形。对实训结果进行分析。

(2) 总结使用集成计数器的体会。

习　　题

一、选择题

1. N 个触发器可以构成能寄存(　　)位二进制数码的寄存器。

    A. $N-1$ B. N C. $N+1$ D. $2N$

2. 一个触发器可记录一位二进制代码,它有(　　)个稳态。

    A. 0   B. 1   C. 2   D. 3

3. 对于 D 触发器,欲使 $Q^{n+1} = Q^n$,应使输入 $D = ($　　$)$。

    A. 0   B. 1   C. Q D. $\overline{Q}$

4. 对于 JK 触发器,若 $J = K$,则可完成(　　)触发器的逻辑功能。

    A. RS B. D C. T D. T'

5. 欲使 D 触发器按 $Q^{n+1} = \overline{Q}^n$ 工作,应使输入 $D = ($　　$)$。

    A. 0   B. 1   C. Q D. $\overline{Q}$

6. 为实现将 JK 触发器转换为 D 触发器,应使(　　)。

    A. $J = D, K = \overline{D}$ B. $K = D, J = \overline{D}$ C. $J = K = D$ D. $J = K = \overline{D}$

7. 下列触发器中,没有约束条件的是(　　)。

    A. 基本 RS 触发器   B. 主从 RS 触发器

    C. 同步 RS 触发器   D. 边沿 D 触发器

二、填空题

1. 触发器有_____个稳态,存储 8 位二进制信息要_____个触发器。

2. 一个基本 RS 触发器在正常工作时,它的约束条件是 $\overline{R} + \overline{S} = 1$,则它不允许输入 $\overline{S} =$ _____ 且 $\overline{R} =$ _____ 的信号。

3.触发器有两个互补的输出端 Q、$\overline{Q}$,定义触发器的 **1** 状态为＿＿＿＿＿＿ ,**0** 状态为＿＿＿＿＿＿ ，可见触发器的状态指的是＿＿＿＿＿＿端的状态。

4.一个基本 RS 触发器在正常工作时，不允许输入 $R=S=1$ 的信号，因此它的约束条件是＿＿＿＿＿＿。

三、计算题

1.画出题图 10-1 所示由**与非门**组成的基本 RS 触发器输出端 Q、$\overline{Q}$ 的电压波形，输入端 $\overline{S}$、$\overline{R}$ 的电压波形如图所示。

2.试分析题图 10-2 所示电路的逻辑功能，列出真值表写出逻辑函数式。

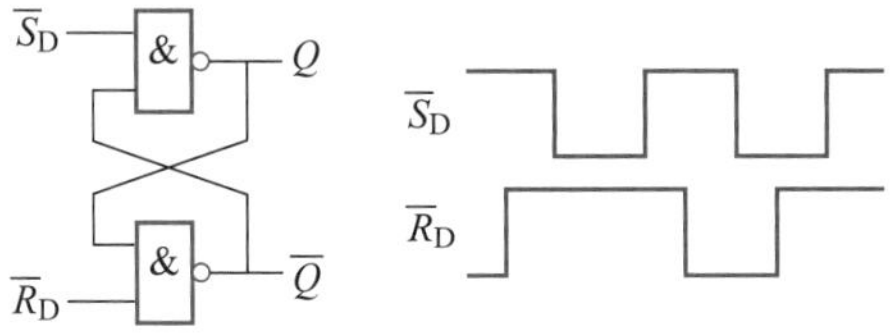

题图 10-1 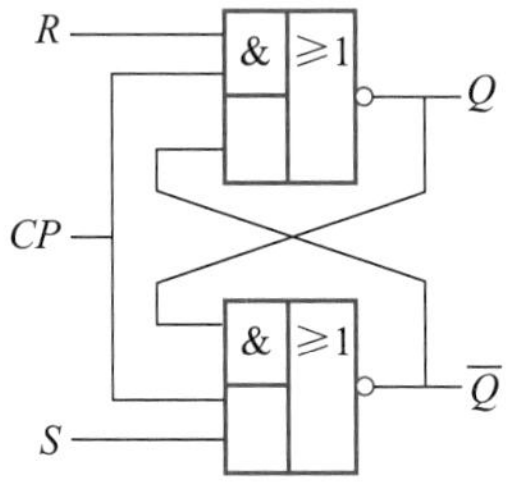   题图 10-2

3.设题图 10-3 中各触发器的初始状态皆为 $Q=0$，试画出在 CP 信号连续作用下各触发器输出端的电压波形。

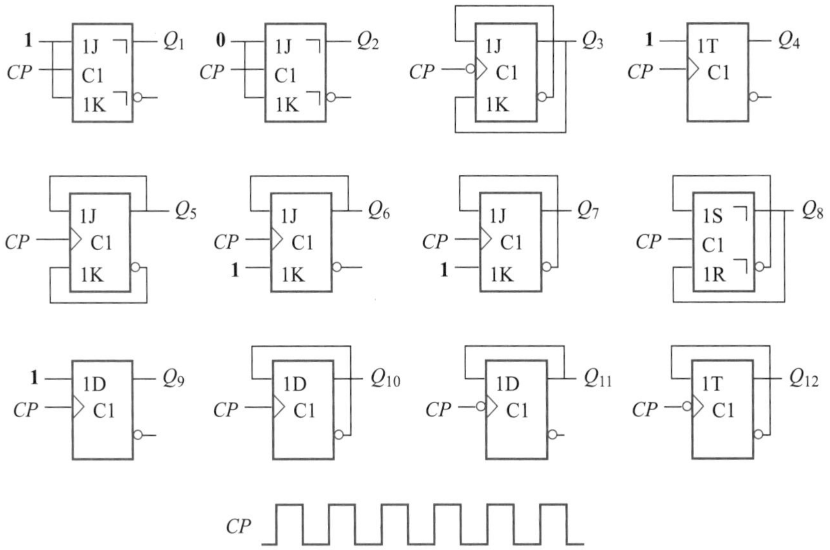

题图 10-3

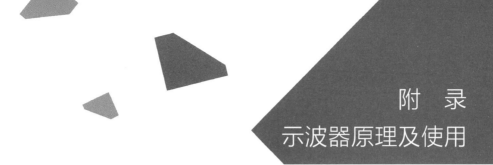

附 录
示波器原理及使用

一、示波器的基本结构

示波器的种类很多,但它们都包含下列基本组成部分,如附图 1-1 所示。

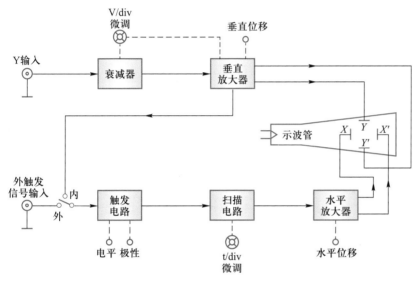

附图 1-1　示波器的基本结构框图

1. 主机

主机包括示波管及其所需的各种直流供电电路,在面板上的控制旋钮有:辉度、聚焦、水平移位、垂直移位等。

2. 垂直通道

垂直通道主要用来控制电子束按被测信号的幅值大小在垂直方向上的偏移。它包括 Y 轴衰减器,Y 轴放大器和配用的高频探头。通常示波管的偏转灵敏度比较低,因此在一般情况下,被测信号往往需要通过 Y 轴放大器放大后加到垂直偏转板上,才能在屏幕上显示出一定幅度的波形。Y 轴放大器的作用提高了示波管 Y 轴偏转灵敏度。为了保证 Y 轴放大不失真,加到 Y 轴放大器的信号不宜太大,但是实际的被测信号幅度往往在很大范围内变化,此 Y 轴放大器前还必须加一 Y 轴衰减器,以适应观察不同幅度的被测信号。示波器面板上设有"Y 轴衰减器"(通常称"Y 轴灵敏度选择"开关)和"Y 轴增益微调"旋钮,分别调节 Y 轴衰减器的衰减量和 Y 轴放大器的增益。对 Y 轴放大器的要求是:增益大,频响好,输入阻抗高。为了避免杂散信号的干扰,被测信号一般都通过同轴电缆或带有探头的同轴电缆加到示波器 Y 轴输入端。但必须注意,被测信号通过探头,幅值将衰减(或不衰减),其衰减比为 $10:1$(或 $1:1$)。

3. 水平通道

水平通道主要是控制电子束按时间值在水平方向上偏移。主要由扫描发生器、水平放大器、触发电路组成。

(1)扫描发生器

扫描发生器又称锯齿波发生器,用来产生频率调节范围宽的锯齿波,作为 X 轴偏转板的扫描电压。锯齿波的频率(或周期)调节是由"扫描速率选择"开关和"扫速微调"旋钮控制的。使用时,调节"扫速选择"开关和"扫速微调"旋钮,使其扫描周期为被测信号周期的整数倍,保证屏幕上显示稳定的波形。

(2)水平放大器

其作用与垂直放大器一样,将扫描发生器产生的锯齿波放大到 X 轴偏转板所需的数值。

(3)触发电路

用于产生触发信号以实现触发扫描的电路。为了扩展示波器应用范围,一般示波器上都设有触发源控制开关,触发电平与极性控制旋钮和触发方式选择开关等。

二、示波器的二踪显示

1. 二踪显示原理

示波器的二踪显示是依靠电子开关的控制作用来实现的。电子开关由"显示方式"开关控制,共有五种工作状态,即 Y_1、Y_2、Y_1+Y_2、交替、断续。当开关置于"交替"或"断续"位置时,荧光屏上便可同时显示两个波形。当开关置于"交替"位置时,电子开关的转换频率受扫描系统控制,工作过程如附图 1-2 所示。即电子开关首先接通 Y_2 通道,进行第一次扫描,显示由 Y_2 通道送入的被测信号的波形;然后电子开关接通 Y_1 通道,进行第二次扫描,显示由 Y_1 通道送入的被测信号的波形;接着再接通 Y_2 通道……这样便轮流地对 Y_2 和 Y_1 两通道送入的信号进行扫描、显示,由于电子开关转换速度较快,每次扫描的回扫线在荧光屏上又不显示出来,借助于荧光屏的余辉作用和人眼的视觉暂留特性,使用者便能在荧光屏上同时观察到两个清晰的波形。这种工作方式适宜于观察频率较高的输入信号场合。

当开关置于"断续"位置时,相当于将一次扫描分成许多个相等的时间间隔。在第一次扫描的第一个时间间隔内显示 Y_2 信号波形的某一段;在第二个时间时隔内显示 Y_1 信号波形的某一段;以后各个时间间隔轮流地显示 Y_2、Y_1 两信号波形的其余段,经过若干次断续转换,使荧光屏上显示出两个由光点组成的完整波形如附图附图 1-3(a)所示。由于转换的频率很高,光点靠得很近,其间隙用肉眼几乎分辨不出,再利用消隐的方法使两通道间转换过程的过渡线不显示出来,如附图 1-3(b)所示,因而同样可达到同时清晰地显示两个波形的目的。这种工作方式适合于输入信号频率较低时使用。

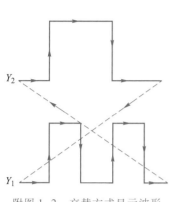

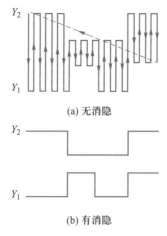

(a) 无消隐

(b) 有消隐

附图 1-2 交替方式显示波形　　　　附图 1-3 断续方式显示波形

教学课件
数字示波器介绍

微课
数字示波器介绍

文本
数字示波器

视频
如何手动调整示波器,使波形在最佳状态

视频
如何快速看位置信号(自动触发)

视频
示波器总体用途介绍按钮

动画
数字示波器介绍

2. 触发扫描

在普通示波器中,X 轴的扫描总是连续进行的,称为"连续扫描"。为了能更好地观测各种脉冲波形,在脉冲示波器中,通常采用"触发扫描"。采用这种扫描方式时,扫描发生器将工作在待触发状态。它仅在外加触发信号作用下,时基信号才开始扫描,否则便不扫描。这个外加触发信号通过触发选择开关分别取自"内触发"(Y 轴的输入信号经由内触发放大器输出触发信号),也可取自"外触发"输入端的外接同步信号。其基本原理是利用这些触发脉冲信号的上升沿或下降沿来触发扫描发生器,产生锯齿波扫描电压,然后经 X 轴放大后送 X 轴偏转板进行光点扫描。适当地调节"扫描速率"开关和"电平"调节旋钮,能方便地在荧光屏上显示具有合适宽度的被测信号波形。

上面介绍了示波器的基本结构,下面将结合使用介绍电子技术实训中常用的 CA8020 型双踪示波器。

三、CA8020 型双踪示波器

1. 概述

CA8020 型示波器为便携式双通道示波器。本机垂直系统具有 0 ~ 20 MHz 的频带宽度和 5 mV/div ~ 5 V/div 的偏转灵敏度,配以 10∶1 探极,灵敏度可达 5 V/div。本机在全频带范围内可获得稳定触发,触发方式设有常态、自动、TV 和峰值自动,尤其峰值自动给使用带来了极大的方便。内触设置了交替触发,可以稳定地显示两个频率不相关的信号。本机水平系统具有 0.5 s/div ~ 0.2 μs/div 的扫描速度,并设有扩展×10,可将最快扫速度提高到 20 ns/div。

2. 面板控制件介绍

CA8020 面板图如附图 1-4 所示。

CA8020 面板功能见附表 1-1。

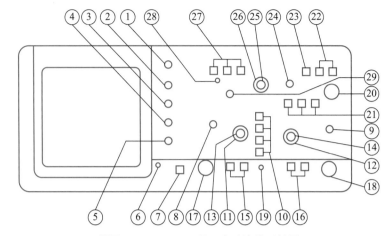

附图 1-4　CA8020 型双踪示波器面板图

附表 1-1　CA8020 面板功能

序号	控制件名称	功　　　能
①	亮度	调节光迹的亮度
②	辅助聚焦	与聚焦配合,调节光迹的清晰度
③	聚焦	调节光迹的清晰度
④	迹线旋转	调节光迹与水平刻度线平行
⑤	校正信号	提供幅度为 0.5 V,频率为 1 kHz 的方波信号,用于校正 10∶1 探头的补偿电容器和检测示波器垂直与水平的偏转因数
⑥	电源指示	电源接通时,灯亮
⑦	电源开关	电源接通或关闭
⑧	CH1 移位 PULL　CH1-X　CH2-Y	调节通道 1 光迹在屏幕上的垂直位置,用作 X-Y 显示
⑨	CH2 移位 PULL　INVERT	调节通道 2 光迹在屏幕上的垂直位置,在 ADD 方式时使 CH1+CH2 或 CH1-CH2
⑩	垂直方式	CH1 或 CH2:通道 1 或通道 2 单独显示 ALT:两个通道交替显示 CHOP:两个通道断续显示,用于扫速较慢时的双踪显示 ADD:用于两个通道的代数和或差
⑪	垂直衰减器	调节垂直偏转灵敏度
⑫	垂直衰减器	调节垂直偏转灵敏度
⑬	微调	用于连续调节垂直偏转灵敏度,顺时针旋足为校正位置
⑭	微调	用于连续调节垂直偏转灵敏度,顺时针旋足为校正位置
⑮	耦合方式 (AC-DC-GND)	用于选择被测信号馈入垂直通道的耦合方式
⑯	耦合方式 (AC-DC-GND)	用于选择被测信号馈入垂直通道的耦合方式

序号	控制件名称	功　能
⑰	CH1　OR　X	被测信号的输入插座
⑱	CH2　OR　Y	被测信号的输入插座
⑲	接地(GND)	与机壳相连的接地端
⑳	外触发输入	外触发输入插座
㉑	内触发源	用于选择 CH1、CH2 或交替触发
㉒	触发源选择	用于选择触发源为 INT(内),EXT(外)或 LINE(电源)
㉓	触发极性	用于选择信号的上升或下降沿触发扫描
㉔	电平	用于调节被测信号在某一电平触发扫描
㉕	微调	用于连续调节扫描速度,顺时针旋足为校正位置
㉖	扫描速率	用于调节扫描速度
㉗	触发方式	常态(NORM):无信号时,屏幕上无显示;有信号时,与电平控制配合显示稳定波形 自动(AUTO):无信号时,屏幕上显示光迹;有信号时,与电平控制配合显示稳定波形 电视场(TV):用于显示电视场信号 峰值自动(P-P AUTO):无信号时,屏幕上显示光迹;有信号时,无须调节电平即能获得稳定波形显示
㉘	触发指示	在触发扫描时,指示灯亮
㉙	水平移位 PULL×10	调节迹线在屏幕上的水平位置拉出时扫描速度被扩展 10 倍

3. 操作方法

（1）电源检查

CA8020 双踪示波器电源电压为 220 V±10%。接通电源前,检查当地电源电压,如果不相符合,则严格禁止使用!

（2）面板一般功能检查

① 有关控制件按附表 1-2 置位设置。

附表 1-2　控制件置位设置

控制件名称	作用位置	控制件名称	作用位置
亮度	居中	触发方式	峰值自动
聚焦	居中	扫描速率	0.5 ms/div
位移	居中	极性	正
垂直方式	CH1	触发源	INT
灵敏度选择	10 mV/div	内触发源	CH1
微调	校正位置	输入耦合	AC

② 接通电源,电源指示灯亮,稍预热后,屏幕上出现扫描光迹,分别调节亮度、聚焦、辅助聚焦、迹线旋转、垂直、水平移位等控制件,使光迹清晰并与水平刻度平行。

③ 用 10∶1 探头将校正信号输入至 CH1 输入插座。

④ 调节示波器有关控制件,使荧光屏上显示稳定且易观察方波波形。

⑤ 将探头换至 CH2 输入插座,垂直方式置于"CH2",内触发源置于"CH2",重复 D 操作。

(3) 垂直系统的操作

① 垂直方式的选择

当只需观察一路信号时,将"垂直方式"开关置"CH1"或"CH2",此时被选中的通道有效,被测信号可从通道端口输入。当需要同时观察两路信号时,将"垂直方式"开关置"交替",该方式使两个通道的信号被交替显示,交替显示的频率受扫描周期控制。当扫速低于一定频率时,交替方式显示会出现闪烁,此时应将开关置于"断续"位置。当需要观察两路信号代数和时,将"垂直方式"开关置于"代数和"位置,在选择这种方式时,两个通道的衰减设置必须一致,CH2 移位处于常态时为 CH1+CH2,CH2 移位拉出时为 CH1−CH2。

② 输入耦合方式的选择

直流(DC)耦合:适用于观察包含直流成分的被测信号,如信号的逻辑电平和静态信号的直流电平,当被测信号的频率很低时,也必须采用这种方式。

交流(AC)耦合:信号中的直流分量被隔断,用于观察信号的交流分量,如观察较高直流电平上的小信号。

接地(GND):通道输入端接地(输入信号断开),用于确定输入为零时光迹所处位置。

③ 灵敏度选择(V/div)的设定

按被测信号幅值的大小选择合适挡级。"灵敏度选择"开关外旋钮为粗调,中心旋钮为细调(微调),微调旋钮按顺时针方向旋足至校正位置时,可根据粗调旋钮的示值(V/div)和波形在垂直轴方向上的格数读出被测信号幅值。

(4) 触发源的选择

① 触发源选择

当触发源开关置于"电源"触发,机内 50 Hz 信号输入到触发电路。当触发源开关置于"常态"触发,有两种选择,一种是"外触发",由面板上外触发输入插座输入触发信号;另一种是"内触发",由内触发源选择开关控制。

② 内触发源选择

"CH1"触发:触发源取自通道 1。

"CH2"触发:触发源取自通道 2。

"交替触发":触发源受垂直方式开关控制,当垂直方式开关置于"CH1",触发源自动切换到通道 1;当垂直方式开关置于"CH2",触发源自动切换到通道 2;当垂直方式开关置于"交替",触发源与通道 1、通道 2 同步切换,在这种状态使用时,两个不相关的信号其频率不应相差很大,同时垂直输入耦合应置于"AC",触发方式应置于"自动"或"常态"。当垂直方式开关置于"断续"和"代数和"时,内触发源选择应置于"CH1"或"CH2"。

(5) 水平系统的操作

① 扫描速度选择(t/div)的设定

按被测信号频率高低选择合适挡级,"扫描速率"开关外旋钮为粗调,中心旋钮为细调(微调),微调旋钮按顺时针方向旋足至校正位置时,可根据粗调旋钮的示值(t/div)和波形在水平轴方向上的格数读出被测信号的时间参数。当需要观察波形某一个细节时,可进行水平扩展×10,此时原波形在水平轴方向上被扩展 10 倍。

② 触发方式的选择

"常态":无信号输入时,屏幕上无光迹显示;有信号输入时,触发电平调节在合适位置上,电路被触发扫描。当被测信号频率低于 20 Hz 时,必须选择这种方式。

"自动":无信号输入时,屏幕上有光迹显示;一旦有信号输入时,电平调节在合适位置上,电路自动转换到触发扫描状态,显示稳定的波形,当被测信号频率高于 20 Hz 时,最常用这一种方式。

"电视场":对电视信号中的场信号进行同步,如果是正极性,则可以由 CH2 输入,借助于 CH2 移位拉出,把正极性转变为负极性后测量。

"峰值自动":这种方式同自动方式,但无须调节电平即能同步,它一般适用于正弦波、对称方波或占空比相差不大的脉冲波。对于频率较高的测试信号,有时也要借助于电平调节,它的触发同步灵敏度要比"常态"或"自动"稍低一些。

③ "极性"的选择

用于选择被测试信号的上升沿或下降沿去触发扫描。

④ "电平"的位置

用于调节被测信号在某一合适的电平上启动扫描,当产生触发扫描后,触发指示灯亮。

4. 测量电参数

(1) 电压的测量

示波器的电压测量实际上是对所显示波形的幅度进行测量,测量时应使被测波形稳定地显示在荧光屏中央,幅度一般不宜超过 6 div,以避免非线性失真造成的测量误差。

① 交流电压的测量

a. 将信号输入至 CH1 或 CH2 插座,将垂直方式置于被选用的通道。

b. 将 Y 轴"灵敏度微调"旋钮置校准位置,调整示波器有关控制件,使荧光屏上显示稳定、易观察的波形,则交流电压幅值:

$$V_{\text{p-p}} = 垂直方向格数(\text{div}) \times 垂直偏转因数(\text{V}/\text{div})$$

② 直流电平的测量

a. 设置面板控制件,使屏幕显示扫描基线。

b. 设置被选用通道的输入耦合方式为"GND"。

c. 调节垂直移位,将扫描基线调至合适位置,作为零电平基准线。

d. 将"灵敏度微调"旋钮置校准位置,输入耦合方式置"DC",被测电平由相应 Y 输入端输入,这时扫描基线将偏移,读出扫描基线在垂直方向偏移的格数(div),则被测电平:

$$U = 垂直方向偏移格数(\text{div}) \times 垂直偏转因数(\text{V}/\text{div}) \times 偏转方向(+或-)$$

式中,基线向上偏移取正号,基线向下偏移取负号。

(2) 时间测量

时间测量是指对脉冲波形的宽度、周期、边沿时间及两个信号波形间的时间间隔

（相位差）等参数的测量。一般要求被测部分在荧光屏 X 轴方向应占（4~6）div。

①　时间间隔的测量

对于一个波形中两点间的时间间隔的测量，测量时先将"扫描微调"旋钮置校准位置，调整示波器有关控制件，使荧光屏上波形在 X 轴方向大小适中，读出波形中需测量两点间水平方向格数，则时间间隔：

时间间隔＝两点之间水平方向格数（div）×扫描时间因数（t/div）

②　脉冲边沿时间的测量

上升（或下降）时间的测量方法和时间间隔的测量方法一样，只不过是测量被测波形满幅度的 10% 和 90% 两点之间的水平方向距离，如附图 1-5 所示。用示波器观察脉冲波形的上升边沿、下降边沿时，必须合理选择示波器的触发极性（用触发极性开关控制）。显示波形的上升边沿用"+"极性触发，显示波形下降边沿用"-"极性触发。如波形的上升沿或下降沿较快则可将水平扩展×10，使波形在水平方向上扩展 10 倍，则上升（或下降）时间：

$$上升（或下降）时间＝\frac{水平方向格数（div）×扫描时间因数（t/div）}{水平扩展倍数}$$

（3）　相位差的测量

①　参考信号和一个待比较信号分别馈入"CH1"和"CH2"输入插座。

②　根据信号频率，将垂直方式置于"交替"或"断续"。

③　设置内触发源至参考信号那个通道。

④　将 CH1 和 CH2 输入耦合方式置"⊥"，调节 CH1、CH2 移位旋钮，使两条扫描基线重合。

⑤　将 CH1、CH2 耦合方式开关置"AC"，调整有关控制件，使荧光屏显示大小适中、便于观察两路信号，如附图 1-6 所示。读出两波形水平方向差距格数 D 及信号周期所占格数 T，则相位差为

$$\theta=\frac{D}{T}\times360°$$

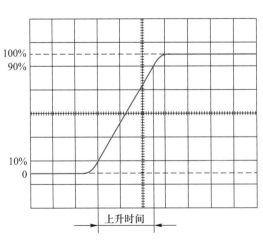

附图 1-5　上升时间的测量

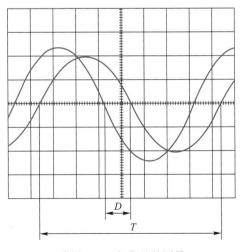

附图 1-6　相位差的测量

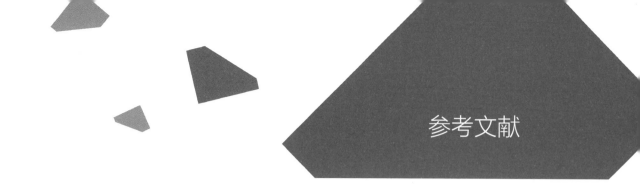

参考文献

[1]   曾令琴.电工电子技术[M].4 版.北京:人民邮电出版社,2016.

[2]   王艳红.电工电子学[M].西安:西安电子科技大学出版社,2015.

[3]   林雪健.电工电子技术实验教程[M].北京:机械工业出版社,2014.

[4]   苑尚尊.电工与电子技术基础[M].2 版.北京:中国水利水电出版社,2014.

[5]   查丽斌.电路与模拟电子技术基础习题及实验指导[M].3 版.北京:电子工业出版社,2015.

[6]   赵京.电工电子技术实训教程[M].北京:电子工业出版社,2015.

[7]   李晶皎.电路与电子学[M].北京:电子工业出版社,2012.

[8]   程周.电工电子技术与技能练习册[M].2 版.北京:高等教育出版社,2014.

[9]   张伯尧.电工电子学(第四版)学习辅导与习题解答[M].北京:高等教育出版社,2014.

[10]   徐秀平.电工与电子技术基础[M].北京:机械工业出版社,2015.

[11]   邱关源.电路[M].5 版.北京:高等教育出版社,2012.

[12]   孙肖子.模拟电子电路及技术基础[M].2 版.西安:西安电子科技大学出版社,2014.

[13]   阎石.数字电子技术基础[M].5 版.北京:高等教育出版社,2010.

[14]   阎石.数字电子技术基础(第五版)习题解答[M].北京:高等教育出版社,2010.

读者意见反馈

为收集对教材的意见建议，进一步完善教材编写并做好服务工作，读者可将对本教材的意见建议通过如下渠道反馈至我社。

咨询电话　400-810-0598

反馈邮箱　gjdzfwb@ pub. hep. cn

通信地址　北京市朝阳区惠新东街 4 号富盛大厦 1 座
　　　　　高等教育出版社总编辑办公室

邮政编码　100029